時報出版

大災變

你必須面對的全球失序真相

林中斌 著

Global Shift:
Exploring the Roots of Rising Disasters
by Chong-Pin Lin

敬獻給恩師：

臺灣大學地質系榮譽教授王源

故美國保齡格綠州立大學地質系教授曼庫叟 [1]

故加拿大姜石滿企業公司探勘部主任康克士 [2]

他們激發我對地質的興趣

訓練我科學研究的紀律

引導我實用的思維

以身教示範我處事的原則

1 Dr. Joseph Mancuso, Geology Department, Bowling Green State University, Ohio, U.S.A.
2 Mr. H. Keith Conn, Manager, Exploration Department, Canadian John-Manville Co. Lt., Asbestos, Quebec, Canada. He was later promoted to Vice President, Exploration, Manville Corp.(曼威爾公司), Denver, Colorado. 讀者可參閱拙作「康老園」**劍與花地歲月**（臺北：商訊文化，2009）頁 36-51。

氣候變遷的全面書寫

李河清

美國紐約州立大學政治學博士，長於國際關係、公共政策、STS 科技與社會、全球環境治理、全球變遷研究、永續發展研究。長期投入環境政治領域，並參與多項聯合國氣候變遷會議，現任中央大學通識教育中心教授。

從發想到付印，這本書承載了大眾對於 2012 年的社會想像與神話迷思。歷史上，馬雅人使用的古曆停在 2012 年 12 月 21 日，世界末日的謠傳，在好萊塢商業電影推波助瀾之下，堆砌開展。

國際上，2012 年也刻印了氣候談判的階段成敗。在聯合國的架構下，「氣候變化綱要公約」和「京都議定書」是當前最重要的國際環境條約。特別是「京都議定書」制定了國際減量規範，規定工業化國家率先減量，將 6 種溫室氣體（包括二氧化碳）的排放量，在 2012 年底前，比 1990 年再減 5.2%。「京都議定書」的第一承諾期即將在 2012 年底屆滿，展望後京都時代的氣候談判卻遲滯不前，減量共識也膠著不明。

氣候變遷的科學爭辯，始於工業革命。聯合國氣候變遷小組 (Intergovernmental Panel on Climate Change, IPCC) 的科學評估報告認為，人為活動是導致氣候變遷的主因。人類為了追求經濟發展，大量使用化石燃料，燒油、燒煤和天然氣；另一方面，大規模的清地伐林，更破壞了森林固碳的原有平衡。

IPCC 成功的結合了超過 2,000 位學者、專家，分別於 1990、1995、2001、2007 年發表 4 次科學評估報告，更在 2007 年與美國前副總統高爾，共同獲頒諾貝爾和平獎。作為一個跨領域的科技社群，IPCC 在氣候談判過程中，扮演了不可或缺的角色，也成為科學影響政策的具體實例。

有別於 IPCC 的論述，另一派所謂非主流的看法則主張，太陽黑子活動才是全球暖化的關鍵。人為活動 vs. 太陽黑子的科學爭辯，在這本書裡，找到了更開闊的討論空間。從太陽輻射、大氣層、地表，貫穿到地下、地底，完整地探討氣候變遷的成因與衝擊。地上加地下，大氣連宇宙，建構出氣候變遷的全面書寫。

我認識林中斌教授多年，他的研究背景，從地質地理跨界到企業管理和國際關係，他的治學態度扎實而周延，總能由細節中勘踏學理，從幽微裡爬梳脈絡。這樣的全面書寫，只有他做得到、做得完整。我很高興讀到質地如此厚實的全面書寫。

推薦序 破舊立新的好書

陳宏宇

英國倫敦大學地質博士，專研地質災害。曾任臺灣大學地質科學系系主任／所長、中華民國工程環境學會理事長、英國劍橋大學訪問教授、美國哥倫比亞大學訪問學者。現任臺灣大學理學院副院長。

在 70 年代中期過後，包括山崩、落石、土石流、洪水、地震、海嘯等全球性自然災害的發生頻率，有逐漸上升的趨勢；生命及經濟的損失，也呈現令人恐懼的增加比例。到目前為止，「全球暖化」似乎是大家認為引發一切自然災害的主因。但是，真是如此嗎？

畢業於臺大地質系的林中斌教授，以引經據典的科學方法，孜孜不倦的學者精神，鉅細靡遺的整理了自然災害發生的資料，研究各種官方、非官方的數據，歸納不同學者專家的論述，對「災變上升」的趨勢提出實證，更大膽立論，提出剖析——「全球磁變」及「太陽風暴」是災變上升的可能主因。

天文方面並不是我的專長，我不敢多做評論。但是「磁變」，早在 60 年代，英國劍橋大學 Vine 及 Matthews 兩位教授就已經證實了，地球磁場在一定時間內會出現磁極倒轉反向的現象。也就是說，每隔一段時間，地球磁場的南北磁極方向便要倒轉一次。這個磁場中的磁極改變，一般是介於 20 萬年至 50 萬年之間。大抵上，地磁的改變，會牽動地體板塊之間的擠壓或伸張的運動；板塊的擠壓或伸張，就是一種能量的累積與釋放，直接對應的，就是地層的壓縮及破裂，反應於地球上的，就是地震、火山噴發、海水面升降、地貌變形等諸多災害的生成，以及自然環境改變的現象。

林教授以九個章節逐一說明，地球發生自然災害的頻率和衝擊，並匯集了不同媒體所報導的實情、參引諸多文獻資料，加以林教授觀察到的諸多現況，作為佐證，來整合、分析這數十年來災害發生的原因，絕非「全球暖化」所能解釋。更難能可貴的是，末章他提出對個人、國家、國際的建議，提醒大家應做好準備，前瞻世界的未來。

全書如實的陳述，另類的想法，相當吸引人，是非常值得您細嚼品味，一窺全貌的好書。

全面的科學思維

彭啟明

有「氣象達人」之稱號,由學術界轉投入氣象產業,將臺灣氣象生活化並產業化的第一人。現為知名之氣象主播,常對地球大氣環境問題提出看法,介紹最新的氣候變遷因應之道。

認識林中斌教授,是起自於他過去長久以來發表的許多精闢文章,總引發國內外許多的思潮,尤其在國際戰略上,提出許多不同於傳統的觀察角度,最為人稱道的就是曾精準的預警對岸對臺灣的戰略。大家定然很難想像,林教授原來學的是地質,不是兩岸關係、國際戰略或國防,從他年輕時探勘地質,造成滿手是繭的故事當中,可以想見一位科學家實事求是的態度。

這幾年全球暖化問題發燒,臺灣每年發生的天然災害相當多,國際評比上屬於風險程度很嚴重的國家,因此在面對氣候變遷的議題上,多數民眾都相當相信全球暖化對臺灣造成的影響。但相對於國際在暖化問題上正反面的討論,藉由不同數據或理論的辯論,以讓大家更了解問題的真相,臺灣卻是一面倒的相信並接受全球暖化的理論,缺乏對問題核心有全面的科學思維,常常充斥許多誇大的科學理論,陷入非理性、不正確的知識傳遞。

例如:多數人仍搞不清楚北極冰融解,海平面未來會上升多少;對全球暖化的繁複理論感到無趣,更不知該怎麼面對變動中的地球。這也顯露出臺灣人雖對環境開始重視,但對科學的了解實在太少,所以重視歸重視,但還是不清楚怎麼面對。

這本書從地球將會面臨的問題當中,非常清楚的從科學面出發,論述太陽對地球的影響、地球磁場的變化、全球暖化與氣候變遷以及人類面臨的問題。全球災變規模與頻率上升的現象,原因何在？災變間有無關連？未來災變規模與頻率會下降嗎？如果會，何時下降？人類受到衝擊的是多少？

很感佩林教授在整理這些問題的用心，尤其在許多似是而非的理論上，他主動詢問了許多專業學者，逐條的驗證探討。他毫不藏私的把他畢生的經驗與體會分享給大家，對也是科學研究者的我們，無疑是最佳的典範，加上他精采動人的筆觸——我們當然不希望臺灣也面臨到世界的災難——相信看完這本書以後，您也會和我一樣，深深的嘆一口氣，體認到我們該努力讓自己活得有意義，多關心地球一些，強化防災的作為，面對這些災變才更有應對的能力。

「天地磁變」讓我們想到
　　　　「典範轉換」與「人心轉變」

樓宇偉

常年任職於航太業，30 年前旅美時即組織波士頓區華人，討論中醫與人體潛能現象。現擔任「中華生命電磁科學學會」理事長，介紹最新科技知識與人類未來發展相關資訊。

一、2012 一般出版物與本書的差異：

過去兩年半（2009 中旬到 2011 年底）之內，因為有新時代中文通俗著作（如：《2012 重生預言》、《引爆 2012》）、翻譯的科普（如：《後 2012 世界如何改變》）與翻譯的新時代英文暢銷書（如：《地球大拙火》、《跨越 2012》）等多本以 2012 為主題的中文書出版，中文讀者應該對西方早於本世紀初就開始接觸，而且在 2005 年之後就已熟悉的未來地球的可能轉變這主題已經不陌生。但是由於一般民眾往往從電影、電視或網路上獲得片面，甚至是不正確的地球劇變訊息，以至於仍然有很多人將這種改變簡化為是「世界末日」（像電影《2012》情節）或是「科學界已證明地球暖化是人類造成」（主流媒體論述）等等並非完全是事實的言論。

因此當林中斌教授願意接受出版社邀稿，花時間為中文讀者以他宏觀的視野，來寫一本超越多項科技與專業的整合性全球趨勢預測書籍，真是大家的福氣。要寫這種書的作者必須有以下的特質：1. 視野宏觀、2. 立場中正、3. 立論確實（有根據）、4. 邏輯清楚、5. 社會責任感強與 6. 開放的頭腦。而我已認識 30 多年的林教授正好是少數具有這 6 項策略思考特質的華籍研究者。

這是前段所提到的諸本已出版中文書籍中，所不能完全具有的特色；而且林教授將資料的來源標示清楚，收集多幅重點彩色圖片，並且為讀者特別製作了多張圖表，方便喜歡簡明論理的華人文化市場作為未來參考研究與進一步引述討論之用，更是難得。

即使是西方的研究者，也少見出版有這類結合科技文化大趨勢與國家非傳統安全領域的推理與預測著作。如果日後將本書譯成英文，想必對於西方讀者也將是耳目一新的論述。

二、本書的三大重點：當前具意識形態的主流報導所引用的資料不全面、地球外來源的電磁影響被忽視、新紀元的人類轉變已露曙光。

「全球暖化」顯然是當前全球氣候變化研究的顯學，它的主要論述：「人類工業化已對地球氣候環境造成傷害，必須盡力防治與減少二氧化碳排放所造成的溫室效應。」也是由少數學者與工業界以及鼓勵經濟發展的各國政府互相爭議與折衝多年之後，才達到的成就。它讓全球人類都意識到我們的工業化社會行為，對於環境有很大的傷害，因此不可以無止盡的延續，這對人類意識的進化有著非常正面的意義。

但是當這種顯學被主流科學或是政客與媒體拿來簡化為一種「全球暖化」的口號或意識形態，我們就要小心它是不是會被用來排除一些不同意見或創新的觀點，阻止我們看到真正的問題所在。林教授這本書的前半部，就是用大量的索引與參考資料，指出「全球暖化」這個說法過於簡化，無法公平與全面的包括科學界對於全球氣候變遷與災難防治研究的實質內容 ——「全球氣候極端化」是比較合理的說法；而「全球進入寒冷期」與「二氧化碳可能造成長期生物圈災難」等則是尚未成為顯學，但值得人類重點關注的議題。這也是人類科學歷史中不斷以「典範移轉」的事實來教訓、提醒我們必須謙卑與謹慎面對客觀事實的關鍵功課。

一般民眾常常被專家學者提醒：「不是看不見的事，就不會影響你。」但事實上，這句話對於研究地球與太空科學的學者也同樣適用。像是地球與太陽的核心結構我們看不到，但是沒有人能夠否認它們對我們在地表的生存環境有很大的影響，這也是當前地球與氣象研究學者還沒有辦法有系統的建立起因果與互動關係的重要議題。林教授在本書中後半部試圖收集與整合東西方（尤其是以往被臺灣忽略的東歐與俄國科學資料）對於地球磁場與太陽磁場互動，以及生物受到磁場變化而影響行為的各種因果關係研究，指出人類生活的環境與社會行為變化與天外的電磁變化息息相關。這是人類歷史上第一次有能力用科學儀器收集的數據來討論這個主題；對於習慣於以「自我中心」或「還原論」觀點來看世界的某些族群與民眾，這是很奇特的科幻未來世界。

由於林教授的著作著眼於「全球變化」的策略性觀點，已經在地質、氣候、地磁與社會心理行為等大格局的系統科學上，由分析最新與非主流資料得出「天地磁變，可能影響地球人類」的重要結論，那我們應該如何來面對當前伴隨著全球政治、經濟、科技與社會各種劇變（或許有些人將它簡化稱作「2012 全球劇變」）對我們生活與觀念所造成的影響呢？

在這方面林教授也沒讓我們失望。他建議政府要加強救災準備與國際合作，社會上各個組織要超越意識形態的堅持，科學界要跳出專業分科與還原論的限制；而對於每一個人（也就是你我），則應該回歸內省，以快樂、健康、靜心、合作、助人等基本人性價值觀念，來改變或回歸自心，由安定自己做起。這樣才能由小世界影響到大世界，共同度過這已經在我們周圍發生的全球劇變時期。

三、科學最新發現：支持科學典範必然轉換的論述。

但是一般人如果只是參考一般主流的科普讀物，似乎無法得到上段這麼清楚的邏輯論述，頂多只是某一個領域最新發現的現況報導，似乎科學界有一股潛在的保守力量，有意或無意的保護、支持現有的還原論與機械論的八股典範，不讓新的典範立足。這在物理、生理與心理三個領域（或層次）都很明顯，在中文的科普市場更是無處不在。

不過這種表面上的平靜，卻無法掩蓋科學界目前主流理論只能解釋自然現象 5%~10% 的事實。像是：

1. 物理界未知的宇宙暗物質與暗能量，合計占宇宙質能的 95% 以上。

2. 生理界未知的人體循環位能（也就是中醫的「氣」）占人體循環能量 95%，比較當今主流醫學所研究的人體循環動能（也就是「流體力學」）的 5%，足足大了 19 倍。

3. 心理界未知的人體潛能、意念的力量、瀕死經驗、奇蹟、靜坐、助人，甚至人腦液體（也就是「水」的晶體特性）等等意識的現象，比較當今主流心理科學所承認的腦神經認知科學（與醫學）的範疇又是擴大了何止 20 倍！

我們只要有開放的頭腦與胸襟，就不難看出當今科學界典範的局限與受到這種以物質科技為主流意識所造成的人類社會扭曲價值觀，這也是為什麼我們盡力邀請像是林中斌教授這種眼界寬廣，充滿社會責任感並且立論扎實的未來主流趨勢開創研究者，三度來到中華生命電磁科學學會演講，並且將演講紀錄上網（見 www.bioem.org.tw）的原因。我們當然還請了很多華人中非主流、但是有創新與扎實論據的各領域研究者，如：蔡志忠、陳建德、王唯工、吳清忠等人為大家簡介最新的科學非主流論述。其目的不外就是鼓勵理性與客觀的討論，去除一般民眾對於所謂的「科學」領域類似迷信式的信仰；而且促進大家對於「宗教」的領域，也能夠面對最新的研究，開放自己的心靈，提升社會整體的素質，說不定能夠減少未來因為社會集體面對環境災變而產生的負面與被動心態！

如果您能夠理性的思考這些經過整理的客觀（科技理論與實驗）資訊，我相信您也會與我們一樣的支持科學典範必將轉換的論述。這也是「2012 全球劇變」的一個重要議題與環節！

四、「天地磁變」與「人心思變」互動？

根據南美洲馬雅印地安文化與其他世界心靈傳統的說法：「2012 全球劇變」的現象是一種週期結束與開始的轉接過程。而過去一萬三千年左右的人類文明發展，因為物質文明受到過分的強調，已經對於地球這個母親造成了很大的傷害；目前我們人類面臨的各種自然與社會劇變，只是要讓人類覺醒於這種偏離正道的生活方式，重新找回「生命與意識的提升」，才是人類降生於這個次元地球環境的主要意義！

當然，我們以現有的科學理論與實驗並無法清楚的回答這種「地球母親叫醒人類小孩子去學習提升生命與意識」類似詩歌傳奇的問題，以至於往往某些論點的贊成與反對者均能各自據理力爭，無有定論。不過根據人類心靈傳統與當今科技對於少數高功能師父與中功能修行人的共通研究與最新了解，我個人是比較偏向於支持「心念與時空轉換」是有一定的關係（如史丹佛大學名譽教授 William Tiller 對於念力的研究），而當前學術界也出現了「統一場論」必然包括「意識」，這兩種觀念結合的新典範理論（如 Nassim Haramein 與 Elizabeth Rauscher 的「碎形全相統一場論 (Fracto-holographic Unified Theory)」）。

所以我們現在討論未來地球環境轉變，是否根源於地球之外的太陽與宇宙各類電磁波輻射的同時，不能排除我們人類的集體意識也可能是整個環境變換的主動參與者，而不止是被動的接受者，更不是我們有時難免會自艾自憐認為的受害者。當然這種觀點會延伸與衍生很多的哲學與倫理影響，這或許也正是我們人類未來的新紀元世代所必須學習與面對的集體人生經歷。

但就《大災變》這本書來說，林教授已經以全新的寬廣視野，為我們開啟了一扇面對全球劇變的窗戶。我們可以忽視這本書中引述的非主流科學研究，認為它們是在做「白日夢」而回到主流科學界，完全以抽離的心態來看未來災變的客觀立場，但是對於一般民眾這可能反而是個「惡夢」，因為它讓我們感到「無力回天」。但更為積極與合乎作者以及大眾心願的態度，或許應是正向的靜心與助人的思考，將現在與未來的劇變當作是我們人類「洗心革面」，重新改變社會發展模式與重心的美好機會，或許那「天地磁變」與「人心思變」就「自然」的形成了正向互動的因果連結，這是多麼美妙的夢想！

搭橋者的告白

林中斌 2011 年 12 月 21 日

在噩夢裡，我又回到過去，是個窮苦打拚的研究生。諸事不順，力不從心。博士論文進展緩慢，不知何時能完成，像烏雲罩頂般壓在頭上。呼吸困難，全身冷汗，醒了。

最近半年夜裡，這景象重複上演數次。

寫此書整整花費我兩年時間，相當於撰寫另一本博士論文。對之前關注戰略兩岸和國際事務，而且同時還負擔教職的我，這項跨領域的研究挑戰了腦力和體力的極限。如果沒有各位科學先進熱心的指導，學生們耐心持續的協助，以及內人張家珮讀稿鼓勵和種種犧牲，這項計畫不可能完成。

緣起：2008 年春天 4 月起，我發表了 3 篇「全球磁變」短文[1]，提醒我們將面臨天災頻仍人心浮躁的危脅。建議事項包括政府重視軍隊救災，救災外交等。那年 5 月四川發生汶川大地震，夏末臺灣發生 88 水災。之後世界各地災變此起彼落。2009 年秋天，時報出版社第二編輯部李采洪總編邀我出書。該年 11 月我開始動筆。

願望：同時，馬雅「2012」預言，和全球災變造成的恐慌匯合成洪流，淹遍世界各角落。遺憾的是：頻仍災變所引發的大眾討論，和科學家的研究及理論，各行其是，幾乎沒有對話。兩者之間的鴻溝可能搭橋連接嗎？

---

1 林中斌，「全球磁變 人心浮動」**財訊** 2008 年 4 月號頁 116-118；___（同前作者），「全球磁變衝擊國安人心」**中國時報** 2008 年 5 月 23 日 A23；___，「全球磁變天災頻仍：非傳統安全日形重要，人心浮躁自求沉靜」**尖端科技** 2008 年 6 月號頁 36-40。

其次，不同領域——氣象、地質、生物、天文、行政——的學者各有專精，也都忙於鑽研手邊重要課題。他們對災變上升似乎無暇作全面跨科系的討論。各門之間的隔離可能搭橋連接嗎？再次，氣象學內的「人為暖化派」和「自然暖化派」，水火不容鬥爭激烈。其實他們各有貢獻，應該盡釋前嫌，攜手為世界前途努力。兩派之間的斷隙可能搭橋連接嗎？

也許，作為只有基本科學訓練的非專家——我可以填補這空缺。寫此書的發心就是做這位搭橋者。

鍥鉎：兩年下來，不斷接觸新資料，吸收新觀念。這是個有時艱苦、有時快樂、有時挫折、有時欣慰的學習過程。原先許多篤定的想法必須修改甚至放棄。例如，我所砌築的「全球磁變」一詞，原以為是一切災變之源頭。但兩年下來，發現這只是大環節中的一個關鍵。學習是個令人謙卑的旅程。明日看今日有如今日看昨日。此書中一定有許多需要改進修正之處。

申謝：曾任職美國通用及我國合翔公司的航太博士樓宇偉是寫此書的領航人。國內氣象國際關係的首席學者李河清教授不斷灌輸我新知，並提供編排的建言。氣象達人彭啟明博士百忙中從不吝嗇回答我不勝其煩的請教。臺大物理系教授孫維新熱心為我啟蒙天文學，而且坦誠糾正我的偏執。臺大地質系資深教授陳宏宇賜我溫暖的支持和鼓勵。中研院地球科學研究所研究員汪中和教授率同仁陳界宏和洪崇勝博士細心檢查我稿件，並賜予寶貴意見。加拿大自然資源局地質學家陳宗梓博士和加州大學河濱分校地球物理及水文學榮譽教授李典常提醒章節所需的重要修改。舍弟加州矽谷擁有 36 項電腦設計專利的林中明仔細審稿指正。南卡羅萊納大學政治系博士候選人劉奇峰點出統計方法瑕疵。淡江大學青年朋友黃引珊領導王光宇、蘇冠群、嚴怡君，協助整理資料和製圖。時報出版社第二編輯部總編輯李采洪率領同仁顏少鵬、李玉霜、曾睦涵等，勞心勞力編排本書，並與我腦力激盪，甚至熱烈爭辯，以求完美。
我向以上諸位衷心致謝。

目錄

24　第 1 章　災變升起：電影或事實？

指出一般災變言論的死角，瞵覽災變趨勢，
提出災變分類。

36　第 2 章　極端氣候：海底宣言和鐵軌凍裂

從世界氣候高峰會議各國對暖化議題形式上的重視，引
出寒冬連年、暖化的爭議和熱浪、野火、沙塵暴等「氣
候極端化」的現象。

**172　第 6 章　磁變對生物的影響：從鯨豚迷途到
親子相殘**

探討生物對地磁的感應，說明地磁弱化對動物及人類的
衝擊，包括人心浮躁行為乖張的社會病象舉證。

212　第 7 章　來自天上的原因：主角太陽

探討太陽對地球災變的影響，包括太陽磁爆、氣候變化、地震，以及小冰河期來臨之可能性。

第 1 章
災變升起：
電影或事實？

「因為全球暖化，請多穿衣服！」[1]

這是 2010 年底，美國專欄作家朱達‧可恩 (Judah Cohen)，在《紐約時報》(*The New York Times*) 上所寫的一句發人深省的話。

可恩寫這句話的當下，全球各地正發生酷寒現象：2010 年 12 月底，波蘭酷寒奪走 66 條人命；歐洲最忙碌的倫敦和法蘭克福機場因大雪關閉[2]；德國積雪 40 公分創百年紀錄[3]；美國東部 7 州因「魔鬼暴雪」，陸空交通全部癱瘓，並創溫度新低紀錄[4]；莫斯科冰雨壓斷電線，造成大停電[5]；黑龍江被大雪覆蓋，車輛進退不得[6]；暴雪襲擊日本，壓沉 370 艘漁船[7]……。

但是，美國航空暨太空總署 (National Aeronautics and Space Administration, NASA) 卻在 2011 年 1 月宣布：2010 年是自 1880 年人類有氣象紀錄以來最熱的一年，與 2005 年同列高溫榜首[8]。這還不提：之前半年美國國家海洋暨大氣總署 (U.S. National Oceanic & Atmospheric Administration, NOAA) 說，過去 10 年是 131 年以來最熱的 10 年[9]。

這些生硬數據呈現的畫面是：50 年後，北極冰融，飢餓的北極熊互相殘殺，熊媽媽血噬親生寶寶；南極企鵝成群渡海北上巴西覓食；太平洋島國如斐濟等淹沒；俄羅斯野火不斷，柏油路面燒融；紐西蘭牛養不肥，體型縮小；澳洲大堡礁白化殆盡；中國稻田龜裂，遍地饑荒；印度人民揮刀搶水，社會失控；美國黑人貧民窟燠熱暴動；人類終日揮汗如雨，像在煉獄中煎熬……。

值得深思的是，紀錄裡最熱的一年，為何頻頻出現酷寒現象？

暖化、地震、磁爆

無怪乎，對於「全球暖化」[10] 這個熱鬧的議題，大家意見紛歧。

粗略劃分有 4 種看法（圖 1-1）。

1. 末日派：暖化是世界毀滅的前兆，那天快要到來了。
2. 否認派：「全球暖化」是大騙局。放心燒碳，沒事！
3. 暖化派：大氣溫度上升嚴重，而且主要是人類活動造成的。
4. 質疑派：大氣溫度上升不如暖化派所說嚴重，而且人類活動並非主要因素。

我們姑且排除末日派和否認派。如果照暖化派說法，寒冬如何解釋？如果照質疑派說法，人類可以繼續大量燒碳，酸化的海洋成為水母世界，酸雨毀滅森林，大氣中二氧化碳排擠氧氣，威脅動物（包括人類）的生存，怎麼辦？

圖 1-1　全球暖化成因爭論。

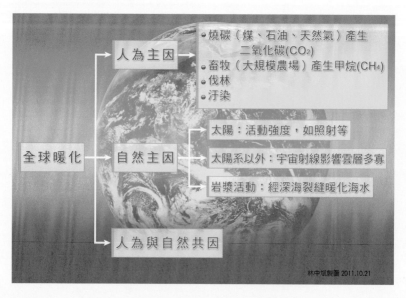

林中斌製圖 2011.10.21

讓我們換個話題，從地面上的災變轉向地下。

2011年3月11日，日本東部發生9級大地震，引發海嘯和核災，傷亡空前。而之前15個月內，在中國、海地、智利、紐西蘭等地也已相繼發生大地震。3月底，《華爾街日報》(*The Wall Street Journal*) 報導：負責觀測地震的美國地質調查所(U.S. Geological Survey, USGS) 仍然保守的說，自從1964年開始有可靠數據以來，全球每年7級以上的地震並沒有增加，都在17次以內[11]。

其實，整理美國地質調查所公布的資料庫統計顯示，全球7級以上的地震在1990、1999、2007年各有18次；1995年有20次；2010年有22次[12]。

為什麼專家的說法和一般人的認知如此不同？

再讓我們從來自地下的災變轉向太空。

1989年3月，太陽磁爆引發地球磁爆，使加拿大魁北克省斷電9小時；2003年10月底，太陽磁爆在瑞典造成類似的停電；美國政府委託的多份報告中都有記載，例如：美國國家科學研究委員會 (U.S. National Research Council)2008年的報告「嚴重太空天氣事件」便是其中之一[13]；但2010年7月，某位政府氣象機構專家卻說：「太陽活躍期產生的強烈輻射及帶電粒子流直接癱瘓地球上電力系統，造成經濟損失的案例，都沒有很直接的證據[14]。」

為什麼專家之間的說法如此不同？

災變趨勢

先讓我們回顧近年來災變發生的狀況。

近年來,一般人的印象中災難似乎愈來愈多。這到底是災難電影盛行下產生的心理作用,還是有客觀科學統計支持的趨勢呢?

1980 年,在聯合國世界衛生組織 (World Health Organization, WHO) 和比利時政府共同支持下,「災難流行病研究中心」 (Centre for Research on the Epidemiology of Disasters, CRED) 成為聯合國的合作組織 [15],專門收集各地災難的資訊,加以整理並公諸於世。此中心所公布的統計令人驚訝:全球災難不止有增加的趨勢,而且這個趨勢開始的時間比我們認知的還要早。

全球自然災害近半世紀以來明顯增加 [16],至少從每年報導的次數來看就是如此。在 1950 年代,不過 50 次左右;到了 1980 年代,則超過 100 次;到了 1990 年代,飆到 250~400 次;進入 21 世紀,次數居高不下,每年均未曾低於 350 次(圖 1-2)。根據本圖,雖然在 2000 年,次數上升趨勢稍微減緩,但是一般資訊顯示災害規模直至 2011 年底並未下降,反而繼續上升。例如,從 2011 年 7 月至 10 月底泰國的水災,以及 10 月底美國東部破紀錄早到的雪災等。

災變、災難、災害、災劫

本書中 4 詞互通,但意涵略有不同:
災變:泛稱用語。含義最廣。
災難:偏重生靈所遭受之苦難。比較感性。
災害:偏重財產生命的損失。比較冷靜。
災劫:意味不可避免但遲早將結束。

自然災害每年影響多少人？ 1960 年代，平均 [17] 每年影響約
3,000~4,000 萬人，以後便一路攀升；1990 年代已高達 2.5 億
人左右；進入 21 世紀，更是超過 3 億人以上。雖然實際數字
每年有上有下，但是總體趨勢仍是持續上升，只是上升坡度在
2000 年左右減緩（圖 1-3）。

圖 1-2　歷年全球自然災害次數 (1900~2010)。

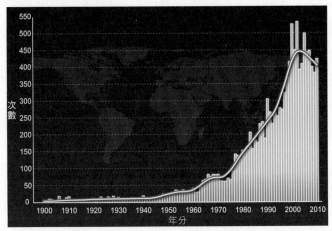

圖 1-3　歷年全球被報導的災害所影響的人數 (1900~2010)。

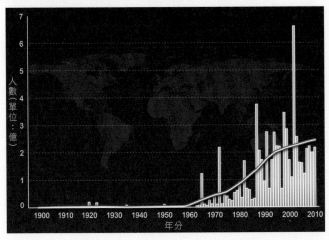

至於每年自然災害導致多少經濟損失呢？1975 年之後，損失的數字便快速攀升；在 1980 年代，每年平均損失 300 億美元左右；但是進入 21 世紀之後，已倍增至 600 億美元（圖 1-4）。

　　根據聯合國在 2000 年所納編的「國際災害減低策略辦公室」[18]，把全球自然界災難分為 3 種：1. 水文氣象性的災難，如：水災、風災、旱災；2. 生物性的災難，如：傳染病；3. 地質性的災難，如：地震、火山、海嘯。根據這組織的統計，這 3 種自然災難都呈現愈趨頻繁的走勢。水文氣象性災難的發生頻率在 1950 年代便開始上升，其他兩種災難發生的次數，在 1970 年代中期之後也都增多（圖 1-5）。

　　以上是專業機構有系統整理後，所呈現出的災難愈趨頻仍的圖像。毫無疑義的，半世紀以來全球各類自然災害，在發生的頻率、破壞的力度、波及的人數上，都在持續上升。

　　除此之外，有許多其他類別的災變也出現了。雖然尚未經過大規模有系統的統計，但就筆者個人累積的觀察而言，這些現象應值得注意和探討。

　　總體來說，各類災變所影響的對象不限於人類，發生的地點超越國界，破壞力量的來源則超越地面。

圖 1-4 歷年全球自然災害所導致的損失 (1900~2010)。

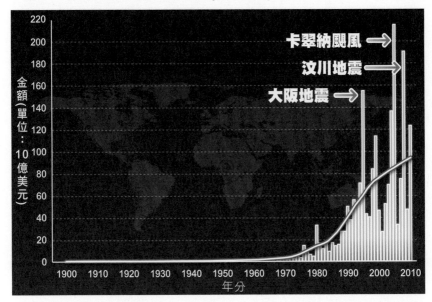

圖 1-5 世界自然災害分類與發生頻率趨勢。

災變的分類

　　全球發生愈見頻仍的災變就來源可分為 4 大類（表 1-1）：
第 1 大類來自於地面以下，包括地震、火山爆發和海嘯。而海
嘯是由海底地震和火山爆發所引起的。

　　第 2 大類來自於地面。其中又可分為 5 種：氣候極端化、
傳染病變多、生物失衡、生物迷途、人心浮躁行為乖張。其中
氣候極端化的現象還包括全球暖化、寒冬連年、乾旱成災、暴
雨水災及風災等。

　　第 3 大類來自於太空，例如：超強的太陽風暴。

　　第 4 大類來源不明，例如：各地意外事故頻頻、鳥魚群猝死、
天坑等。

表 1-1 近年來全球災變頻仍種類一覽表		（林中斌 2010.3 製表）		
來源	種類	可用「全球暖化」解釋？		
		可	不易	否
來自地下	地震		●	
	火山爆發		●	
	海嘯		●	
來自地面	1. 氣候極端化　熱浪 / 氣候暖化	●		
	寒冬			
	旱災			
	水災			
	風災			
	2. 傳染病變多	●		
	3. 生物失衡	●		
	4. 生物迷途		●	
	5. 人心浮躁行為乖張		●	
來自太空	太陽風暴			●
來源不明	意外事故頻頻		●	
	鳥魚群猝死	●		
	天坑		●	

暖化解釋的局限

以上 4 大類災變，主要只有第二大類「來自地面」中的一部分，可以解說為與「全球暖化」——即世界平均溫度不斷上升——有關。那一部分包括：氣候極端化、傳染病變多、生物失衡。其餘均無法圓滿，甚至根本無法用「全球暖化」解釋。也就是說，「全球暖化」只能解釋部分來自地面的災變，而無法充分解釋來自地面以下和來自於太空的災變。而來源不明的災變中，鳥魚群猝死或許和「全球暖化」有關，但是原因可能更複雜。這將留到第 8 章討論。

來自地下的災變呢？有人說地震變多是「全球暖化」引起，因為北極、南極的冰山融化了，地面上負荷的重量減輕，所以地殼反彈造成地震。可是這種說法有兩點很難解釋，一是冰和水的重量應該是一樣的，整個地球表面在冰融之後的負荷應該一樣。二是兩極的冰山融化，水向他處流動，應是南北極地表重量減輕，為何發生更多地震的地點卻是印尼、海地、日本、土耳其而不是南北極呢？

說「全球暖化」引起地震變多有另一理由，那就是：地面溫度升高影響了地殼下岩漿，使它變得更活躍而引起更多的地震。這個說法相當勉強，因為：1. 地面溫度百年來只增加攝氏 0.74 度，而地殼下岩漿高溫達攝氏 1,300 度。地面升溫和地殼下高溫不成比例，就像丟顆小石子入大水池，如何能激起洶湧的波濤呢？2. 全球地殼厚度各地不等，由 3~60 公里都有 19。就算是最薄的地方都有 3,000 公尺厚的石塊，再高的溫度要穿透它都不可能，何況百年來升溫還不到攝氏 1 度？

來自太空的災變呢？全球暖化引發太陽磁爆造成北歐、加拿大斷電、衛星受損？這種幻想力過於豐富的說法更不可能。

看來，「全球暖化」無法解釋各地所有愈趨頻仍的災變。「全球暖化」不是最終的答案。

對全球災變頻仍，有人認為是人造的錯覺——報導增加，造成災變頻率上升。因為世界人口爆炸，媒體數目遽增，自然現象觀察站遍布全球，所以各種災變新聞、災變紀錄增加，造成災變愈發頻繁的假象。其實，全球災變次數並沒有驚人的增加，以平常心對待即可。究竟是否如此，我們將進一步探討。

至於全球災變頻仍，是自然界變化所造成，或是人為活動造成的？本書將會具體檢驗各種災變，並回顧這些不同的觀點。

第 2 章
極端氣候：
海底宣言和鐵軌凍裂

丹麥的首都哥本哈根，人口 110 萬人，平常是個寧靜的城市。安徒生童話中小美人魚銅像 —— 垂目害羞的棲息在海港邊的巨石上，純潔無辜令人憐愛 —— 是哥城遠離世界其他各處災難紛爭的象徵。

2009 年 12 月 7 日，這世外桃源起了重大的變化。

全世界 192 國代表、119 位國家元首陸續抵達哥本哈根，參加為期 11 日的聯合國氣候高峰會議1。以往類似的會議與會者不過 1 萬人上下，這次事先註冊與會的人數卻高達 4.3 萬人，還不包括會外來自全球 8~10 萬遊行的人（也有部分本地人）[2]。他們塞爆了哥本哈根所有的旅館和民宿，許多外賓甚至得渡過海峽住進鄰國瑞典的瑪摩城 (Malmö)。因為世界媒體矚目峰會，各種抗議團體也自四方聚集，爭取曝光機會。許多和氣候變遷無關的團體，像經濟上「反全球化」的組織，也來應景，不甘缺席。遊行的人為了引起注意，造成衝突在所不惜。因此警察幾乎天天都要逮捕抗議者以維持秩序。

原先在 11 月初，答應出席的國家元首不過 60 多人。後來全世界對峰會希望不斷升高，反應不斷加溫，於是宣布與會的總統、總理像滾雪球般越來越多。11 月底，之前舉棋未定的美國總統歐巴馬，終於宣布參加；其他像中國總理溫家寶、英國首相布朗、法國總統沙可吉等也都沒有缺席。上百位各國元首同聚一堂，這不僅僅是氣候峰會的紀錄，也是人類歷史上前所未有的盛況。如此難得的機會，可以想見恐怖分子如果想要一展身手，萬一炸彈客溜進大會堂 (Bella Center)……，後果不堪想像。容納 1.5 萬人的大會堂，以及各國領袖下榻的旅館，安全措施無限提高，負責人員神經緊繃。

原來與世無爭的北歐都會突然熱鬧起來，空氣中激盪著激情的喧囂和潛在的不安。

為什麼全世界如此重視這場聯合國氣候高峰會議？

電影《明天過後》(*The Day after Tomorrow*) 最後的鏡頭──紐約城淹沒在海底──或許可以提供部分的答案。

當 21 世紀結束時，不止紐約，還有倫敦、東京、孟買都將淹沒海底！因為全球溫度將升高攝氏 3~5 度，使得格陵蘭和南極洲的大冰原融化，海面升高 6 公尺。此外，大部分的荷蘭、孟加拉、美國佛羅里達州和海洋中的島國也將陸沉。這是 2 位美國科學家 2006 年 3 月在《科學》(*Science*) 雜誌上所發表的研究結果[3]。

全球暖化的災難即將來臨！

許多科學家認為全球暖化是人類造成的。工業革命後，我們大量燃燒煤、石油，排放二氧化碳、甲烷、氧化亞氮 (N_2O) 等氣體。它們進入大氣層像溫室般的包住地球，阻絕散熱。於是全球溫度在過去 100 年（1906~2005 年）上升攝氏 0.74 度，而且在最近數十年升溫加速。

海底宣言與高山會議

2009 年 10 月，印度洋的島國馬爾地夫政府演出潛水內閣會議大秀（照片 2-1），向世界求救。以藍天、碧海、白沙馳名的度假勝地只高出海面 2 公尺，很容易被上升的海面所吞沒。

那天，馬國總統納西 (Mohamed Nasheed) 率領 11 位閣員──都已通過健康檢查，受過潛水訓練──從首都乘船 20 分鐘抵達軍事基地，各自穿著潛水服，背上氧氣筒，沉下海面 5 公尺，進行半小時會議。之前，他們必須練習緩慢呼吸凝神調息，像打坐一般，進入水底開會的心理狀態[4]。

全內閣簽署向世界呼籲的宣言：請各國在哥本哈根氣候高

照片 2-1
2009 年 10 月，馬爾地夫政府潛水舉行內閣會議，並簽署宣言呼籲全球減碳控制暖化。

峰會達成協議，減少碳排放量。否則，納西說，如果大家今天救不了馬爾地夫，那麼世界其他國家也沒多少有希望了，「我們都將消失 (We are going to die)！」

之後，戲劇性演出拯救世界的政治秀由海面下飛騰至雲端上。

哥本哈根峰會前 3 天，另一場內閣會議，在海拔 5,242 公尺的高山上舉行 5。

尼泊爾首相倪帕兒 (Madhav Kumar Nepal) 率領 25 位部長在聖母峰下舉行露天會議（照片 2-2）。官員們個個戴上氧氣面罩（因為氧氣太稀薄），用麥克風講話（因為風聲太大），所配戴的藍絲帶上寫著「拯救喜馬拉雅山」字樣。他們發表 10 點「聖母峰宣言」，呼籲世界共同努力遏止全球暖化。

尼國科學家發現喜馬拉雅山下溫度近來上升加快，預計 2030 年前將增加攝氏 2 度，屆時山上冰川恐怕完全消失。而喜馬拉雅山冰川又是南亞河水的來源，13 億人口賴以生存，涵蓋的國家除了尼泊爾之外，還包括中國、印度、巴基斯坦、孟加拉等。倪帕兒說：「這是歷史性的會議。」並深切的寄望

照片 2-2
尼泊爾內閣在聖母峰下戴
氧氣面罩，用麥克風講
話，舉行露天會議。

3 天後舉行的哥本哈根峰會能有具體作為。

哥本哈根當地時間 12 月 18 日凌晨，《聯合國氣候變化綱要公約》締約方第 15 次會議結束。經過 12 天馬拉松式的談判，大會主席宣布了「哥本哈根協議」(Copenhagen Accord)。「協議」雖然並未獲全體無異議通過，也不具約束力，但協議中所用的「認知」(to take note of) 這個字眼，卻可說是某種寬鬆形式的共識。會後，輿論反應兩極化，不滿意的人稱大會結果是「災難」，也有人認為是「往前邁了一大步」6。

持平而論，通常十幾人的委員會要全體無異議通過某項文件已不容易，何況那是 119 位國家元首！

無論如何，全世界人類的想法在哥本哈根峰會後跟以前再也不一樣了。大家有了新的覺醒，那就是：自然環境和人類的生存是息息相關的。大家對「全球暖化」可能帶來的衝擊更為敏感和關心。

照片 2-3
2010 年初，中國內蒙古
遭受連日暴風雪侵襲，
鐵軌被雪掩埋，工人連
忙鏟雪，替火車開路。

 寒冬連年

針對「全球暖化」的危機，全世界都聚焦於哥本哈根特大
規模的氣候峰會。但是，剛開完哥本哈根峰會，「世界寒冬」
在 2010 年元旦立刻報到！冰雪籠罩北半球各地，亞洲、美洲、
歐洲都不例外。

這難道是大自然給人類開的大玩笑嗎？

中國華北暴雪 60 年罕見，內蒙古、河北、北京、天津降雪
量驚人（照片 2-3）。北京下雪超過 28 小時，締造了 4 項紀錄：
持續時間最長、覆蓋範圍最廣、降雪量最大和雪層最厚[7]。新
疆暴雪，在阿勒泰、塔城地區房屋全毀與半倒的達 5,800 多棟
[8]。渤海、黃海出現 40 年以來最嚴重的海水結冰，渤海灣 45%
結冰，從岸邊可以走離岸邊 10 公里之遠（照片 2-4），很多
漁船尚未靠岸便被凍結在海中[9]。南韓首爾同樣遭逢近百年來
最大暴風雪襲擊，積雪 26 公分打破歷史紀錄。

照片 2-4
渤海、黃海遇 40 年
最嚴重冰凍。民眾
站在「海上」拍下
難得一見的景象。

　　與此同時，美國北部明尼蘇達、北達科他，甚至東南部佛羅里達都創歷史低溫。到了 2 月初，美國再遭「世紀暴風雪」襲擊，1 週內 2 次大風雪，首都華府一次降雪 75 公分，打破紀錄，交通癱瘓 10（照片 2-5）。2 月中，全美國 50 州除了夏威夷，都成銀色世界 11。2 月底，暴風雪再度侵襲美東北地區，造成該地超過 100 萬戶民宅、企業停電，近 4,000 航班取消；紐約中央公園降雪近 94 公分，破百年紀錄 12。

　　英國不止出現 30 年來最冷的冬天，還慘遭千年來最嚴重之大雨和大雪。蘇格蘭北部高地奧納哈拉小鎮溫度達攝氏零下22.3 度，和當時南極攝氏零下 22.9 度差不多 13。

　　橫跨 2009 和 2010 年的寒冬震驚世界，媒體更出現「小冰河期」將來臨的研究報導 14（有關此報導容在下文「暖化的爭議」部分再討論）。2011 年 10 月底，美國東部遭遇從 1869 年有紀錄以來最早的雪災 15。其實在美國東部和歐亞大陸，2001年便開始出現寒冬，之後 9 年中有 7 年冬天都特別冷 16。2009年後，全球寒冬連年直至 2011 年底，尚無改變跡象。於 2005年底，媒體就已開始報導寒冬現象，但沒有受到廣泛重視。

照片 2-5
2010 年 2 月初，美國華府
降雪 75 公分癱瘓聯邦政府。

 ## 維也納地鐵鐵軌凍裂

2005 年 12 月底，東北亞大雪。南韓光州降雪超過 45 公分，
創 37 年以來最高單日降雪量紀錄 [17]。在日本，連日大雪造成
134 萬戶停電，新幹線高速子彈列車被迫減緩速度以免發生意
外。中國湖南也受波及，威力強大的暴風雪癱瘓了高速公路，
造成數千車輛受困。當時不會有人想到，這次湖南的風雪已為
3、4 年後中國的嚴重雪災埋下伏筆。

2006 年 1 月，日本因雪崩、積雪壓垮車庫或遭落雪活埋致
死的有 89 人 [18]。2 月，中國新疆氣溫降到攝氏零下 41 度 [19]（照
片 2-6）。同月，日本 300 多年歷史的乳頭溫泉突然雪崩 [20]。

照片 2-6
2006 年 2 月，新疆連日大雪，氣溫陡降，野生動物飢寒交迫，造成 101 隻鵝喉羚死亡。

同日，由東京出發的新幹線列車撞上雪堆，全線停駛。

　2006 年 1 月更是歐洲 77 年以來最冷的 1 月，維也納地鐵鐵軌因此凍裂 21，至少有 4 起積雪壓垮屋頂造成的嚴重傷亡事件 22：2005 年 12 月初，俄羅斯楚索維 (Chusovoi) 室內游泳池坍塌，14 人死亡；2006 年 1 月初，德國巴伐利亞室內溜冰場坍塌，15 人死亡；1 月底，波蘭卡托維治 (Katowice) 展覽館被雪壓垮，67 人死；2 月底，莫斯科市場屋頂坍塌，49 人死亡 23（照片 2-7）。

　已使用 300 多年的溫泉，若以前曾因雪崩發生遊客傷亡，做事謹慎的日本人一定會做好防護措施；顯然，2 月乳頭溫泉雪崩死傷事件，是降雪量超過以往標準而發生的。同樣的道理，俄羅斯、德國、波蘭冬天本來就多雪，一般屋頂都有防備積雪重壓的強化措施，但是 2005、2006 年冬天仍然發生這些悲劇，可見當時的寒冬如何不尋常。

　2007 年 1 月中，暴風雪再度侵襲全歐，西起英國，東至波蘭、捷克，北至丹麥、俄羅斯皆未能倖免 24。這年，南半球冬天也特別冷——6 月，南非約翰尼斯堡反常下起雪來 25。

照片 2-7
2006 年 2 月，莫斯科地區普降大雪，導致這家市場的頂部嚴重積雪，發生坍塌事件，傷亡慘重。

 ## 需要暖化時，它溜到哪兒去？

到了 2008 年初，許多地方都冷得破紀錄，例如：以色列、印度、中國以及南歐的馬爾他等等 26。1 月，伊拉克首都巴格達罕見的下起雪來，60 歲的居民說他這輩子第一次看見雪 27。1、2 月，中國遭到 50 年來未曾見過的大雪災肆虐 20 個省市 28；澳洲新南威爾斯則遭遇 50 年以來最冷的 2 月；2、3 月間，阿富汗遇上幾十年不見的嚴冬，凍死 900 多人、31.6 萬頭牛；乾熱的耶路撒冷居然降雪 3 次；3 月，美國罕見大風雪來襲，俄亥俄州哥倫布市降雪量創百年紀錄 29；而且，北極的融冰又結凍，被冰覆蓋的面積幾乎回復到以前的大小 30。

2008 年 11 月，美國再次出現大風雪 31。隔年 1 月初，冰風暴襲捲歐洲，溫度陡降至攝氏零下 31 度 32。1 月中，中國黃河出現百年一遇的大凌汛，在短短 1 小時之內，河床因冰塊累積而升高了 4 公尺，許多房屋店鋪被冰凌淹沒 33（照片 2-8）。1
月底，暴風雪侵襲美國東北和中西部，造成 140 萬戶斷電 34。
2 月初，暴風雪肆虐英國，陸海空交通癱瘓 35。

　　12 月底聖誕節之前，美國東部包括華府遭到百年以來最嚴
重的暴風雪，為新年後之雪災拉開序幕 36。歐洲從西到東，12
月中開始下大雪，陸空交通癱瘓，到聖誕為止已凍死百人 37。

　　以上回顧了 2005 年底到 2009 年底的新聞事件，寒冬每年
不斷出現，而且遍布世界各地。這些破紀錄的低溫和暴風雪帶
來的災難可能駭人聽聞，但都是事實。

　　早在 2008 年，前美聯社駐莫斯科記者詹森 (Michael
Johnson) 就曾感嘆道：「這幾年來，我曾經在莫斯科被凍傷，
在紐約被凍麻，在法國被凍僵。我以為，我們的地球是在暖化，

照片 2-8
中國山西黃河壺口瀑布
出現百年一遇的大凌
汛，河床在 1 小時內升
高了 4 公尺。

前美國副總統高爾不是已經毫無疑問的證明了嗎？可是，我正需要暖化解困時，它溜到哪兒去啦？」[38]

2011 年 10 月，美國太空總署科學家指出，北極上空臭氧層出現前所未見的大破洞，面積是德國的 5 倍；原因是 2010 至 2011 年的冬天酷寒時間比以往都長[39]。臭氧層保護地球生物不受有害的太陽紫外線過度照射，而破壞臭氧層的氯分子在酷寒下最為活躍。

寒冬從 2001 年起便陸續出現[40]，為什麼要等到 2010 年元旦之後，一般人才突然注意到？為什麼「小冰河期可能來臨」的說法這時才登上大眾媒體？

從 2005 年起，連年寒冬可能被解讀為「例外」，時間過去大家就忘了。為什麼會忘了？大概有兩個主要的原因：一是全球夏天破紀錄的高溫不斷出現；二是專家對暖化有爭議，而且爭辯得幾乎是你死我活。

酷熱不斷：乾旱、野火、沙塵暴

2006 年 7 月底，全美遭「殺人熱浪」襲擊，56 人死亡[41]。加州連 10 天持續高溫至 37 度以上，數千頭牛死亡，屍體迅速腐爛傳出陣陣惡臭；南加州野火蔓延，洛杉磯本篤山谷百萬元豪宅化為灰燼。加州 56 萬戶、密蘇里州 50 萬戶、紐約州 10 萬戶居民，紛紛因為酷熱遭受停電之苦，種種景象令人頗有「彷彿地獄」的感受。

歐洲也不免於難，從西歐英國到東歐羅馬尼亞都有人熱死[42]。德國漢諾威機場的跑道甚至融化，必須關閉。

2006 年底，英國科學家羅夫洛克 (James Lovelock) 有感而說：「我們面臨的不是『全球暖化』而是『全球發熱』[43]。」

2007 年 3 月中，美國國家海洋暨大氣總署宣稱，2006 年 12 月到 2007 年 2 月，是全球自 1880 年有溫度紀錄以來最暖的冬天 44。

　　到了 2007 年夏天，北半球各地出現破紀錄的酷熱 45。中國長江以南廣大地區出現超過攝氏 39 度高溫，福建連續一個月的高溫打破 1880 年以來的紀錄。7 月下旬，在歐洲東南部，包括羅馬尼亞、匈牙利、保加利亞、希臘等地，高溫經常超過攝氏 40 度，死亡人數超過 500 人，森林大火幾乎失控。8 月中，日本溫度超過攝氏 40.9 度，鐵軌因而變形。而澳洲的千年大旱，則已持續進入第 5 年 46（照片 2-9）。美國心臟地帶的中西部連續多日酷熱，超過攝氏 37 度；美東的紐約地鐵因高溫導致用電超過負荷而停駛。

照片 2-9
澳洲陷入水深火熱 —— 東南部大火，北部淹水。

2007 年的暑熱造成長江流域的乾旱，進而導致生態失衡，洞庭湖爆發 20 億隻東方田鼠肆虐的鼠患 47。2008 年 1 月初，長江全面陷入枯水期，水位降至 14 公尺，是 142 年以來最低的紀錄 48。

2008 年上半年，澳洲旱災進入第 6 年，更形嚴重 49。澳洲是世界最大稻米出口國，因長年旱災而減少 98% 的稻米生產，使稻米價格竄升 2 倍。全世界各地依賴澳洲稻米進口國家的商人開始囤積米糧，人民激烈抗議甚至產生暴動。這些國家遍布各大洲，包括海地、埃及、喀麥隆、象牙海岸、茅利塔尼亞、衣索比亞、烏茲別克、葉門、菲律賓、泰國、印尼，甚至義大利。

2009 年 1 月，澳洲正值盛夏，遭百年罕見的熱浪侵襲 50，許多城市面臨自 1855 年有紀錄以來最長的連續高溫：墨爾本接連 3 天超過攝氏 43 度，阿得雷德則是連續 6 天都超過攝氏 40 度。由於炎熱，單單 1 月 29 日這一天，維多利亞省就有超過 1,300 件急救案例。

沒料到，進入 2 月後，澳洲情形更為惡化。維多利亞省上升到攝氏 48 度，造成「世紀熱浪」，墨爾本郊區電廠因高溫而爆炸 51。乾旱加上強風引起一世紀以來最嚴重的野火 52，死亡人數由 28 人（1 日），增為 40 人（8 日），再攀升到 96 人（9 日），最後還上飆到 156 人（10 日）53 ！

各地由於熱浪侵襲使得氣候乾旱，2009 年在南北半球都出現嚴重的沙塵暴。3 月中，沙烏地阿拉伯首都利雅德遭受 20 年來最嚴重的沙塵暴襲擊，能見度降為零，飛機航班取消 54（照片 2-10）。4 月，臺北也出現 20 年來最強的沙塵暴 55。9 月中是澳洲的初春，飄揚的沙塵卻覆蓋了數十個城市，是 70 年代以來最嚴重的沙塵暴；而且以往只出現於內陸的沙塵暴這次卻

照片 2-10
沙烏地阿拉伯首都利雅德遭受 20 年來最嚴重的沙塵暴。

席捲東海岸，最大城雪梨的居民在詭異的橘色霾霧中醒來，數
百萬人咳嗽不止（照片 2-11）。當地市民說：「我真以為世
界末日到了。」[56] 這些現象與撒哈拉大沙漠在過去半世紀以來
沙塵暴出現次數增加了 10 倍 [57] 關係密切。

照片 2-11
沙塵暴橫掃澳洲雪梨，地標雪梨歌劇院籠罩在橘色沙塵中（上）。

照片 2-12
2009 年 2 月澳洲森林大火，無數動物不幸逃避不及而遭殃。此圖中袋鼠被燒身亡陳屍於公路旁。

背部著火的袋鼠，拚命彈跳

2009 年 2 月 8 日，墨爾本部分地區由於溫度超過攝氏 50 度，許多小鎮遭祝融吞噬，學校、鎮公所都被燒毀，逃避不及的人死在車中。南澳維多利亞省王湖鎮的一位災民說：「看起來就像是被原子彈炸過的廣島，街上到處都是動物屍體，還有背部著火的袋鼠！」另一位說：「逃難途中有死馬、活馬，還有背部著火的袋鼠，拚命彈跳，景象非常駭人！」（照片 2-12）

2009 年夏天，南歐各地溫度上飆至攝氏 40 度，野火蔓延[58]，高溫情形在西班牙、法國、義大利、希臘都很嚴重；加拿大西部卑詩省遭歷史上最嚴重的野火肆虐，燒毀 3,300 畝林地，5,000 居民被迫疏散[59]。8 月，希臘發生 90 處野火，上萬人被迫撤離[60]。9 月，美國加州高溫達攝氏 38 度，破 30 年紀錄，野火流竄，燒死滅火工作人員，4,000 戶撤離[61]。

把焦點移到亞洲。2009 年 7 月，印度遭到 83 年以來最嚴重的旱災。在中央省素有「湖泊之城」美稱的波帕爾市，降雨量比往常少了 43%，民眾為了搶水，在街頭大打出手，甚至揮刀殺人[62]。

2009 年夏天，中國高溫乾旱也很嚴重。6 月初，華北溫度在攝氏 37 度以上，河北石家莊甚至飆至 39.2 度[63]。黑龍江和內蒙古也出現 1951 年以來最高溫。黑龍江受旱面積達耕地 53%，是歷史上最高的紀錄[64]。遼寧西部從 6 月到 8 月高溫少雨，發生 60 年以來最大旱災[65]。8 月，華南也是高溫乾旱，武漢達攝氏 39 度，也是 1951 年以來的最高紀錄[66]。

此外，高溫使得南極洲冰原崩解，漂流入海的冰山越來越大。2009 年 11 月，有香港 2 倍大的冰山向北漂到澳洲南部，並向紐西蘭南島接近，是 1931 年以來該國外海首次發現冰山[67]。2010 年 2 月中旬，面積達 2,550 平方公里像盧森堡般大小的巨大冰山脫離南極大陸[68]（照片 2-13）。

照片 2-13
南極崩裂的冰山
大如盧森堡。

暖化的爭議

2007 年 10 月，美國前副總統高爾榮獲諾貝爾和平獎。獲獎的原由是他多年來走遍世界各地不厭其煩的告訴世人地球的確在暖化，而且暖化是人類活動造成的。他收集了大量的科學資料，說服曾經懷疑暖化的人們。跟他一起得獎的是聯合國所屬的科技社群組織，叫做「聯合國跨政府間氣候變化委員會」(Intergovernmental Panel on Climate Change, IPCC)。在 1980 年代，全球暖化只不過是一個有趣的假說，高爾榮獲諾貝爾和平獎之後，全球暖化和人為的肇因成了全世界的共識，暖化議題的辯論似乎已結束。

其實不然！爭議不但沒有停止，而且越演越烈。2010 年初，有專家說：「氣候學可能是第一項如此激烈的捲入政治辯論的自然科學。」[69]

根據美國《新聞週刊》報導，美國人相信「全球暖化」的比例明顯下滑 —— 由 71%(2008) 降為 57%(2009)；而美國人相信「全球暖化」是人類活動所引起的比例也下滑 —— 由 47%(2008) 降為 36%(2009) 再降為 34%(2010)[70]。

美國是個科學先進、資訊通暢的國家，為什麼之前相信全球暖化和人為肇因的人比較多，反而現在變少呢？

會不會是因為人民大眾比專家更容易感到迷惑？

但是專家質疑暖化的也大有人在，而且聲音越來越大。《外交政策》(Foreign Policy) 是一份客觀而且具指標性的政策刊物。2010 年 2 月，該期列舉了 11 位質疑全球暖化的重量級人物，其中 6 位是學者（表 2-1）。

表 2-1 暖化的雜音：質疑全球暖化的重量級人士　　　　　（林中斌 2010.3 製表 [71] ）

1	麥隆克 (Ross McKitrick)	加拿大安大略省圭爾大學 (University of Guelph in Ontario) 經濟學家	
2	皮爾客 (Roger Pielke, Jr.)	美國科羅拉多州波德大學環境研究教授 (Environmental studies professor, University of Colorado-Boulder)	
3	克里斯提 (John Christy)	美國阿拉巴馬州亨茨維爾大學氣候學者 (Climate scientist, University of Alabama in Huntsville)	學者
4	林譜 (Richard Lindzen)	美國麻省理工學院氣象學教授 (Professor of meteorology, MIT)	
5	隆柏格 (Bjorn Lomborg)	丹麥商學教授 (Danish professor of business)	
6	戴森 (Freeman Dyson)	高級研究所理論物理學家 (Theoretical physicist, formerly of the Institute of Advanced Studies)	
7	基南 (Douglas Keenan)	前倫敦銀行家 (Former London banker)	
8	瓦茲 (Anthony Watts)	電臺氣象主任及部落格作家 (Chief meteorologist at KPAY radio, blogger)	
9	布克 (Christopher Booker)	英國星期日電訊專欄作家 (Columnist for Britain's Sunday Telegraph)	非學者
10	挪色 (Richard North)	電訊及部落格作家 (Contributor for the Telegraph, blogger)	
11	蒙克屯 (Christopher Monckton)	英國記者及前柴契爾政府政策顧問 (Journalist, former policy advisor in Margaret Thatcher's government)	

　　其中一位林譜 (Richard Lindzen)，是麻省理工學院氣象學教授，得過許多學術獎項，備受尊敬 [72]。2008 年 12 月，《國際先鋒論壇報》(*International Herald Tribune*) 有篇評論提到他，題目是〈懷疑氣候變遷〉，內容說有些科學家和學者相信：「全球溫度在 1998 年達到高峰，之後便下降。」而林譜也被歸類於這群質疑暖化的人 [73]。

　　可是，根據聯合國跨政府間氣候變化委員會引用美國國家航空暨太空總署公布的資料，2005 年全球溫度比 1998 年高，而 2000 到 2009 年是人類有溫度紀錄以來最熱的 10 年 74。

　　邁可 (Patrick J. Michaels) 教授和波凌 (Robert C. Balling) 教授是上表所列人物以外的質疑暖化的氣象學者。邁可在維吉尼亞大學任環境科學教授，波凌在亞利桑那大學地理科學院任氣候計畫教授。2009 年初，他們出版一本厚書《氣候極端化》(*Climate of Extremes*)，書裡塞滿了數據和圖表，其中有一份比較圖「每年冬天最冷月分積雪量」：如果只從 1951 年算到 2010 年，趨勢下滑，表示暖化而下雪也少了。但是，如果把

圖 2-1
每年冬天最冷月分積雪量。1951~2010 年，趨勢下滑；1910~2010 年，趨勢持平沒有變化。以 1971~2000 年各年中積雪月積雪量平均值為 100%標準，算出各年中最多積雪月的積雪量與標準比較增減的百分比。上圖為 1950~1994 年，下圖為 1915~2004 年。

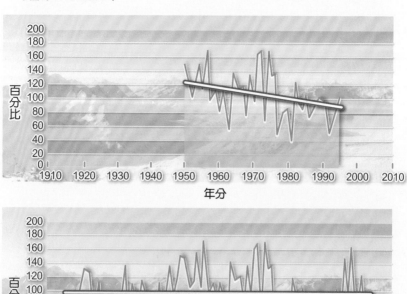

時間拉長，從 1910 年算到 2010 年，趨勢則是持平沒有變化 75（圖 2-1）——也就是說，長期來看，暖化並不明顯。

　　支持和質疑全球暖化的雙方都是受尊敬、有地位的科學家，為什麼他們對將來全球暖化的快慢有無，雙方爭論不休，連過去數年的計算都各有看法？

　　讓我們先看看全球平均溫度是如何統計的。世界陸地溫度紀錄靠上千個氣象站測錄，但是空間分配不平均：北美最多，俄羅斯、非洲都少，南北極更少。海面溫度則是靠美國國家航空暨太空總署提供的衛星照相資料。陸地氣象站多半設在都市社區，有所謂的「都市排熱島嶼」(urban heat islands)76 效應，所以陸地溫度紀錄均高於海面溫度。可是整體計算時，如何取得平均值，並沒有絕對完美的公式可以套用 77。這也是全球平均溫度之所以有爭議的原因之一（圖 2-2）78。2011 年 11 月初，

圖 2-2
全球陸地／海洋平均溫度。

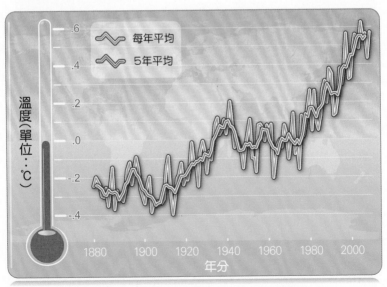

美國加州柏克萊大學教授穆勒 (Richard Muller) 懷疑地表溫度上升所根據的數據不可靠，因為氣象站分布不平均，發表研究結果推翻原來的看法 79。他相信地表溫度的確上升了，但是爭議仍未了，因為焦點已移向：地表溫度上升是以人為因素為主，或自然因素為主？

聯合國跨政府間氣候變化委員會研究報告說，從 1906 年到 2005 年，世界平均溫度雖然只增加了攝氏 0.74 度，但是後 50 年卻比前 50 年的溫度上升速度增加了 1 倍 —— 從每 10 年增加攝氏 0.07 度到 0.13 度 80。他們認為這是各國在上世紀後半加速工業發展的結果。可是質疑暖化的學者林讚認為，燒碳並非引起暖化唯一的原因，可能是 15~19 世紀地球經過一段「小冰河期」之後，地球表面溫度自然反彈上升的結果 81。

另外也有辛格 (S. Fred Singer) 教授和艾沃利 (Dennis T. Avery) 研究員出書表示，地球氣候每 1,500 年變暖一次，現在地球正處於暖化期 82。因此今日的暖化現象，究竟有多少來自於自然界反彈、多少來自人為的燒碳，並不清楚。

從 2009 年底開始，發生一連串跟聯合國跨政府間氣候變化委員會有關的爭議（表 2-2），加上批評暖化學者資料不透明、計算有瑕疵的聲音此起彼落 83，雙方你來我往，爭論幾乎沒完沒了。

近年來暖化派與質疑者的爭論激化成像「小學生般的叫罵」84 —— 甚至遭到生命威脅 85 和醜惡的研究經費砍殺的情況已是 86 屢見不鮮。專家意見都不同，叫我們外行的人怎麼辦？

表 2-2 IPCC 爭議事件　　　　　　　　　　　（林中斌 2010.3 製表）

時間	事件	經過
2009.12	氣候門 (climategate)	研究氣候學重鎮的英國東安格里亞大學 (UEA) 電腦資料被駭客竊取並廣為散播。其中上百封信件及上千份文件披露，許多有地位而支持全球暖化的學者蓄意消除不利暖化研究的電郵信件、修改研究資料並阻止與他們競爭的質疑暖化學者的報告出版 [87]。 按：東安格里亞大學氣候學研究是聯合國跨政府間氣候變化委員會歷次報告重要的依據。
2010.1	喜馬拉雅冰河 2035 年消失	高爾承認他們在 2007 年發布的報告提到喜馬拉雅冰河在 2035 年之前消失，是缺乏科學證據的說法 [88]。 按：那份報告的依據是印度冰河學家哈斯奈恩 (Syed Hasnain) 於 1999 年為通俗雜誌《新科學家》所做的一篇訪問，但是並未經過同行學者嚴格的審查。
2010.2	帕卓里事件	2007 年與高爾一同接受諾貝爾和平獎的聯合國跨政府間氣候變化委員會主席拉帕卓里 (Rajendra Pachauri)，被指責為商業銀行、投資公司服務賺錢，有失廉潔中立的身分 [89]。 按：他解釋說所賺的錢全部捐給印度新德里的研究機構 Energy and Resources Institute。但是批評者指出，那機構是帕卓里所創立。

氣候極端化

美國政治原有的容忍精神，在 2008 年金融危機後國內經濟衰退人民不滿日升之下，蕩然無存。於是全球暖化辯論在 2010 年後受到美國民主和共和兩黨惡鬥的影響，更為激烈。民主黨傾向人為活動為暖化主因，共和黨傾向自然因素為暖化主因。於是暖化辯論更為極端。

暖化派與質疑派的爭議似乎已經演變成政治理念的鬥爭，多的是情緒化的語言、使命感的驅使，而缺少尊重的態度、妥協的精神。暖化派指責質疑派是被石油公司收買又「不負責的傻子」；而質疑派則批評暖化派是仗勢欺人的「科學騙子」90。當然，當勝敗關係到大量經費的移轉，要保持客觀也很困難91。但如果我們退一步看，跳脫這種無益於事實的爭辯的時間到了。兩派都應該承認「氣候極端化」才是最嚴重的問題——熱的更熱，冷的更冷；夏天更熱，冬天更冷；甲地更冷，乙地更熱；有時候，北半球更冷，南半球更熱。

歐洲氣候學者隆伯格 (Bjorn Lomborg)，雖然被歸類於質疑者，但是說了句公道話：「如果我們跟隨任何一邊，都不大可能做出正確的判斷。」92

由於暖化派的努力，世人因而對環保問題更加覺醒，這是不可抹殺的貢獻。高爾奔走數十年，加上數千位參與聯合國氣候會議的學者多年累積、整理大量數據，才使因應自然界的危機成為全球的共識。當初高爾的說法並非主流意見，屬於「政治不正確」的少數，但他雖然勢單力孤卻奮鬥不懈，才有今日的局面，值得我們佩服。

不過一旦成為主流，享有「政治正確」的光環，暖化派似乎也染上無法容忍異己、不注重細節的弊病。

2009 年底和 2010 年初，北半球不斷有冰風暴、大雪成災。面對質疑暖化越來越大的聲音，高爾於 3 月初發表專論，為自己的立場辯護說：「雖然在美國，今年 1 月冷得不尋常，但是從全球整體看來，這是有紀錄的 130 年以來第 2 熱的 1月 93。」

其實，根據美國國家海洋暨大氣總署資料，2010 年 1 月是有紀錄以來第 4 熱的 1 月，南半球陸地表面（海洋表面溫度較低）才是有紀錄以來最熱的 1 月 94——這就是「目的為上，不顧細節」的一例。

同時，這件事也點出全球「氣候極端化」的特色。因為2010 年 1 月北半球的陸地表面整體而言是有史以來第 18 熱的1 月 95；而北半球的陸地表面上有些地點，如在美國數處，又是有史以來最冷的 1 月。

之前，我們曾提到其他「氣候極端化」的現象：當 2008 年澳洲新南威爾斯出現 50 年以來最冷的 2 月；2、3 月間，乾熱的耶路撒冷居然降雪 3 次。可是 2006 年 12 月到 2007 年 2 月卻是 127 年以來全球最暖的冬天 96。可見「氣候極端化」現象已不能歸類於偶發的獨立事件。

 ## 結論

■「全球暖化」並不能充分表達近年來氣候變遷的特色，「氣候極端化」才是更好的描述。

■氣候學家對「全球暖化」並沒有完全的共識。大部分氣候學家認為：近百年以來到目前為止，全球的平均溫度從長期（5 年或 10 年）的趨勢看，是在升高，至於升高多少，專家則有不同的計算方法、不同的結論。未來是否有 10~20

年的小冰河期，專家也沒有共識。

■全球平均溫度升高的原因中，人類工業化活動占多少？而大自然變化又占多少？沒有定論。

■大氣中暖化氣體增加和地球溫度上升兩者是成等比關係嗎？專家沒有共識。

■目前的氣候理論無法完全解釋越來越多的新氣候現象。例如：2009 年，氣候學家發現原有「聖嬰」、「反聖嬰」現象的分類不夠用，不得不創造新的名詞「非典型聖嬰」來描述兩者的混合體[97]（表 2-3）。也有權威氣象學家認為，2010 年初北半球各地的寒冬──或稱「北極震盪」(northern oscillation)，很難用既有的「全球暖化」觀念來解釋[98]。

■全球暖化學術辯論，在金融危機衝擊美國社會後，受美國國內政黨惡鬥影響，而更為激烈。

為什麼氣象學者意見如此分歧？為什麼目前氣候理論如此不夠用？為什麼氣象現象如此不同於以往？會不會另有其他更深層或更周全的原因，而我們未充分探討？

表 2-3 聖嬰現象的比較			（林中斌 2010.3 製表[99]）
名稱	El Niño（聖嬰）	La Niña（反聖嬰）	El Niño Modoki（非典型聖嬰）
現象特徵	沿太平洋中部及東部赤道海面水溫高於平常紀錄（攝氏 2 度以上）。	沿太平洋中部赤道海面水溫低於平常紀錄（攝氏 2 度以上）。	沿太平洋赤道中部海面水溫稍高於平常紀錄（約攝氏 1 度）。
對氣候影響	美國水災，南美洲、非洲、澳洲乾旱。大西洋沒有強烈風暴。	大西洋出現繁多的熱帶颶風，美國西部發生氣候乾旱。	在大西洋比聖嬰引發更多熱帶颶風，也在美國西部比聖嬰引發更乾旱的氣候。
典型年	1997	1998	2004

第 3 章
暖化可解釋的地面災變：
從龍捲怪風到水母峰會

　　加州柏克萊大學生物系教授威克 (David Wake) 和任登堡 (Vance Vredenburg)2004 年發現，在最沒有受到汙染的優勝美地國家公園 (Yosemite National Park) 高峰上，有大量青蛙離奇死亡1（照片 3-1）。那些仙境般的地方，本來存活著 7 種青蛙，但從 1990 年左右開始，其中 2 種出現高達 95%~98% 的死亡率，另外 3 種的數量也迅速遞減。

　　他們發現殺死青蛙的真正兇手是一種惡毒的真菌 (chytridiomycosis)。當然，氣候暖化2、山下種植作物所用

照片 3-1
科學家在美國優勝美地國家公園帶的內華達山脈 (Sierra Navada) 中，發現「南方黃腿蛙」(Southern Yellow-legged Frogs) 在湖邊大量死亡的遺骸。

農藥隨風飄上山頭、臭氧層變薄使紫外線加強等等[3]，都有可能促使真菌繁衍或減低青蛙抵抗力。問題是，在青蛙消失的地方，蝸牛和寄生蟲的數量反而增加了[4]，出現了「生態失衡」的現象！

地球上各式各樣的生物經過億萬年演化下來，原來已經達到生滅循環的常態平衡，近年來，這個平衡卻被打破了，不管是動物還是植物，全都出現生態失衡，只是在動物界，這現象似乎更明顯。

青蛙大量的消失是全世界共同的問題，除了北美洲，歐洲、亞洲、南美洲、澳洲也有相關報導。事實上不止青蛙，連和青蛙類似的兩棲類動物，如蟾蜍、蠑螈，都面臨數量急劇減少的危機。2004 年，在一場國際兩棲類動物會議裡，科學家便報告：全世界 32% 兩棲類動物面臨生存威脅，43% 兩棲類動物數量急速減少；從 1980 年以來，有 9~122 種已消失[5]。

令人警覺的是：青蛙在地球上已住了 3.6 億年[6]，遠超過 6,500 萬年前絕滅的恐龍，如果今日青蛙都性命不保，那麼其他動物呢？

「蚯蚓都去哪兒了？」我好奇的自問。

臺北近郊家後的小山，是我不論晴雨每天散步的地方。以前雨後常見有長達 30 公分的蚯蚓在產業道路上奮力前行，每天總會看見 10 來隻。但 2009 年後便少見了，偶爾有 1、2 隻出現而已。

雖然還不知是否有人研究蚯蚓消失的問題，但是，「生物失衡」──自然界某些生物神祕變少或消失，而其他物種反而擴大繁衍的現象──近年來已是不爭的事實。也就是說，物種之間百千萬年以來已經磨合好的生剋消長的循環被破壞了！

這是不是全球暖化帶來的影響？而各地愈趨頻繁的風災、洪災、傳染病等災變也是全球暖化造成的嗎？

 ## 風災加劇

2005 年 8 月 23 日，卡翠納(Katrina)颶風襲擊美國東南沿海，橫掃 7 州，造成 1,800 多人死亡，財產損失 1,250 億美元──超過世界第 15 大經濟體南韓在 2008 全年的國民所得！這是美國有史以來經濟損失最大、奪命第 2 多的颶風[7]。專門研究危機處理的經濟學家貝爾 (Randall Bell) 稱之為「美國有史以來最大的自然災害」[8]。

卡翠納颶風後軍隊救災

卡翠納颶風過後，美國路易斯安納州災情慘重，搶劫姦殺四起，社會一片混亂。於是國民兵 (National Guard) 協調海防部隊、正規部隊、警察、救火隊、義工等全出動救災。動員 2,500 名士兵、150 架直升機（超過 1 萬架次）、200 艘快艇以及無數醫療單位，救出 1.7 萬人，包括接生了 7 位嬰兒[9]。

如果我們再往前看就會發現，卡翠納登陸前一年，至少就有 4 個強大的颶風自大西洋襲擊美國，包括：2004 年 8 月初的查理 (Charley)、8 月底的法蘭希絲 (Frances)、9 月初的伊凡 (Ivan) 和 9 月底的珍 (Jeanne)[10]。《國家地理雜誌》因此還說那 2 個月大西洋颶風之頻繁打破自 1851 年有記載以來的最高紀錄[11]。但是到了 2006 年回顧時，紀錄又被打破——2005 年出現 27 個大西洋颶風，26 個英文字母都不夠排名，只好借用希臘字母[12]！

值得注意的是，美國沿海大西洋颶風所造成的災難近年來愈趨頻繁。由表 3-1 可以明顯看出來，美國有史以來造成財產損失最大的颶風前 5 名都在 1992 年之後，其中 4 個更是在 2004 年之後。

2006 年 3 月，澳洲遭到 74 年以來最強的熱帶氣旋（表 3-2）拉瑞 (Larry) 侵襲，無數屋頂被掀飛，樹木紛紛被連根拔起。災情最慘的因尼斯非 (Innisfail) 鎮鎮長說：「我們這裡有如被原子彈轟炸！[13]」幸虧居民及早撤離，無人傷亡。

2007 年 3 月，中國華北沿海省分遭暴風襲擊，威力之強是山東省 40 年、遼寧省 38 年以來所僅見，強風甚至吹垮大連市

表 3-1 造成美國財產損失慘重的前 5 大颶風　（林中斌 2010.3 製表[14]）

排序	颶風名稱	發生年分	損失（單位：億美元）
1	卡翠納 (Katrina)	2005	896
2	安德魯 (Andrew)	1992	407
3	艾克 (Ike)	2008	270
4	薇爾瑪 (Wilma)	2005	227
5	查理 (Charley)	2004	186

表 3-2 風災的種類 [15]

名稱	發生區域	發生時間及特性	成因
颶風 (hurricanes)	大西洋（加勒比海、墨西哥灣）以及國際日期變更線以東之太平洋	1. 主要在 4~11 月間形成。 2. 主要災害為風暴潮 (storm surge) 所造成。	1. 3 者都是廣義的「熱帶氣旋」，即在熱帶海洋上空，氣流繞低氣壓中心快速旋轉所形成的強風，通常攜帶暴雨。 2. 3 者是相同的現象，只是因發生區域不同而有不同名稱。 3. 氣旋在北半球為逆時鐘方向轉動，在南半球則為順時鐘方向。
颱風 (typhoons)	國際日期變更線以西之太平洋	1. 多數在 5~12 月間形成，1~4 月有時也會出現。 2. 西太平洋海面溫度比其他海洋高，所以颱風發生比颶風更頻繁。	
熱帶氣旋 (tropical cyclones)	印度洋以及西南太平洋	1. 北印度洋 4~12 月；西南太平洋 11~4 月 2. 3~12 公尺高風暴潮常造成主要災害。	
龍捲風 (tornadoes)	美國內陸為主。也發生在別處，如：孟加拉	1. 多半發生在春季（4 月），其次在秋季（11 月）。 2. 移動路徑狹窄，多數伴隨漏斗雲，有強烈摧毀性及殺傷力。持續時間比颶風、颱風、熱帶氣旋短。	1. 多數在陸地上空形成——氣流繞低氣壓中心快速旋轉。 2. 有時也會形成於水面上。

的建築工地吊車 [16]。

2007 年 6 月 1 日，威力驚人的「超級熱帶氣旋」(super cyclonic storm)「古努」(Gonu) 登陸沙烏地阿拉伯半島。它是阿拉伯海自 1877 年有紀錄以來 [17] 最強的風暴 [18]，風速高達每小時 284 公里 [19]，7 天後才消失，在阿曼和伊朗兩國造成多人死亡，財產損失達 44 億美元，全球油價因而上漲 [20]。要知道該地域暴風通常規模小、時間短，往往由海面登陸阿拉伯半島前便會消失，此次風災凸顯「古努」不尋常之處 [21]。

2008 年 4 月，熱帶氣旋納吉斯 (Nargis)（照片 3-2）——水仙花之意——登陸緬甸，沒想到其名嬌美，其實兇暴。等到

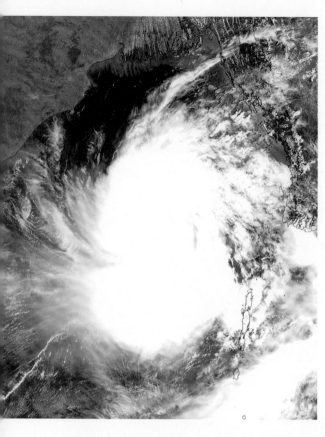

照片 3-2
盤旋在孟加拉灣的熱帶
氣旋納吉斯。

她 5 月 3 日消散時，至少已有 13 萬人喪命，也有人估計高達 50~100 萬人死亡，比南亞大海嘯時死亡 23 萬人還要多出 1~3 倍 [22]。事後比對資料，發現納吉斯是緬甸有史以來最巨大的自然災害，也是北印度洋殺人最多的熱帶氣旋 [23]。

2009 年，莫拉克 (Morakot) 颱風在臺灣引發 88 水災，是臺灣有史以來遭受過最大的水患災害，慘況空前。在 8 月 8 日及 9 日兩天，降雨 2,500 毫米（遠超過 50 年前 87 水災降雨 1,000 毫米的雨量），當沖毀 20 座橋梁時，更打破 1999 年 921 地震和 87 水災斷橋紀錄 [24]——後來統計共有斷橋 58 座 [25]（一說 70 座 [26]）！在臺灣因莫拉克死亡及失蹤人數共 695 人，其中小林村就活埋 398 人 [27]（照片 3-3）。不僅如此，侵臺前後，莫拉克還經過菲律賓、中國、南韓及日本。莫拉克不止造成陸上土石流，也導致海底土石流，中華電信 6 條海底電纜其中 5 條因此被沖斷 [28]。

8 月 11 日，莫拉克颱風剛走，輕度颱風艾陶 (Etau) 立刻登陸日本西部，造成 13 人死亡，10 人失蹤 [29]。9 月 28 至 30 日，颱風凱莎娜 (Ketsana) 侵襲菲律賓，造成當地 40 年來最大水患，284 人喪生；之後又登陸越南，奪走 32 人性命 [30]。

美國《國家地理雜誌》研究 1985~2004 年在大西洋發生的颶風次數和海面溫度，發現兩者有密切關係：1985~1994 年中，有 9 年海面溫度低於攝氏 28.3 度，颶風的強度低且次數少；1995~2004 年連續 10 年都高於此溫度，颶風的強度高，次數也多 [31]。

總結近年來巨大的颶風、颱風及熱帶氣旋在各地所造成的災害，可歸納出幾點觀察：

■這些廣義的熱帶氣旋近年來造成的災害規模擴大，陸續打破

照片 3-3
莫拉克颱風過後，
小林村幾乎滅村。

以往紀錄，這趨勢可能和暖化有關係。

■災害規模擴大不止是人為因素所造成，也與自然因素有關。人口增加，都市貧民窟建築簡陋，固然更容易遭到天然災害破壞，但自然災害發生的次數和威力上升也是不容忽視的原因。

■自然災害毫不尊重人為劃定的邊界，熱帶氣旋不經驗關手續就擅闖鄰境，往往橫掃數國。這提醒人類：所謂政治主權並非那麼神聖，也絕非天經地義的真理。

■天災對富裕及貧窮國家一視同仁，卡翠納並沒有對世界超強的美國客氣。而東非外海的島國模里西斯 (Mauritius)，在 2007 年遭到熱帶氣旋蓋米德 (Gamede) 侵襲，帶來破世界紀錄的豪雨量──9 天共降雨 5,500 毫米 32，但是被稱為「熱帶氣旋工廠」(cyclone factory) 的模里西斯平素多建避暴風潮的高塔，在狂風來襲、潮水上漲時，提供人民安全去處，避免被淹沒，這次幸而只死 1 人 33。

美國龍捲風次數加速攀升

讓我們把視野由海上轉向陸地。

龍捲風也是氣旋的一種，成因和颶風、颱風及熱帶氣旋相似，但是災害主要發生在陸地上。世界上龍捲風災害發生最多的地方，就是美國中西部（其實就是中部）以及孟加拉。

1974 年 4 月 3 日、4 日，紀錄上規模最大的「超級龍捲風」(super outbreak) 自天而降，災害涵蓋美國中北部 3 州和加拿大南部。18 小時內一共有 148 個龍捲風著陸，甚至出現 16 個龍捲風同時掃蕩地面的罕見情景，造成 330 人死亡 34。

1989 年 4 月 26 日，殺人最多的龍捲風「道提普爾－撒突利亞」(Daultipur-Salturia Tornado) 肆虐孟加拉（照片 3-4），約

照片 3-4
1989 年肆虐孟加拉的道提普爾－撒突利亞龍捲風。

1,300 人喪命 35——其實全世界因龍捲風死亡的人半數都是在這不幸的國度。

再一次，我們看到風災對富如美國、窮如孟加拉都「一視同仁」。但不可否認的是，過多的人口的確對孟加拉不利。

從數字來看，美國國家海洋暨大氣總署 (NOAA) 自 1950 年開始登錄的統計，的確顯示美國龍捲風發生次數有緩慢上升的趨勢 36。

圖 3-1 是 CNN 整理的趨勢圖，標記了美國從 1950 年到 2008 年 5 月每年 3.28 級以上龍捲風的次數 37。從圖中可以看到短期次數有上有下，但長期來看則呈現上升的趨勢。

圖 3-2 則是 NOAA 所屬的「國家氣象服務處」(National Weather Service) 所製，標示了美國每年 3.28 級以上龍捲風的次數，搭配上 10 年滑動平均次數，可以看出來 1990 年前龍捲風發生次數變動不大，1990 年後次數便逐

表 3-3 美國龍捲風發生次數歷年統計 (2000-2009) 38	
年分	次數
2009	22,936
2008	36,184
2007	26,657
2006	31,352
2005	26,918
2004	26,701
2003	27,110
2002	25,195
2001	25,045
2000	24,393

漸上升的趨勢。

　風暴預測中心（隸屬國家氣象服務處）所整理出來的數據更驚人（表 3-3），從 2000 年到 2009 年美國每年所有被觀測到的龍捲風發生次數，可以看到龍捲風發生的趨勢明顯上升，2006 年（3.1 萬次）和 2008 年（3.6 萬次）尤其突兀，成為歷史新高，可以想見當年龍捲風肆虐的嚴重性。

　因此，美國 2008 年因龍捲風死亡的人數也攀新高，5 月底已有 110 人因龍捲風喪命，遠高於之前一年 62 人死於龍捲風的平均數目；時間往前推更會發現，美國因龍捲風喪命的人數已有逐漸上升的趨勢，依次為 38 次 (2005)、67 次 (2006)、81

圖 3-1
美國每年 3.28 級以上龍捲風發生的次數 (1950~2008)。

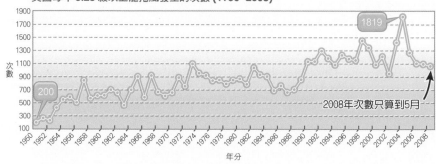

圖 3-2
美國每年 3.28 級以上龍捲風的次數 (1950~2008)。

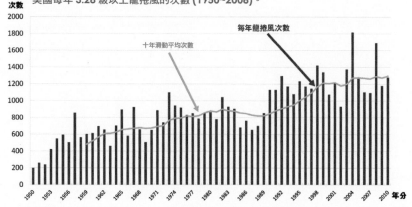

黃引珊整理製圖 2011.10.25

次 (2007)[39]。

2011 年 4 月底至 5 月中，美國南部及中西部連續不斷有強烈龍捲風發生，嚴重程度打破各種紀錄，傷亡慘重[40]。4 月 25 日至 28 日，共有 362 個龍捲風來襲，340 人死亡；其中 24 小時內發生了 312 個龍捲風，破美國有史以來龍捲風密度最高紀錄（之前紀錄是 2 天內有 148 個龍捲風）[41]。5 月 22 日，密蘇里州賈普林 (Joplin) 鎮遭到 60 年來最嚴重的單一龍捲風肆虐，鎮上 2,000 戶全毀，1/3 建築夷為平地，116 人死亡[42]。

總結以上的統計，我們可以說美國龍捲風每年發生的次數，從 1950 年以來有緩慢上升的趨勢。此上升趨勢在 1990 年之後更為明顯，進入 2000 年後上升再加速，2006 年及 2008 年數字突然攀升，至 2011 年則更為嚴重。

有學者認為美國龍捲風發生次數在 1990 年後略呈上升趨勢的原因是觀測站增設的結果[43]。但是當時美國已是世界唯一超強國家，觀測站增設亦趨飽和，加上當時每年因龍捲風喪命人數逐年下降，更無必要增設觀測站，因此上述說法似乎不能圓滿解釋 2000 年之後龍捲風次數的加速上升趨勢，龍捲風的次數增加肯定另有原因。

 ## 暴雨洪災肆虐

熱帶氣旋、颱風和颶風常會引發洪水。此外，就算僅僅是暴雨，並無風災伴隨，也會造成水災。近年來，世界各地這類暴雨成洪的強度和頻率似乎都在上升。

1998 年 6、7 月，中國從北到南連續豪雨，引發了中蘇邊境、華中南部長江流域中段、中越邊境靠近東京灣（今稱北部灣）地帶等 3 個區域洪水泛濫，光是貴州一地便累積了 1,730 毫米的雨量，是 130 年有紀錄以來第二大的水災[44]。根據官方所公布的資料，此次洪災造成財產損失超過 2 億美元，1,400 萬人無家可歸，500 萬棟房舍被摧毀，超過 3,600 人死亡（實際死亡人數應更高）[45]。人民解放軍還因此成立 19 支救洪搶險應急部隊 [46]。

10 年之後的 2008 年 6 月初，華南各地迭遭暴雨襲擊 [47]。廣東遭 50 年一遇的暴雨，百萬人受災；同時，四川因暴雨山崩引起火車出軌；暴雨在上海和河南成災之外，還轉成冰雹。至 6 月中，暴雨襲擊範圍已擴大為 10 省 [48]。

次年，中國洪災更為嚴重。7 月初，南方持續下起暴雨，廣西、貴州、湖北、湖南、江西、安徽、福建發生嚴重洪災 [49]，廣西桂林洪水水位甚至超過 1998 年的最高紀錄。7 月中，四川也遭暴雨襲擊，188 萬人受災 [50]。到了 8 月底，已有 29 個省分發生洪災，經濟損失達 700 多億人民幣 [51]。

不止中國，美國的洪災近年來也愈趨嚴重。2008 年 6 月中，美國中西部出現 500 年以來最大的水患，範圍涵蓋 6 州，密西西比河 8 處潰堤 [52]。2009 年 3 月底，北達科他州遭嚴重水患，該州紅河 (Red River) 水位上升超過 13 公尺，創 112 年來之紀錄 [53]。9 月底，在 3 天豪雨之後，東南部 17 州宣布進入緊急狀況，喬治亞州有半數地區浸泡水中，是 60 年來最大水患 [54]（照片 3-5）──諷刺的是

照片 3-5
喬治亞州亞特蘭大一樂園的雲霄飛車淹沒在滾滾濁流之中。

照片 3-6
英國連日大雨造成多處氾
濫成災，英格蘭西北部民
宅遭大水淹沒。

這 17 州數月前仍飽受乾旱之苦。2010 年 3 月中開始，換成美國東北部豪雨成災；3 月底，情形更為嚴重，羅德島州洪患達 200 年一遇的規模，波圖色河 (Pawtuxet River) 洪峰創紀錄達 20.79 英呎，比之前紀錄高出了 6 英呎，更比平時的水位高出了 12 英呎 55。

歐洲也不例外。2009 年 11 月底，英國狂降豪雨，造成歷史上最嚴重的水患（照片 3-6），環境大臣稱之為「千年一遇的大水」，24 小時降水量 314.4 毫米打破 1955 年以來的紀錄 56。數天後，英倫海峽對岸的法國北部也淹大水 57。2010 年 3 月底，更遠的東歐白俄羅斯河堤潰決 58。

其他各地近年來豪雨洪災同樣不斷發生。例如：2008 年 8 月底，印度北部出現 50 年來最大的水災，200 萬人撤離，連帶引起爭搶糧食的暴動 59。2009 年 9 月初，土耳其伊斯坦堡遭 80 年來最大豪雨，洪水成災 60。2010 年 2 月初，墨西哥也發生洪災 61。4 月初，巴西降下半世紀以來最密集的豪雨，里約熱內盧在 17 小時內就降了 280 毫米大雨，是 4 月預期降水量

照片 3-7
水中移監。2011 年 10 月泰國逾 2/3 省分遭水患侵襲,中部省分受災尤其慘重,必須在水中移送 5,000 名犯人至臨省監獄。

的 2 倍 62,打破 1966 年紀錄。7 月底,巴基斯坦水患淹沒 1/5 國土,災民超過 2,000 萬人,至年底積水未退,聯合國祕書長潘基文前往巡視,嘆說這是他一生所見過最嚴重的水災 63。

時序來到 2011 年,世界各地水患更為頻繁,至秋季為止,幾乎每日都有水患新聞,災區已遍及中國、澳洲、美國、南非、泰國、越南、斯里蘭卡、菲律賓等地。最著名的莫過於 10 月泰國遭受 50 年來最嚴重水患(照片 3-7),長達 5 個月積水不退,全國 76 省中有 61 省受影響,波及 800 萬以上人民,甚至有上百隻人工飼養的鱷魚逃逸四竄,引起社會恐慌 64。至 10 月止,已有近 300 人喪命。

世界各地豪雨所造成的災難,無可避免的和人口增加、都市化嚴重、違章建築蔓延等因素有關,但是,降水量極端化——多的更多,少的更少——也是重要原因!臺灣中央研究院環境變遷研究中心主任劉紹臣曾指出,2000~2008 年初,臺灣地區發生暴雨(每小時降水量超過 10 毫米)的日數與強度,比起 1960~1970 年間增加一倍,從平均每年 1 天增為 2 天;小雨(時雨量低於 2 毫米)的日數則相對大幅減少,比 40 餘年前減少

28 天，降雨天數也減少 22 天 65。小雨天數減少不止是臺灣獨有的現象，中國和日本也有類似狀況。從 1951 年至 2006 年為止，發生豪雨（單日降水量 130 毫米以上）天數，偏多與偏少的年分大都集中 2000 年之後，而一年中發生超大豪雨（日雨量超過 350 毫米）次數的前 10 名，同樣也都集中在 1990 年之後 66（表示 1990 年後豪雨變多，而 2000 年後豪雨發生時間更集中，更不平均）。以臺北觀測站為例，過去 50 年來，平均每年僅有 1 天降雨達到豪雨標準，但是卻有 8 個年分出現 3 天以上，當中的 5 個年分發生在 1990 年之後——2 年在 1990 年至 2000 年間，另 3 年出現在 2000 年以後 67。

從以上描述的現象應可觀察到 4 個現象：
■近年來全球暴雨洪災有次數更頻繁、規模更龐大的趨勢。
■暴雨洪災發生地點遍布各地，但北半球似乎更多。
■發生洪災的地點不分國家貧富，但是發展中國家死亡人數高於已發展國家。
■洪災的發生似乎和降水量極端化有關。

 ## 傳染病頻生

2002 年 11 月，中國廣東省順德市爆發出致命的怪病，透過呼吸器官傳染，似乎無藥可治。怪病很快便擴散到全國，到 2003 年 3 月經由東南亞傳至世界各地，引起國際的恐慌。聯合國世界衛生組織將怪病命名為 SARS 68，並發動世界各國聯合抗疫，終使疫情在 4 月底達高峰後開始下滑，6 月底受到控制，但疫情已傳至 26 國。至 7 月初世界感染 SARS 人數總計超過 8,000 人，死亡 775 人，其中中國就占了 348 人 69，臺灣有 83 人 70（圖 3-3）。

圖 3-3
SARS 疫情統計。

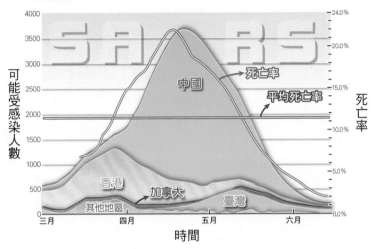

引發 SARS 的嫌犯

2005 年，2 組科學家同時發現 SARS 病毒源自一種生活在深山岩洞中的蝙蝠 —— 中華菊頭蝠，推測是中國南方居民捕捉後在市場兜售，把病毒傳給了狸貓，而人吃了狸貓進補之後受了感染。無獨有偶的，蝙蝠也是 1994 年澳洲爆發亨德拉病毒 (Hendra virus) 疫情和 1999 年馬來西亞爆發立百病毒 (Nipah virus) 疫情之來源 —— 前者致死的對象是馬與人，後者致死的對象是豬與人。

當 SARS 風暴在臺灣狂吹時，社會瀰漫了恐慌的氣氛。民眾搶購口罩，造成缺貨，讓真正需要口罩的醫護人員沒有口罩可以使用。平時熱鬧的機場、車站、夜市、賣場，一片蕭條，一直到 6 月初，大城市才恢復生機 71。

在 SARS 消失之後 7 年，沒想到又出現另一個殺傷力更強的傳染病。早於 1918 年就曾出現的豬流感病毒，2009 年突然又再一次發生變異，並在全球擴散，即所謂的「新流感 (H1N1)」。其威力之強，至 2010 年 5 月為止，死亡人數已達 1.4 萬人 72。

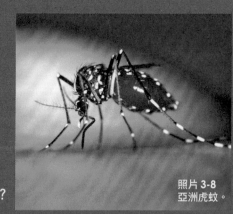

照片 3-8
亞洲虎蚊。

暖化？突變？全球化？

義大利東北部古城拉溫那 (Ravenna) 附近有個寧靜的村莊——卡司提里翁那 (Castiglione di Cervia)。2007 年夏天，該地區突然爆發一種當地從來未有的奇怪傳染病，患者會關節疼痛、頭痛、發燒、發疹。經追查發現前 2 年這個怪病已肆虐印度洋上島嶼，被喚做「奇孔古尼亞」(Chikungunya，原為非洲莫三比克的語言，意思是「乾得彎起來」)。專家最初認為這種疫病的散布是全球暖化引起，後來又有專家提出反對意見，認為是病毒突變使它傳染性增強。但也有專家認為真正原因是經濟全球化，因為 1990 年代義大利的進口輪胎中挾帶了一種叫「亞洲虎」的毒蚊（照片 3-8），牠能傳播「奇孔古尼亞」和登革熱病毒。

2011 年 5 月底至 6 月下旬，德國爆發變種大腸桿菌 (0104：H4) 汙染食物的問題，芽菜、小黃瓜甚至漢堡紛紛遭感染，由於無藥可醫，39 人病發而死，引起極大的恐慌 73。

2011 年秋，美國爆發李斯特菌 (Listeria monocytogenes) 汙染了甜瓜和生菜的疫情，至 9 月底已 15 人死亡，另有 84 人受感染 74。這是美國自 1998 年以來死亡人數最多的一次食源性疾病疫情 75。

對新聞時事稍有注意的人或許已經發現，近年來全球傳染病層出不窮，種類亦多，人畜都難逃感染而喪命。表 3-4 列出 22 項主要傳染病種類，許多都曾被媒體大肆渲染，相信大家都不陌生。

從表中可以清楚看到：有的病毒是 1980 年代中期後才出現的，如：狂牛症、藍耳症、漢他病毒、亨德拉病毒、禽流感 (H5N1)、立百病毒、SARS、新流感 (H1N1) 等。

有的病毒則是以前就存在，但是近年來出現更頻繁，如：口蹄疫、登革熱、羊痘、豬流感、西尼羅病毒、手足口疫、諾羅病毒、困難腸梭菌等。還有一些是最近出現的不明怪病，如：2005 年 12 月出現的車臣怪病、2008 年 6 月毒死綠島魚群的鏈球菌等。而更須注意的是許多病毒突變加速，各式的流行性感冒尤其如此。1918 出現的「豬流感」，到 1997 變成傳人的「禽流感」，到 2009 再演化成「新流感」，堪稱其中代表。

為什麼傳染病近年來層出不窮？最普遍的解釋仍是和全球暖化有關。

表 3-4 主要傳染病的種類與疫情（年分由新近向舊往排列）

	名稱	首次出現年分／地點	傳染事件年分	傳染對象	死亡人畜數或經濟損失
1	新流感 (H1N1) [76]	2009／墨西哥	2009、2010	人	14,286 人（至 2010 年 5 月）
2	綠島魚群鏈球菌 [77]	2008／臺灣	2008	魚	26 種魚群暴斃
3	香港豬農不明肺炎 [78]	2006／香港	2006	人	2 人
4	車臣怪病 [79]	2005／俄羅斯車臣	2005~2006	人	93 人病倒（至 2006 年 3 月）
5	SARS [80]	2002／中國	2003	人	775 人（全球）
6	立百病毒 [81]	1999／東南亞	1999	人、豬	100 人 90 多萬隻豬遭撲殺
7	禽流感 (H5N1) [82]	1997／香港（傳人）；1960（傳鳥）	2003、2004、2007	鳥、人	1,000 燕鷗／1960 南非 21 人／2003 東亞
8	亨德拉病毒 [83]	1994／澳洲	1994、1999、2004、2008、2009	馬、人	32 馬 4 人
9	漢他病毒 [84]	1993／美國	1993、2007、2009	人	78 人／1993~2003 美國 124 人／1995~2003 南美洲
10	藍耳症 [85]	1987／美國	2006／中國 2008／越南	豬	豬價上漲 85%，引發通貨膨脹／2006 中國
11	狂牛症 [86]	1984／英國	1987~2006	牛、人	200 人（至 2009 年 9 月） 400 多萬頭牛遭撲殺／英國
12	愛滋病 [87]	1978／瑞典、美國、非洲	1978~ 現在	人	524,060 人／1980~2003 美國
13	困難腸梭菌 [88]	1970／加拿大	2003、2006、2009~2010	人	36 人／2003 加拿大 6,480 人／2006 英國 29 人／2009~2010 丹麥
14	諾羅病毒 [89]	1968／美國	1970、2001~2006/加拿大、2008/英國	人	80 人／2003~2004 加拿大
15	手足口疫 [90]	1956／澳洲	1997、1998、2006、2008、2009、2010	人	31 人／1997 馬來西亞 78 人／1998 臺灣 7 人／2006 馬來西亞 53 人／2008 中國、越南 50 人／2009 中國 40 人／2010 中國
16	西尼羅病毒 [91]	1937／烏干達	1999~2010／美國 2000／以色列 2002／加拿大	人、鳥、馬	560 人／1999~2004 美國

	名稱	首次出現年分／地點	傳染事件年分	傳染對象	死亡人畜數或經濟損失
17	豬流感 [92]	1918／西班牙？	1957、1976、1988、1998、2007、2009	人；豬（1997 變異成傳人的禽流感 H5N1，2009 後變異成傳人新流感 H1N1）	5,000 萬人（1918）200 萬人（1957~1958）
18	羊痘 [93]	1847／英國	2000／希臘 2008、2010／臺灣	羊	5,050 隻羊遭撲殺／2010 臺灣
19	霍亂 [94]	1816／印度	1991~1993／南美洲	人	1 萬人／南美洲
20	登革熱 [95]	1780s／亞洲、非洲、北美洲	1950~現在	人	16 人／2002 巴西 7 人／2004 新加坡 30 人／2008 巴西 18 人／2009 玻利維亞
21	口蹄疫 [96]	16 世紀／歐洲	1914~1929／美國 1967、2001、2007／英國 1997／臺灣 2005／中國 2010／日、韓	牛、羊、豬等	450 萬頭牛遭撲殺／1914 美國 380 萬隻豬遭撲殺／1997 臺灣
22	肺鼠疫 [97]	540／埃及	2009／中國	人	3 人／2009 中國

冰層裡 12 萬年前的細菌

2008 年中，科學家報導[98]：地球溫度上升使得格陵蘭冰層融化，原本埋在 3 公里深冰層裡的細菌於是被釋放出來。它們共有 10 種之多，12 萬年以前便已存在。其中有一種細菌叫「格陵蘭金黃桿菌」(Chryseobacterium Greenlandensis)，而已知其他的金黃桿菌 (Chryseobacterium) 和人類的肝炎、腦膜炎、敗血症、氣喘、囊腫性纖維化都有關。雖然格陵蘭金黃桿菌到目前為止尚未證實會引起類似疾病，但這種可能性是存在的，有人便因此擔心暖化會增加疾病爆發的可能性。

此外，1991~1993 年南美洲爆發霍亂疫情，近 100 萬人被傳染，約 1 萬人喪命。剛好那段時間發生聖嬰現象，海水溫度升高，致使祕魯沿海浮游生物急遽增生，因此部分科學家認為聖嬰現象是霍亂病菌擴散的主因[99]。

西尼羅病毒也是一例。1999 年 8 月美國紐約爆發西尼羅病毒傳染病，還擴散到北美其他地區和中美洲。當時除了人類受感染致死外，許多鳥類、馬匹也傳出因此喪命，至 2004 年止在美國已有 560 人死亡。西尼羅病毒 1937 年於非洲烏干達首度出現，透過蚊蟲和鳥類傳播，至 1999 年前僅發現於歐洲、非洲、中東地區及亞俄地區，從沒有傳到美國的病例[100]。但由於溫度上升有利蚊蟲繁殖和擴散，而氣候乾旱則會減少野外植物和昆蟲的數量，迫使飛禽進入城市覓食，遂導致西尼羅病毒在人類社會中更為傳開[101]，因此部分專家學者便認為病毒入侵美國是氣候暖化所造成。

但也有專家，如萊特博士（Paul Reiter），便指出熱帶疾病（如瘧疾）也曾在寒冷地帶傳播過。所以，引起疾病的擴散原因與其說全是暖化造成，還不如說是許多因素互相交錯影響所致，這些因素包括森林砍伐、人口遷徙、內戰、自然災害等[102]。此外，如果穿透到地面的宇宙射線增強，也可能會刺激生物變種，產生新的細菌和病毒 103。

　　附帶一提，萊特博士是國際知名的瘧疾和登革熱權威，曾經為聯合國跨政府氣候變化委員會提供報告，但是他反對過度簡化使用全球暖化的說法來解釋傳染病擴散 104，於是在 2006年後退出 IPCC，所以也被算作全球暖化的質疑者。

　　總結以上對傳染病的說明，可以獲得幾項觀察：
■近年來傳染病種類似乎變多，傳播的範圍變大。
■傳染病危害的規模和國家發展成反比，發展中國家受害較已發展國家為大。
■已發展的國家並不能免除傳染病的發生及其所引起的死亡，但是死亡人數比發展中國家為低。
■許多專家認為全球暖化是傳染病變多的原因，但是專家中也有異議者，認為是許多因素交互造成。
■傳染病變多的原因，不能排除來自太空的宇宙射線增強，加速病毒、細菌突變的可能 105。而宇宙射線效果增強，則和太陽活動強弱以及地球磁場強度有關——太陽活動強可以把宇宙射線反彈回外太空，地球磁場強則可以強化保護地球的「磁氣圈」，把宇宙射線折射回去。這些現象將留到此書後面各章進一步討論。
所以用全球暖化來解釋傳染病變多雖然說得通，但是我們應思考：暖化是唯一的因素嗎？

 生物失衡

　　前文曾提及青蛙大量消失的現象，蜜蜂則是另一個明顯的生物失衡例子。

　　2006 年 10 月，《時代雜誌》報導，50 年來美國蜜蜂已消失了一半 106。其實更詳細的狀況是：1972~2006 年之間，野生蜜蜂陸續減少，到目前為止，幾乎已絕跡了[107]。而人工養殖的蜜蜂在 2006 年之後也大量減少，速度驚人；2007 年，全美 1/3 的人工養殖蜜蜂死亡[108]；2008 年，蜜蜂死亡數量又比 2007 年增加 11%[109]！

更奇怪的是美國大部分養殖蜜蜂消失的情況：蜂巢裡女王蜂還在，幼蟲尚未完全孵化，儲存的食物依然充足，但是工蜂飛出去後卻神祕消失，導致蜂巢整個系統無法運作而崩潰。這現象在 2006 年首次被命名為「蜂群衰竭失調」(colony collapse disorder)。到了 2009 年，美國蜂群衰竭失調的統計數字曾一度下降，隨即又再度上升。光是 2009 年 10 月到 2010 年 4 月半年間，全美蜂群數目衰減高達 34%[110]！

誰也沒想到蜜蜂消失是世界性的問題，歐洲、澳洲、巴西、印度、中國都有發生。以臺灣為例，在 2007 年 4 月便出現蜂巢衰竭現象的報導[111]，近年來，全臺灣蜜蜂減少數目更高達 1/3[112]。

但是美國、歐洲，甚至臺灣，另外也都報導了蜜蜂陸續消失，而蜂群卻沒有崩潰的怪異現象。宜蘭大學教授陳裕文因此提出不同的看法，認為臺灣蜜蜂減產 20%~30%，最主要原因並非蜂群衰竭失調，而是蜜蜂繁殖力下降[113]。

除此之外，對於蜜蜂消失的解釋還有以下數端：

1. 寄生蟲侵襲。俗稱「蜂蝨」的「蜜蜂蟹蟎」(varroa mite)（照

照片 3-9
「蜜蜂蟹蟎」吸附在蜜蜂身上。

片 3-9）會從蜜蜂腹部節間膜刺吸體液，造成蜜蜂免疫力降低，輕者畸形，重者喪命 114。蜜蜂蟹蟎也會傳播病毒和細菌，使得蜜蜂翅膀產生變形或生病，進而導致蜂群衰竭。另外還有一種「氣管蟎」(tracheal mite)，則會攻擊蜜蜂呼吸系統 115。而「東方蜂微粒子蟲」(nosema ceranae) 所攜帶的「以色列急性麻痺病毒」（Israel acute paralysis virus, IAPV)，會讓蜂群麻痺，在 8 日內集體死亡 116。研究人員在多數衰竭失調的蜂巢中會找到這些寄生蟲，但也有例外者，因此寄生蟲侵襲似乎不是蜂群消失的唯一原因。

2. 受農藥影響。據研究，當蜜蜂接觸或吃下農藥——如「益達胺」(imidacloprid) 殺蟲劑，就可能因此影響生理機能，喪失記憶，飛出蜂巢後便容易迷路而無法回巢 117；甚至汙染到了蜂蜜，擴大影響範圍。但是也發現過非果園噴藥期仍發生工蜂外出不回的情形 118。

3. 營養不良。養蜂人開車帶著蜂巢去授粉，放蜂之處往往是大片橘園、梨園等果園，要不就是瓜田、蕃茄田等農地。於是，蜜蜂的食物局限在單一種花粉，無法獲取不同胺基酸，導致營養不良，體力衰退 119。

4. 氣候暖化。美國航空暨太空總署科學家伊賽額斯 (Wayne Esaias) 認為，氣候雖不是主要的原因，卻可能間接影響蜂群更容易衰竭 120。

5. 地磁弱化。研究顯示蜜蜂體內有磁性物質，可以幫蜜蜂辨識方位 121。當地球磁力不斷弱化，蜜蜂導航能力也可能隨之減弱，因此無法回巢。

而最有可能的是，許多因素都湊在一起，造成全球蜜蜂數量持續減少。

國際水母高峰會議

生態失衡的另一個例子是水母迅速繁殖。

2005 年夏天開始，日本海巨型水母數量暴增 100 倍，重創當地漁業 122。這種「越前水母」(Nomura Jellyfish)，直徑長達 2 公尺，重量更高達 300 公斤 123（照片 3-10）！首次發現是在 1921 年，之後只是偶爾見到，但 2005 年底媒體報導漁夫拖網時發現大量水母，許多網中的魚不是被壓死就是被水母觸鬚毒死而發臭，此外，過重的水母也造成漁網損壞，漁獲量於是暴減，例如日本本州北面鮭魚產量就銳減 8 成 124。水母越來越多，殺都殺不完，漁民不知如何是好。當時自民黨政府為了因應漁業危機，成立了「水母對策委員會」125。

糟糕的是水母並不尊重國際海洋法。越前水母雖然被冠上日本名稱，對於在東海、黃海作業的韓國以及中國漁網也一視同仁，於是掀起一波波國際漁業災難。2005 年底，中日韓 3

照片 3-10
越前水母被認為是體型最大的水母之一。

國漁業官員不得不召開「水母高峰會議」，共商對策 126。

2006 年，日本核能發電廠的冷卻設施被越前水母堵塞，導致生產電量總值下降 127。

2008 年，越前水母一度於日本附近海域消失，但是 2009 年又繁衍起來，甚至使 10 噸級的拖網漁船翻覆。當時網中意外裝滿一打各 200 公斤的越前水母，拉網時失去平衡，3 名漁夫還因此落水 128。水母權威、廣島大學教授聿真一憂心的警告：「巨型水母的颱風」將要襲擊日本 129！

不僅日本海水母成災，世界各地也紛紛拉起水母警報。在西班牙，從 2007 年夏天起，幾乎每天都傳出水母傷人事件；2008 年夏天，巴塞隆納甚至一天中有 300 人被螫傷 130。2007 年，澳洲有 3 萬人遭螫傷，比 2005 年的人數多一倍 131。世界有名的度假海岸，像是地中海的蔚藍海岸、澳洲的大堡礁、夏威夷的威基基海灘、美國的維吉尼亞海岸等，都受水母影響紛紛關閉 132。

水母造成的損失不止在海灘上。2007 年 11 月中，北愛爾蘭外海出現大量紫紋水母侵襲鮭魚養殖場，海水都被染紅。工作人員開 3 艘船前往養殖場魚籠搶救，卻因水母太多，航行受阻，到達時已太晚，損失了 10 萬隻的鮭魚 134。

2008 年冬天，一種約拇指大小的水母「海核桃」(sea walnut/Mnemiopsis leidyi)，在以色列外海形成 100 公里長、2 公里寬的「水母帶」，堵塞當地海水淡化處理廠的過濾管口，導致淡水產量下跌 1/3（照片 3-11）。2009 年夏天，海核桃首度侵入義大利和希臘，迫使度假海灘關閉。而之前海核桃已經重創黑海魚子醬的生產。

治不了水母就吃了牠

水母泛濫的直接影響就是魚價上漲，有些人因此吃水母洩恨，把水母製成豆腐、冰淇淋、壽司等，宣稱其膠原蛋白有助美容 133。

照片 3-11
以色列海水淡化處理
廠每日都必須清除大
量的水母，避免過濾
管口被堵塞。

　　水母可說是海洋中的蟑螂，生存力極強。義大利德爾薩倫
托大學 (Università del Salento) 教授波艾羅 (Ferdinando Boero)
於 2009 年底說出一段頗令人玩味的話：「我們以魚為主的海
洋正在轉為以水母為主的海洋 135。」

　　為什麼水母在全球繁衍情形如此凶猛？歸納原因大致有三：

1. 人類捕魚過度。食物鏈上原來吃水母的大魚，像鯊魚、劍魚、
   鮪魚、海龜等，數量一旦大幅減少，對水母的克制力自然也
   就降低了。
2. 海洋溫度上升。水母喜歡暖和的環境。
3. 環境汙染。農業肥料和都市汙水由河流沖刷到海洋，其中所
   含的磷和氮有助水母生長。而汙染又減低了淺海的含氧量，
   不利魚類生存，反倒有利水母繁殖。

蛇也消失，虎頭蜂、
吸血蝙蝠卻肆虐

　　但是出乎人們意料的是，海洋中魚的數量減少之外，陸上
蛇的數量也神祕的下降。

2010 年 6 月，英國生物家瑞汀 (Chris Reading) 發表令人震驚的研究 136。從 1987~2009 年，他的助理們在歐洲、非洲、澳洲觀察 17 處蛇的棲地，發現其中 8 處棲地內蛇的數量大幅縮減，有的甚至縮減了 90% 以上。有幾處棲地位在保護區內，顯然並非是因人類侵犯棲地所影響，但不知為何，許多棲地內蛇的數量都在 1998 年開始急遽縮減。瑞汀博士認為，蛇數量減少是全球的現象。這是因為那年發生聖嬰現象而溫度升高所致嗎？沒人能給出答案。

人類種植果菜所仰仗的蜜蜂雖然減少，但人類所畏懼的虎頭蜂近年來在臺灣卻更為活躍。2009 年 9 月底，一群登山客在臺北縣雙溪中坑古道遭虎頭蜂攻擊，當時嚮導陳文龍用雨衣加肉身護住 28 歲女兒，但她仍遭蜂群狂螫上百處而死亡 137。那年 1 月到 9 月間，臺北縣消防局就收到 2,783 件捕捉虎頭蜂的申請，比 2008 年同期多 21.5%138。

另一種人類不喜歡的動物在中南美洲也造成人心惶惶。以往習慣藏身密林裡的吸血蝙蝠於 2005 年頻頻出現在巴西北部人類社區（照片 3-12），1,300 人遭襲擊，其中 32 人因感染狂犬病而喪生 139。2008 年，吸血蝙蝠在尼加拉瓜農村襲擊人類，全年計發生 70 次襲擊事件。類似情形到了 2009 年初記者開始報導之時還不斷發生 140。

照片 3-12
巴西的吸血蝙蝠模樣相當可怕。

以上整理的是較為顯著的生物失衡實例。其實生物失衡所涵蓋的範圍更廣，不止青蛙（兩棲類）、魚類、蛇類（爬蟲類）的數量在消失，鳥類和哺乳類也有類似現象 [141]。

　　綜合以上生物失衡的案例，可得以下觀察：
1. 暖化顯然影響了物種生態平衡，但似乎不是唯一或直接的肇因。
2. 人類對環境的汙染和破壞不能免除責任。
3. 生態失衡也發生在沒有遭受汙染之處，因此紫外線變強或地磁減弱都有可能是原因。
4. 不能排除生態失衡是許多原因交錯影響下發生的。

結論

　　以上回顧近年來地面上的 4 種災變：陸上和海上形成的風災、暴雨引發的洪水、人畜爆發的傳染病以及各式生物失衡。有以下結論：
■這些地面上災變的趨勢近年來都在上升。
■災變衝擊的不止人類，還有其他生靈。
■軍隊救災已成各國普遍趨勢。
■大自然災變降臨地點不分國家大小貧富，「一視同仁」。當颶風橫掃時，人類發明的「國家主權」在大自然威力下顯得渺小而無意義。
■人為造成的全球暖化可以解釋這些災變。但是其他原因——例如：地球磁場弱化、太陽活動、來自太空深處的宇宙射線的影響——不能完全排除。

人為的全球暖化

一般人觀念裡的「全球暖化」是人類活動造成。例如：人為燒碳（石油、天然氣、煤），以及人類對環境的破壞（如伐林）和汙染，增加地球溫室效應，引起全球溫度上升。

第 **4** 章
暖化難解釋的地面災變：
地震海嘯與火山

2004 年 12 月 26 日零時 58 分，人們剛剛結束歡樂的聖誕節，超乎想像的大難卻毫無預警的降臨 —— 南亞海嘯！

知名武打電影明星李連杰及家人於 12 月 25 日深夜，抵達馬爾地夫四季旅館度假。次日上午攜了 2 個女兒在面對海洋的游泳池玩水，突然看到浪潮升起。「我拉了 1 歲和 4 歲的女兒趕緊跑回旅館，才跨一步，水已由膝升至腰；再兩步，水淹至胸，隨即到鼻。回頭一看，游泳池和沙灘都消失了，只有一片汪洋，我站在海水中，腳下空無一物……我大喊救命！還好人們認識我，4 位壯漢快速游來，拖我們進旅館才離開危險 1。」其他人便沒有如此幸運，島上至少 82 人葬身大海 2——而全世界喪命的高達 23 萬人！

　　附帶一提的是，這次巨大的災難激發全球人溺己溺的同情心。李連杰當天晚上抱著沉睡的女兒無法入眠，覺得「活了 41 年只想到自己，太自我中心了」，「即使擁有全世界的名利在海浪捲身時都沒用」。他立刻為海嘯災民捐了 16 萬美元，之後進一步成立了救災常設機構——「壹基金」3。全球各地像他這樣想法的人不少，累積捐款總數達 70 億美元 4。災難固然悲慘，卻也是人類超越小我、淨化心靈的機會。

知名寓言故事中，頭戴金冠的國王昂首闊步踱行於廣場，炫耀他的「新衣」。在歡呼的群眾夾縫中，天真的幼童不解的抬頭問母親：「為什麼那個人沒穿衣服？」

　　近年來，當全世界一般人民都擔憂地震、火山活動愈趨頻繁嚴重時，由專家組成的無數官方機構仍然否認災變次數與規模有上升趨勢。

　　以上兩件事之間不無相似之處。

　　權威大地位高和權威小地位低的對立雙方在看法上竟有如斯差距！

　　但事實無法抹殺。筆者將在本章回顧重要地震和火山活動的事實（海嘯是海底地震所引起，故與地震歸為一類），同時探討以下問題：

　　地震、火山活動來自地底下，可否用地面溫度的上升來解釋其頻率、規模的變化？

　　科學家如何看待世界各地強烈地震一再「成群」出現，以及火山多次「同步」噴發的現象？

　　以打仗為天職的軍隊，是否也應該擔起災後救災的任務？

地震及海嘯

　　就在本書完成前不久，2011 年 3 月 11 日，日本東部遭遇有史以來最強的 9 級大地震。緊隨而至的海嘯無情的夷平福島附近極富詩情畫意的沿海城鎮，還引爆核電廠失控的災難，預估死亡人數超過 1.8 萬人（近 4,000 人失蹤還沒算進去）[5]。餘震不斷，人心惶惶之外，連動物園裡的長頸鹿都因無法安穩站立、安心休眠而致死[6]！

　　時間稍稍往前推：2010 年 4 月，中國青海玉樹出現 7.1 級地震，2,698 人死亡[7]；同年 10 月底，印尼 7.5 級地震引發海嘯和火山爆發，超過 600 人死亡 8。2011 年 2 月在日本大地震前，南半球的紐西蘭則是發生 6.3 級地震 9；日本大地震後，4 月在印尼出現 7.1 級地震，導致油槽爆炸 10；9 月下旬，印度東北和尼泊爾邊境則是發生 6.9 級地震 11。

有別於以上發生在地震帶的災難，則是 2011 年 8 月底美國東部發生了 114 年來最嚴重的地震！首都華府 2 座高聳天際的地標因而受創，不再如往昔莊嚴威風：一度為世界最高建築物的「華盛頓紀念碑」，其尖端震裂；花了 75 年才建成的「國家大教堂」(National Cathedral)，3 座塔頂更因而斷頭 12（照片 4-1）。

諷刺的是，直至 2011 年 3 月底，負責監測地震的美國地質調查所仍然堅稱，自從 1964 年開始有可靠數據以來，全球每年 7 級以上地震並沒有增加，都在 17 次以內 13！但事實上筆

照片 4-1
美國東部大地震把國家教堂的尖頂震斷。

者根據美國地質調查所所公布的資料統計發現，全球 7 級以上的地震在 1990、1999、2007 各有 18 次，1995 年有 20 次，2010 年更高達 22 次（圖 4-1）。顯而易見，如此越來越強烈而頻繁的地震趨勢早在 2010 年前已經浮現。

大災難中軍隊扮演的角色

回到前文提到過的南亞海嘯。當時在蘇門答臘附近海底，9.1 級的地震——人類地震儀紀錄第二高的強度——掀起滔天大浪向外傳播開來，登陸後高達 30 公尺 14。海嘯以媲美噴射機的速度（每小時 800 公里）橫掃濱臨印度洋的南亞諸國（照片 4-2），8 小時後就到達非洲東岸。它所引發的地震遠達阿拉斯加，整個地球甚至為之顫動達 1 公分 15！

為了救災，包括美國、英國、加拿大、澳洲、紐西蘭、印度、巴基斯坦、新加坡、甚至西班牙等 9 個國家紛紛出動了軍隊 16（照片 4-3）！其中印度是第一個派出軍艦的國家，美國則動員航空母艦林肯號 (USS Abraham Lincoln) 馳援救災。

南亞海嘯後不到一年，2005 年 10 月 8 日，一場 7.6 級的地震突然襲擊巴基斯坦管轄下的喀什米爾，造成 8 萬人喪命。全球為此捐了 50 億美元賑災，正在鄰國阿富汗作戰的美軍陸戰隊直升機則在最短的時間火速飛進災區，協助運送救急物品 17。

如果天災愈趨頻繁，可以想見專職作戰的軍隊，必須責無旁貸的投入救災。而且不僅止於救本國之災，盟國或鄰國的災難亦不能坐視。

圖 4-1
全球 7 級以上地震次數 (1973~2011)。

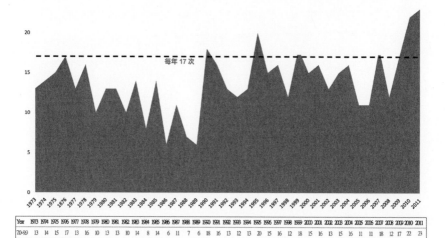

Year	1973	1974	1975	1976	1977	1978	1979	1980	1981	1982	1983	1984	1985	1986	1987	1988	1989	1990	1991	1992	1993	1994	1995	1996	1997	1998	1999	2000	2001	2002	2003	2004	2005	2006	2007	2008	2009	2010	2011
70~99	13	14	15	17	13	16	10	13	13	10	14	8	14	6	11	7	6	18	16	13	12	13	20	15	16	12	18	15	16	13	15	16	11	11	18	12	17	22	23

Computation & Graph: GC Su 蘇冠群(20111003)

照片 4-2
2004 年南亞海嘯波及泰國，看得出來
由於事發突然，有的人還未及反應。
David Rydevik 攝。

照片 4-3
2005 年 10 月喀什米爾大地震後，美
國派遣 CH-47 Chinook 軍用直升飛
機前赴災區運送物品救災。

252 顆原子彈爆炸

　　喀什米爾地震後 3 年，熱帶氣旋納吉斯 (Nargis) 在緬甸剛剛奪取至少 13 萬條人命之後 10 天，中國四川汶川大地震於 2008 年 5 月 12 日下午 2 點 28 分來臨，相當於南韓面積的土地，頓時成了鬼哭神嚎的災區。

　　汶川大地震最早被認為是 7.8 級，之後中國政府修正為 8 級 18。據估計，地震威力相當於 252 顆原子彈 19，是 1995 年日本阪神大地震的 30 倍。遠在 750 公里以外的西安，陪葬秦始皇的 7 個兵馬俑在屹立千年之後，竟因此次地震而倒下 20；甚至 1,500 公里以外的北京、上海、臺灣都感到撼動，其威力可以想見。災後中國政府證實死亡（包括半年後仍然失蹤）的人數約 8.7 萬人。

　　因為災情慘重、災民太多，北京當局除了派遣解放軍空降救災（照片 4-4），還向日本、俄羅斯、南韓、印度諸國求援。日本於是派遣 C130 軍用運輸機攜帶物資前往災區，是二次大戰之後日軍首次來到中國領土 21；俄羅斯空軍也派出了 9 架運輸機向中國四川地震災區運送人道援助物資，這是俄羅斯空軍首次在中國執行這樣的任務 22；同時，南韓與印度空軍也參與運送救援物資到四川的行動，從性質和規模來說都是史無前例的創舉 23。

　　汶川大地震慘象驚人，很多人認為其災情超過 24 萬人喪生的唐山大地震 (1976)。災後許多四川居民後遺症不斷，包括失眠、午夜驚醒和突然來臨的地震幻覺等。據一份調查數據指稱，該地居民中超過 9 成的人患有地震後遺症 24；甚至到了 2009 年初，臺灣醫學教授崔玖還被邀請去四川，用另類療法幫助治療災後心理受創傷的政府官員 25。

照片 4-4
中國解放軍進入汶川地震災區救災。

強震不斷，地震成群？

汶川大地震之後半年，世界各地不斷出現大地震（表
4-1），透過媒體傳播，給人強震不斷的印象；同時，強震屢
次「成群」出現，不免引人好奇，它們是否相關呢？

表中可以非常明顯看出，從 2008 年 5 月 12 日至 2009 年 1
月 8 日不到 8 個月內，發生 19 次大地震，各地震之間不超過
48 天。而有 3 組地震都發生在 24 小時之內 —— 2008 年 9 月
10 日至 11 日，24 小時內全球 5 次強震（圖 4-2）；10 月 5 日
至 6 日，中亞附近有 2 次強震；2009 年 1 月 4 日，亞洲有 3
次強震。

表 4-1 汶川地震後全球強震不斷（媒體報導）　　　　　　　（林中斌 2010.8 製表 26）

排序	日期 (年.月.日)	地點	強度 (級)	死亡 / 失蹤 人數	附註
1	2008.5.12	中國四川汶川	8	87,000	
2	2008.6.8	希臘	6.5	2	
3	2008.6.14	日本	7.2	12	
4	2008.7.24	日本	6.8	100 傷	
5	2008.7.31	美國洛杉磯	5.4	無	
6	2008.8.30	中國四川攀枝花	6.1	28	
7	**2008.9.10**	伊朗	6.1	7	
8	**2008.9.10**	法屬圭亞那	6.4	無	
9	**2008.9.11**	智利	6.0	無	24 小時內 全球 5 強震
10	**2008.9.11**	印尼	6.6	無	
11	**2008.9.11**	日本	7.0	無	
12	**2008.10.5**	吉爾吉斯	6.6	70	24 小時內 中亞 2 強震
13	**2008.10.6**	中國西藏拉薩	6.6	30	
14	2008.10.29	巴基斯坦	6.5	175	
15	2008.11.17	印尼	7.7	4	
16	**2009.1.4**	印尼	7.6	5	24 小時內 亞洲 3 強震
17	**2009.1.4**	阿富汗	5.9	無	
18	**2009.1.4**	臺灣花蓮	5.9	無	
19	2009.1.8	哥斯大黎加	6.1	98	

地點：日本北海道外海
時間：11日
　　　上午8時21分
規模：7.0

地點：法屬圭亞那以東
時間：10日
　　　晚間9時8分
規模：6.4

地點：伊朗南部
時間：10日
　　　晚間7時
規模：6.1

地點：智利北部
時間：11日
　　　凌晨0時16分
規模：6.0

地點：印尼東北部
時間：11日
　　　上午8時
規模：6.6

註：時間為臺灣時間

圖 4-2
2008 年 9 月 10 日~11 日，24 小時內全球 5 地震位置圖。

　　奇怪的是，隨後媒體對於強震的報導突然減少。

　　但仍有 2 次地震事件特別值得在此一提。一是 2009 年 9 月
2 日印尼本島發生 7.3 級地震，當時造成 33 人死亡 27。由於
2004 年南亞海嘯陰影仍在大家心裡盤據不去，這次地震導致
群眾慌亂緊張，更有報導提到自從南亞海嘯那次災難之後，已
有 29 次 6.3 級以上的地震襲擊印尼 28。二是 9 月底 10 月初的
地震群（圖 4-3）。3 天內沿太平洋共有 3 大震 2 小震。其中，
薩摩亞及蘇門答臘兩強震甚至發生在 16 小時內，強度各為 8.1
及 7.7（表 4-2）。

　　對於「地震群」(earthquake clusters) 的現象，專家往往傾向
否定它們有任何科學的意義。尤其是薩摩亞及蘇門答臘 2 次相
距 1 萬公里的地震，雖然發生時間相近，專家卻總說這是「巧
合」，是人們的心理作用把它們聯想在一起 29。但是有些專家
對傳統保守的想法已開始動搖。

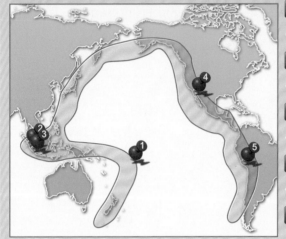

太平洋地震帶「火環」

太平洋邊緣3天來相繼發生3次大地震，2次較小地震

▷1 2009/09/29
薩摩亞群島
規模8.1

▷2 2009/09/30
印尼蘇門答臘
規模7.7

▷3 2009/10/01
印尼蘇門答臘
規模6.8

▷4 2009/10/01
美國加州
規模5.1

▷5 2009/09/30
祕魯東南部
規模5.9

圖 4-3
火環帶東西連 5 震。

表 4-2 2009 年 9 月底 10 月初環太平洋地震群連 5 震（林中斌 2010.8 製表 30）

排序	日期 (年 . 月 . 日)	地點	強度 (級)	死亡 / 失蹤 人數	附註
1	2009.9.29	薩摩亞	8.1（海嘯）	189	
2	2009.9.30	印尼蘇門答臘	7.7	1,115	16 小時內 2 強 震；48 小時內 3 強震 2 小震
3	2009.9.30	祕魯	5.9	無	
4	2009.10.1	印尼蘇門答臘	6.8	770 以上	
5	2009.10.1	美國加州	5.1	無	

例如澳洲墨爾本皇家理工學院教授吉布森 (Gary Gibson) 先是表示，若要把 9 月 29 日薩摩亞及蘇門答臘兩強震連在一起看是行不通的。他說：「要把兩個地震連起來，沒有任何我們科學上已知的解釋可以辦得到。最近所發生的（指薩摩亞及蘇門答臘兩強震），其實很正常。地震成群出現其實是心理認知比實際狀況多，因為大地震之後，我們對其他地震會比較警覺 31。」

但是 10 天之後，這位資深的地震觀察家卻「撕碎了他之前所用偶然與巧合的理論，並開始尋找可能的關連 32」。他說：「我不能仍然回應說這都是特別的巧合，是嗎？但是有何更好的解釋？沒人有頭緒 33。」至於他觀念的改變是否跟次日連續發生的 3 個地震有關，無從得知。

其實，更好的解釋是有的。但是，那超出地震的研究，而跟地球磁場減弱、太陽系天體運行有關。容筆者在後面的篇章裡繼續說明。

兩百年來最大浩劫

時序進入 2010 年，大地震突然變多（表 4-3）。

1 月 12 日，海地遭逢 7 級強震，搖晃達 60 秒之久，死亡 23 萬人，是當地 200 多年以來最大的浩劫 34。在首都太子港的總統府、國會、國家大教堂、監獄等主要建築物無一倖免（照片 4-5），大主教和反對黨領袖罹難，400 名囚犯全逃走了 35。在缺水、缺食物之下，亂民亮刀搶奪物資，災情之慘彷彿一幅末日景象 36。就連臺灣大使徐勉生都被壓在斷垣殘壁中，胸背骨折，6 小時後方獲救 37。

針對此次震災，聯合國表示，海地災後地方政府架構和基礎設施蕩然無存，是聯合國有史以來所面對最嚴重的災難和人

表 4-3 2010 年初全球強震一覽 （林中斌 2010.8 製表 38）

排序	日期 (年.月.日)	地點	強度 (級)	死亡 / 失蹤人數	附註	
1	2010.1.3	索羅門群島	7.1	7		
2	2010.1.9	美國北加州	6.5	無		
3	2010.1.12	海地	7.0	230,000		
4	2010.2.4	美國加州	5.9	無		
5	2010.2.27	日本沖繩	7.0（海嘯）	無		24 小時內 2 強震
6	2010.2.27	智利	8.8（海嘯）	至少 700	50 年來最強 地震	
7	2010.3.4	臺灣高雄甲仙	6.4	無	百年最大； 高鐵首次出軌	24 小時內 2 強震
8	2010.3.5	印尼蘇門答臘	6.8	無		
9	2010.4.4	墨西哥	7.2	2		
10	2010.4.7	印尼蘇門答臘	7.7（海嘯）	無		
11	2010.4.11	索羅門群島	7.1	無	史丹利酋長妻受傷	
12	2010.4.11	西班牙	6.3	無		
13	2010.4.14	中國青海	7.1	2,698/270		

道救援危機，比南亞海嘯還慘 39。

　　美軍立刻空降傘兵進入災區，並派遣卡爾文森航空母艦前往 40，短短 5 天即出動了上萬兵力 41。馳援海地全球動員，加拿大、歐洲各國、以色列、日本、南韓、澳洲、古巴也都熱烈捐錢或派機送物品急救；中國一架包機於 14 日抵達，攜帶 1 噸重帳棚、糧食、醫療設備、救難犬等 42。臺灣表現尤其亮麗：1 月 13 日，臺灣派出特種救難隊 23 人及 2 隻救難犬前赴災區 43，26 日臺灣空軍派遣 C-130 運輸機攜帶 5 噸救災物資

照片 4-5
海地總統府在 2010 年 1 月 12 日地震前後之對比。此建築係名家喬治‧柏參
(Georges H. Baussan，1874~1958) 於 1912 年設計並得獎，1918 年完成。

前往 44；政府應允 500 萬元美金及 100 噸人道物資的援助後，
《時代雜誌》讚揚臺灣「站上國際舞臺」45。而這也讓筆者特
別感到欣慰：曾於 2008 年 5 月公開建議政府「拓展救災外交」
46 的建言終於實現了。

 ## 2010 年強震頻率空前

　　就實際發生與新聞報導來看，近年來地震的確有趨於頻繁的
趨勢，但這看法並未得到權威機構和人士的認同。

美國地質調查所是最具權威的官方機構，所提供的世界地震資料是最可靠而全面的。根據美國地質調查所的解釋，全球每年地震總數的確變多，然而那是因為媒體更加發達（報導更多），以及地震觀測站的增設、儀器更加精良所導致的結果 47。美國地質調查所強調，自 1900 年以來的紀錄顯示，每年大地震次數幾乎沒變：每年 7~7.9 級地震發生 17 至 18 次（每月平均 1.5 次），8 級以上地震一次。例外很少，只發生在 1970 年和 1971 年，那兩年 7~7.9 級地震分別發生 20 和 19次，平均每月 1.6 次 48。

　　可是這說法在 2010 年初就不管用了（表 4-3、圖 4-4）。從 1 月 3 日到 4 月 14 日，3 個半月中，7.0~7.9 級地震就有 8 次，平均每月 2.3 次，遠高於專家所說的 1.5 次，甚至高於極少出現過的 1.6 次上限。而全年通常只有一次 8 級以上的地震則早在 2 月 27 日出現於智利。這次 8.8 級地震，威力之大居然震偏了地球自轉軸，使每天自轉速度加快 1.26 微秒（1 微秒 ＝ 百萬分之一秒）49。

　　不要忘了，表中還有 2 次地震群出現：2 月 27 日沖繩 7 級和智利 8.8 級地震；3 月 4 日到 3 月 5 日 24 小時內有高雄甲仙 6.4 級和印尼蘇門答臘 6.8 級地震。

　　以上是進入 2010 年強震頻率變高的現象。也許有人會認為地震活動升高只是最近的短期現象，不足以表示長期的趨勢。但如果從 1900 年開始算起，縱觀過去 110 年，情形又如何呢？

　　讓我們先看媒體對死亡人數的統計，再看專業機構（美國地質調查所）對地震強度的統計。

　　根據美國 CBC 新聞 2010 年 3 月 1 日發表的統計，從 1900 年以來 24 次傷亡最多的地震中，有 10 次發生在 2000 年以後（表 4-4），也就是說，過去 110 年來，在最近 9% 的年分裡，

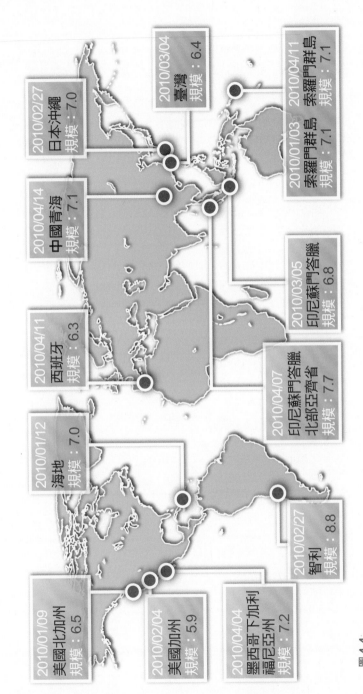

2010/02/27
日本沖繩
規模：7.0

2010/03/04
臺灣
規模：6.4

2010/04/11
索羅門群島
規模：7.1

2010/01/03
索羅門群島
規模：7.1

2010/04/14
中國青海
規模：7.1

2010/03/05
印尼蘇門答臘
規模：6.8

2010/04/11
西班牙
規模：6.3

2010/04/07
印尼蘇門答臘
北部亞齊省
規模：7.7

2010/01/12
海地
規模：7.0

2010/02/27
智利
規模：8.8

2010/01/09
美國北加州
規模：6.5

2010/02/04
美國加州
規模：5.9

2010/04/04
墨西哥下加利
福尼亞州
規模：7.2

圖 4-4
2010 年初 13 大地震。

集中發生了 42% 的傷亡最多的地震，這種分布明顯是不成比例的。更強調的說法是：過去 110 年來，傷亡最多的 24 次地震中，有 10 次發生在 2003~2010 年，也就是，在最近 6.4% 年分裡，集中發生了 42% 傷亡最多的地震。傷亡多的地震，隨時間的推進，變得愈發頻繁了。

表 4-4 1900 年以來全球死亡人數最多的地震　（林中斌 2010.7 製表 50）

排序	地點	日期 (年 . 月 . 日)	強度（級）	死亡 / 失蹤人數
1	中國青海	2010.04.14	7.1	2,698/270
2	智利	2010.02.27	8.8	至少 700
3	海地	2010.01.12	7.0	230,000
4	印尼	2009.09.30	7.6	1,115
5	義大利阿奎拉	2009.04.06	6.3	309
6	中國四川汶川	2008.05.12	8	87,000
7	印尼	2006.05.27	6.3	5,135
8	喀什米爾	2005.10.08	7.6	80,000
9	印尼	2005.03.29	8.7	1,000
10	印尼	2004.12.26	9.0	230,000（包括海嘯死亡）
11	伊朗	2003.12.26	6.5	26,271
12	伊朗	1990.06.21	7.7	35,000
13	墨西哥	1985.09.19	8.1	9,500
14	伊朗	1978.09.16	7.5~7.9	15,000
15	中國河北唐山	1976.07.28	7.8~8.2	242,000
16	伊朗	1972.04.10	7.1	5,350
17	智利	1960.05.21~30	9.5	5,000
18	智利	1939.01.24	8.3	28,000
19	印度	1934.01.15	8.4	10,700
20	日本	1933.03.02	8.9	2,990
21	中國青海西寧	1927.05.22	8.3	200,000
22	日本	1920.09.01	8.3	100,000
23	中國甘肅海原	1920.12.16	8.6	100,000
24	智利	1906.08.16	8.6	20,000
25	美國舊金山	1906.04.18	8.3	503

筆者猜想或許會有人質疑這樣的統計不夠科學，因為死亡人數變多可能是全球社會發展快速所導致，而不是自然界變化的結果。這些社會現象都可能增加地震致死的人數，和地震本身規模增強、次數增加無關。

　　真是這樣嗎？我們換個方式來看。

　　根據美國地質調查所 2010 年 3 月 29 日更新的統計（表4-5），可以發現 15 次最強地震中有 4 次發生在 2000 年以後，也就是說，過去 110 年中 27% 強震集中發生在最後 9% 時間裡，甚至可說都集中在 2004~2010 年，也就是，過去 110 年中 27% 強震集中發生在最後 6% 時間裡，這種分布也是不成比例的。強度高的地震，隨時間的推進，變得愈發頻繁了──換言之，強震愈來愈多了！

　　即使如此，或許仍有人無法拋開舊有的觀念，認為統計上尚不足令其信服。那麼我們再透過另一種角度，檢驗全球地震頻率是否增加。

社會發展的現象

社會發展的現象包括：人口爆炸；都市化人口集中；都市中的貧民窟愈來愈多、愈來愈大，導致建築物草率易塌；甚至媒體過度渲染，大量報導災難；通訊發達，災難消息易於傳播等等。

排序	地點	日期(年.月.日)	強度(級)	緯度	經度
		表 4-5 1900 年以來全球最強之地震	（林中斌 2010.7 製表 51）		
1	智利	1960.5.22	9.5	-38.29	-73.05
2	美國阿拉斯加	1964.3.28	9.2	61.02	-147.65
3	印尼蘇門答臘	2004.12.26	9.1	3.30	95.78
4	俄羅斯堪察加	1952.11.4	9.0	52.76	160.06
5	智利	2010.2.27	8.8	-35.846	-72.719
6	厄瓜多爾	1906.1.31	8.8	1.0	-81.5
7	美國阿拉斯加	1965.2.4	8.7	51.21	178.50
8	印尼蘇門答臘	2005.3.28	8.6	2.08	97.01
9	中國西藏	1950.8.15	8.6	28.5	96.5
10	美國阿拉斯加	1957.3.9	8.6	51.56	-175.39
11	印尼蘇門答臘	2007.9.12	8.5	-4.438	101.367
12	印尼班達海	1938.2.1	8.5	-5.05	131.62
13	俄羅斯堪察加	1923.2.3	8.5	54.0	161.0
14	智利、阿根廷邊界	1922.11.11	8.5	-28.55	-70.50
15	俄羅斯千島群島	1963.10.13	8.5	44.9	149.6

各級地震總數
攀升 36 年後陡降又上升

自 1973 年起，美國地質調查所蒐集了完整的全球每年各級地震的資料。圖 4-5 顯示全球 1973~2011 年每年 2 至 10 級地震的次數，可以看出 39 年以來，全球每年地震次數的趨勢，有 5 點值得我們注意：

1. 長期大趨勢呈現上升：全球每年地震總次數自 1973 年持續攀升至 2008 年。

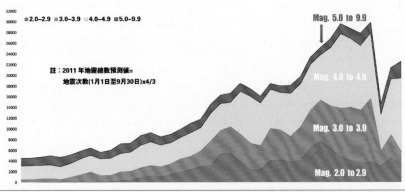

Year	1973	1974	1975	1976	1977	1978	1979	1980	1981	1982	1983	1984	1985	1986	1987	1988	1989	1990	1991	1992	1993	1994	1995	1996	1997	1998	1999	2000	2001	2002	2003	2004	2005	2006	2007	2008	2009	2010	2011
20-29	11	26	50	54	54	111	103	80	110	171	204	450	936	1,170	1,108	1,499	1,905	2,364	2,025	3,066	5,503	5,371	3,842	2,230	2,400	4,001	4,200	3,705	4,164	5,469	7,227	6,317	4,637	4,027	3,597	3,878	3,009	4,580	3,257
30-39	535	535	518	629	710	510	880	1,138	1,882	1,210	1,194	1,704	1,646	1,812	2,004	1,886	2,010	2,517	2,290	4,042	4,336	5,041	5,151	4,503	4,513	6,008	5,005	4,827	6,266	7,890	7,935	9,035	9,840	11,744	2,499	4,312	2,504		
40-49	2,454	2,578	2,541	2,541	2,386	2,367	2,973	3,126	3,039	3,172	3,469	3,627	4,242	4,453	4,085	3,971	4,116	4,457	4,324	5,128	4,939	4,518	8,078	8,795	7,903	7,252	6,972	8,108	7,991	8,541	8,462	10,888	12,019	12,078	12,078	12,232	6,007	10,402	13,173
50-99	1,428	1,414	1,550	1,765	1,776	1,626	1,486	1,405	1,262	1,513	1,784	1,669	1,788	1,699	1,513	1,744	1,507	1,708	1,201	1,534	1,341	1,338	1,671	1,844	1,865	2,019	1,988	1,985	2,117	2,776									

Computation & Graph: Eli Huang 黃引珊 (20100322), Revision(Aug 10/10)CC Wang 王承中 (20100810), GC Su 蘇冠群 (20111003)

圖 4-5

全球 2~10 級地震 (1973~2011)。10 級地震是理論上最高極限，實際上則未曾發生過，所以計算到 9.9 級地震就等於計算到 10 級地震。圖中地震共分 4 組，其中 5.0 至 9.9 級地震，因為次數較少合併為一組。最後統計時間是 2011 年 9 月 30 日，因此 2011 年的地震次數是用前 9 個月次數乘以 3/4 計算。

2. 高強度地震頻率自 2005 年後猛升：每年強震（5.0 級~9.9 級）次數（藍色帶）在 2005 年之前變化不大，大致維持在 1,096 至 1,788 次之間。然而 2005 年之後，猛然上升衝破 1,800 次大關，2010 年後更已超過 2,000 次。

3. 低強度地震頻率 35 年來倍增：2.0~4.9 級地震頻率從 1973~2008 年 35 之間增加 6 倍。

4. 2009 年後地震總頻率陡降：高強度和低強度地震頻率都戲劇性的減少，2009 年總次數 (13,043) 跌到 1992 年的紀錄 (13,053)。再於 2010 年谷底彈升，該年總次數 (21,411) 已接近（但低於）高峰 2003 年的紀錄 (25,154)。如此陡峭的下滑又躍升的情形在 39 年中從未出現過。

5. 2003 年低強度地震頻率出現高峰：2.0~2.9 級地震頻率在 2003 年到達高峰，之後便明顯下滑，下滑程度和 2003 之前兩年上升程度類似。而 3.0~3.9 級地震頻率也在 2003 年後稍稍下滑，再於 2007 年上升至 2008 年的頂點，之後急速下滑。4.0~4.9 級地震頻率則不同於 2.0~2.9 級地震，也不同於 3.0~3.9 級地震。4.0~4.9 級地震頻率在 2003 年後依然大幅上升至 2005 年，之後雖稍有下滑，但又再上升至 2008 年頂點，然後也像其他各級地震的頻率，出現戲劇性的下滑。

此時我們再回顧前文提到美國地質調查所用「地震觀測站的增設、儀器更加精良」等理由解釋地震頻率上升的問題，便會發現其中的不合理現象：

1. 為何 2009 年後地震總次數陡然下降，再於 2010 年谷底反彈攀升？

2. 為何 2.0~2.9 級地震頻率在 2003 年後從此下滑，而 4.0~4.9 級地震頻率在 2003 年後依然上升至 2005 年（甚至 2008 年），之後才猛然下滑？

顯然地震觀測站增加並不能完全解釋地震次數的增加。

同樣的，偵測儀器精密度的改進也不能完全解釋地震次數增加而又減少的情形。那麼，地震頻率增加，有多少成分是人為的社會發展因素？又有多少成分是非人為的自然變化？美國地質調查所沒有進一步說明。

因此筆者合理推論，作為政府機構，美國地質調查所有責任避免引起大眾對天災增加的憂慮。但是有沒有另一種可能是美國地質調查所太過保守而忽略了全球地震次數和強度增加的大趨勢？

火山活動

　　冰島艾雅法拉 (Eyjafjallajökull) 火山上次爆發是在 1823 年
[52]，那幾乎是 200 年前的事了。但 2009 年底，艾雅法拉開始
出現地震，隨後震幅逐漸加強。2010 年 3 月 20 日，岩漿從火
山口噴發出來，當時屬於最低強度的火山活動；4 月 14 日，
火山終於發威，火山灰噴向 11 公里高的天空 [53]（照片 4-6），
還乘著冰島上空的東向噴射氣流飄往歐洲。

照片 4-6
2010 年 4 月 16 日日落之前，冰島艾雅法拉火山噴發火山灰於空中之景象。

由於火山灰是由細微的玻璃渣組成，一旦吸入噴射機引擎，將會導致飛航失事。因此，從 4 月 15 日至 21 日，歐洲每日有 1.7 萬次航班被迫取消，商旅行程大亂 54。上百萬在歐洲的旅客，包括出國開會的德國、挪威、葡萄牙等國家領袖都沒法子回家 55；英國則有 15 萬國民受困歐洲大陸，英國政府只得出動軍艦接國民返回 56。這些都是歷史上罕見的情形。

此次冰島火山爆發對空中交通的影響遠大於「911」恐怖攻擊。有人甚至說，這是歷史上最嚴重的「國際空中凍結」57。

巧的是，在艾雅法拉火山爆發前後，全球至少發生 12 次強烈地震，從 1 月 3 日索羅門群島 7.1 級地震到 4 月 14 日中國青海 7.1 級地震都屬之（參見表 4-3）。其中 2 月 27 日智利 8.8 級地震，是當地 50 年來最強的一次地震，死亡 486 人，尤其引人注目。

同時，世界其他地方還有 3 座火山爆發：4 月 19 日，萬那杜共和國的加瓦 (Gaua) 火山 58；4 月 26 日，瓜地馬拉的聖地雅圭托 (Santiaguito) 火山 59；還有 5 月 25 日，哥斯大黎加的亞雷納爾 (Arenal) 火山 60。

 # 全球火山同步爆發

地球上任何時候都有大約 20 座火山在爆發，像義大利有名的斯特隆波里 (Stromboli) 火山，2,000 年來爆發不斷，然而規

噴射氣流 (Jet Stream)

又稱高速氣流、高空急流。因地球自轉而產生，冰島上空本來就有，並非火山活動所造成。

大屯山群溫度上升

臺北大屯山群在 2005 年溫度上升了攝氏 10~20 度 [61]，臺灣地質學家們因而在 2006 年中建議大屯山應由「休火山」改為「活火山」。所根據的理由尚包括：大屯山群附近的微震頻率不正常增加、火山噴出的氣體濃度不正常增加、火山周遭溫泉溫度和酸度異常上升而引起動植物大量死亡、火山底下岩漿庫上升改變地貌等 [62]。

模不大 [63]。如果不算這些經常在爆發的火山，只看新增加的火山活動，全球這一類火山活動近年來加速上升，而且其中許多同時爆發。讓我們回顧這一類火山活動中值得矚目的事件。

2006 年 6 月 7 日、8 日，東亞 3 座火山 —— 印尼麥拉匹 (Merapi) 火山、菲律賓布魯珊 (Bulusan) 火山和日本櫻島 (Sakura) 火山 [64] —— 同時爆發；一個月後，7 月 16 日，全球又有 3 座火山同時爆發 —— 厄瓜多爾通古拉瓦 (Tungurahua) 火山、菲律賓馬榮 (Mayon) 火山和義大利西西里島埃特納 (Etna) 火山 [65]。

到了 2007 年，各地同步的火山活動頻頻，引起關心地球變化人士的注意。從表 4-6 來看，7 月 13 日至 24 日，有 11 座火山開始爆發或噴煙，散布在非洲坦尚尼亞、俄羅斯、美國阿拉斯加、夏威夷、中南美洲瓜地馬拉、祕魯等地，幾乎繞了世界一圈。此外，在 4 月 26 日、5 月 3 日和 6 月中，都各有 2 座火山同時爆發。

據統計，1990 年代每年都有約 60 座火山爆發 [66]。但是千禧年後，每年爆發的火山數都超過 64 座，而 2004 至 2008 年之後更超過 71 座（照片 4-7、表 4-7）。

表 4-6　2007 年 4~7 月各地同步的火山活動　　　（林中斌 2010.8 製表 67）

排序	日期（月.日）	地點及火山名稱	活動描述	附註
1	7.19	坦尚尼亞／ Ol Doinyo Lengai	爆發	7.13~7.24，11 火山
2	7.18~7.22	美國夏威夷／ Kilauea	多次噴煙	
3	7.17~7.20	瓜地馬拉／ Fuego	21 次爆發性噴煙	
4	7.23~7.24	厄瓜多爾／ Sangay	噴煙	
5	7.20~7.23	美國阿拉斯加／ Mt Cleveland, Aleutian Islands	多次噴煙	
6	7.18~7.24	美國華盛頓州／ St. Helens	火山口擴大、地震	
7	7.22	祕魯／ Ubinas	噴煙	
8	7.13~7.24	西印度群島／ Soufrire Hills Montserrat	地震	
9	7.13~7.20	俄羅斯堪察加半島／ Karymsky	噴煙、地震持續進行	
10	7.13~7.20	俄羅斯堪察加半島／ Shiveluch	噴煙、地震持續進行	
11	7.18	智利／ Lascar	噴煙	
12	7.9	俄羅斯堪察加半島／ Kluichevshoi	噴煙、地震持續進行	
13	7.7~7.13	印尼／ Gamkonora, Halmahera	爆發	
14	7.1	俄羅斯堪察加半島／ Klyuchevskaya	噴煙、地震持續進行	
15	6.28	巴布亞紐幾內亞／ Bagana, Bougainville Island	噴煙	
16	6 月中	剛果／ Mount Nyiragongo	噴煙	2 火山
17	6 月中	巴布亞紐幾內亞／ Manam	噴煙	
18	5.3	印尼爪哇／ Mount Semeru, Java	噴煙	2 火山
19	5.3	萬那杜／ Lopevi	噴煙	
20	4.26	俄羅斯堪察加半島／ Shiveluch	爆發	2 火山
21	4.26	俄羅斯堪察加半島／ Klyuchevskaya	爆發	

說明 1：爆發 (eruptions) 指自火山口噴出岩漿、火山彈、火山灰及火山氣體（二氧化硫等）。
說明 2：噴煙 (volcanic plumes) 指火山口噴出火山灰和火山氣體。

表 4-7 世界每年火山爆發次數 (1900~2011) （林中斌 2010.8 製表、2012.3 修訂 [68]）

年分	噴發次數	年分	噴發次數	年分	噴發次數	年分	噴發次數
1900	34	1928	48	1956	50	1984	59
1901	29	1929	51	1957	52	1985	54
1902	42	1930	38	1958	54	1986	67
1903	37	1931	35	1959	50	1987	64
1904	47	1932	41	1960	57	1988	63
1905	41	1933	49	1961	52	1989	54
1906	44	1934	38	1962	51	1990	55
1907	51	1935	42	1963	59	1991	64
1908	35	1936	38	1964	55	1992	57
1909	42	1937	43	1965	55	1993	58
1910	43	1938	51	1966	60	1994	58
1911	38	1939	50	1967	61	1995	62
1912	38	1940	46	1968	54	1996	59
1913	35	1941	31	1969	55	1997	52
1914	39	1942	30	1970	55	1998	56
1915	36	1943	35	1971	53	1999	66
1916	26	1944	40	1972	53	2000	67
1917	36	1945	35	1973	66	2001	64
1918	30	1946	38	1974	60	2002	67
1919	37	1947	42	1975	49	2003	64
1920	32	1948	41	1976	55	**2004**	**71**
1921	41	1949	47	1977	64	**2005**	**73**
1922	43	1950	49	1978	55	**2006**	**76**
1923	43	1951	58	1979	60	**2007**	**71**
1924	44	1952	55	1980	66	**2008**	**78**
1925	42	1953	58	1981	55	2009	68
1926	46	1954	49	1982	58	2010	69
1927	43	1955	46	1983	55	2011	56

照片 4-7
2008 年 5 月，已休眠 9,000 年的智利采登 (Chaitin) 火山突然爆發，不斷噴出岩漿、火
山灰，4,000 人匆忙撤離。

若將時間拉長來看，世界火山活動從 20 世紀中期之後，已呈現緩慢上升的趨勢；而在千禧年前後，上升趨勢似乎更加明顯。圖 4-6 用世界上每年所有活動火山爆發或噴煙的總日數做基礎，便清楚呈現了全球火山活動的趨勢 69。

從圖中可以看到 1947 年時，火山活動日期掉落至 1,000 天以下，到了 1952 年卻攀升至 3,800 天。之後的大趨勢則是升多於降，一直到 2000 年攀高至 7,000 天。

然後再回頭分析表 4-7，可以看到以下的變化：1900~1947年，全球每年火山爆發次數在 26~51 次之間排徊；1948~1966年，每年火山爆發次數來到 41~60 次之間；1967~1975 年，次 數 升 至 49~66 次；1976~1998 年， 再 升 至 52~67 次；1999~2003 年，已增加為 64~67 次；2004~2008 年，更攀升到71~78 次。

2009 年不止全球火山活動次數下降，剛好也是全球地震總次數急遽下滑的一年（圖 4-5）！為何地震和火山活動都在2008 年達到巔峰，而在 2009 年下降？跟太陽活動週期 23 進入 24 有關嗎？這課題值得未來繼續研究探討。

圖 4-6
世界火山活動 (1875~2004)。

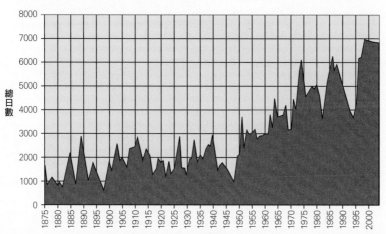

總而言之，全球火山活動次數雖然每年上下起伏，但大趨勢是持續上升的，而且上升速度似乎正在加快（圖 4-7）。

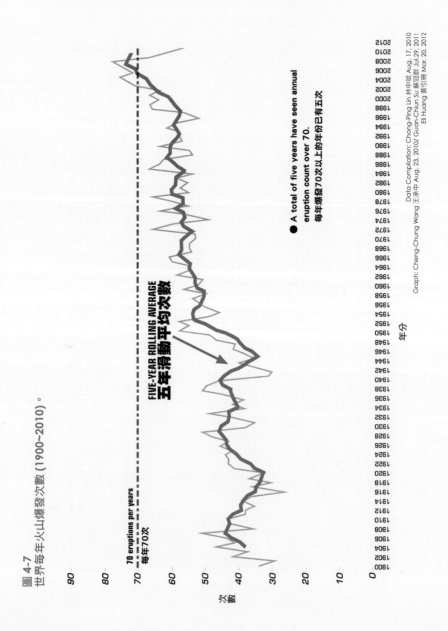

圖 4-7
世界每年火山爆發次數（1900~2010）。

FIVE-YEAR ROLLING AVERAGE
五年滑動平均次數

70 eruptions per years
每年70次

● A total of five years have seen annual eruption count over 70.
每年爆發70次以上的年份已有五次

Data Compilation: Chong-Ping Lin 林中斌 Aug. 17, 2010
Graph: Cheng-Chung Wang 王承中 Aug. 23, 2010/ Guan-Chiun Su 蘇冠群 Jul.29. 2011
邱 Huang 黃引珊 Mar. 20, 2012

年分

次數

保守的官方說法

以上觀察的資料源自世界最大的研究所和博物館群——美國國立史密森學會 (Smithsonian Institute) 所屬的「國家史密森自然歷史博物館」。筆者用它所提供的最新數據作了進一步整理，卻得到與其不同的看法。

在該單位的「全球火山研究計畫」中，對於全球火山爆發次數是否變多持極保守的看法，但是它的看法顯然與其 1990 年或 2000 年之後的數據產生矛盾。

「全球火山研究計畫」可用圖 4-8 來加以說明 [70]。該計畫指出：「從 1790 年到 1990 年，雖然每年活動的火山數目不斷上升，但是這上升曲線有高峰和低谷，而兩次世界大戰 (WWI、WWII) 剛好都出現低谷，表示戰爭中記者和編輯都忙於其他的事務，而忽略了火山活動的報導。可見媒體報導多少影響了火山活動的統計 [71]。」

因此它也認為：「雖然過去幾世紀以來，每年爆發或噴煙的火山數目有戲劇性的增加，但是每年活動火山數目的增加與世界人口增加和通訊成長有關。我們相信這反映了世界媒體報導的增加，而不是世界火山活動的增加 [72]。」

但筆者卻不如此認為，因為這個解釋只說明了現象中人為的部分，而忽略了非人為的部分。現象的整體應該包括了人為的社會效應，和非人為的自然效應。全球火山活動逐年增加，的確也伴隨了世界人口成長和媒體報導增加，但是請注意看圖 4-8：上升曲線中二次大戰的低谷 (31) 仍高於一次大戰低谷的最低點 (26)！可見即使兩次大戰中記者雖然都同樣忙於別的新聞，只報導重大而無法忽略的火山活動，而忽略報導較小而偏遠的火山活動，二次大戰時的火山活動次數依然高於一次大戰時的火山活動，這不正說明全球火山活動隨時間推進而益發頻仍嗎？

「全球火山研究計畫」的看法之二是：「如果我們只記錄大型的火山爆發，我們會發現上百年以來的趨勢相當持平（請見圖 4-8 之下圖）。為何只計算大型火山爆發呢？因為記者再怎麼忙，絕不會忽略大型火山爆發。而如何篩選何者是大型火山爆發呢？就以火山噴發物（岩漿、火山彈、火山灰等）體積超過 0.1 立方公里為基準 73。」（0.1 立方公里就是長寬高各是 100 公尺大小的體積）

筆者認為這個解釋雖然大致合理，但稍嫌不夠全面。因為它未包含 1990 年之後世界火山活動的統計，而從 2000 年開始，

圖 4-8
全球每年活動的火山數目 (1790~1990)。上圖顯示所有爆發的火山數目，下圖顯示噴發物（岩漿、火山彈、火山灰等）體積超過 0.1 立方公里的火山數目。

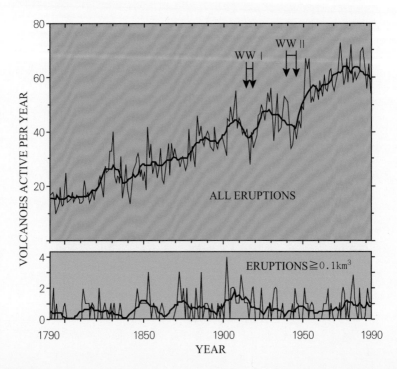

正是全球火山活動次數加速上升的時間。

「全球火山研究計畫」的看法之三是：「若針對 1960 年之後世界火山活動的研究數據，配合統計學的『線性回歸線』（linear Regression line）[74]，就可以發現全球每年活動火山之數目在 50~70 之間擺盪，而平均之後更呈現相當穩定沒有變多的情況 [75]。」（圖 4-9）

筆者認為圖 4-9 的盲點正是前文已說過的缺憾：它並未納入 2000 年之後明顯上升的數據。從 2004 年起至 2010 年，世界上火山爆發的次數就有 5 年高於 70 次（參見表 4-7），超過它所說的上限。

也許做為代表政府的研究機構，國家史密森自然歷史博物館就像美國地質調查所一樣，都負有安定民心的責任。然而，國家史密森自然歷史博物館是否因此就不願公開承認它自己最新數據所顯示的火山活動增加的趨勢？

總結以上地震及火山活動的討論，我們可以看到政府機構保守的說法和一般大眾所看到地震及火山活動上升的趨勢頗有差距。其實，不少美國政府機構以外的學者也看到這種上升的趨勢，所以他們試圖用「全球暖化」來解釋地震及火山活動頻繁發生的現象。像英國地質學家帕格黎 (Caroline Pagli)、冰島火山學者史孟森 (Freysteinn Sigmundsson) 和另一位英國火山學者麥奎爾 (Bill McGuire) 就是。他們的說法引起廣泛的注意。

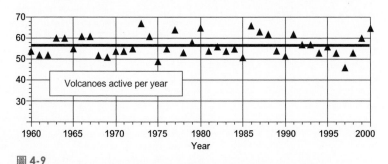

圖 4-9
全球每年活動火山之數目 (1960~2000)。三角形為每年活動火山之數目，粗線代表這些數目的平均線（或稱「線性回歸線」）。

冰川融化能解釋地震增加嗎？

根據他們的說法，全球暖化使得北極附近堆積的厚重冰層融化了，導致冰層下的地殼向上反彈，引起地震和火山爆發 [76]。1 萬年前冰河期結束時，氣候變暖，冰島附近火山活動上升，就是實例 [77]。美國航空暨太空總署及美國地質調查所科學家埽玻 (Jeanne Sauber) 及摩尼亞 (Bruce Molnia) 在 2004 年發表研究，認為阿拉斯加南部融冰和 1979 年 7.2 級聖艾利亞司 (St. Elias) 大地震有關，而 1 萬年前因大量融冰，使得北歐及加拿大地震都增加了 [78]。

筆者認為這項解釋雖不無道理，但仍有其局限。

首先是它只能解釋接近地球南北極地方 —— 如鄰近北極的冰島、阿拉斯加的阿留申群島和接近南極隸屬阿根廷的巴塔哥尼亞等地的地震和火山活動 [79]，卻無法解釋在地球其他地方的地震和火山爆發也有愈來愈多的趨勢，像海地、美國加州、印尼、菲律賓、中國四川、土耳其等地。

其次是冰融成水，兩者重量一樣，意即是全球地殼上所有的冰和水總重量並沒有變化。就整體地球地殼負重而言，無論多少冰川融化成水，結果全都一樣。因此用全球暖化導致融冰加速影響地殼負載，來解釋全世界地震和火山活動頻率的上升，是比較勉強的。

但我們不能排除的一點是：來自「地球以外」的因素，同時引起了融冰和地震、火山活動的增加。這項探討將留待之後的章節進行。

照片 4-8
2009 年 4 月強震摧毀義
大利中部古城阿奎拉及
附近城鎮。

 阿奎拉地震的審判：
官方「否定闢謠」的風險

　　各國負責觀測天災的政府機構對於地震的徵候都傾向於「否定闢謠」以求安定人心，但是在這全球災變頻率、規模上升的年代，這種立意良好的作法有其風險。

　　2009 年 4 月 6 日，義大利古城阿奎拉 (L'Aquila) 發生 6.3 級地震，造成 309 人喪生（照片 4-8）。義大利政府 1 名官員及負責評估潛在天災之「重大風險委員會」6 名全國知名頂尖科學家因未警告居民地震來襲被控過失殺人，於 2011 年 9 月 20 日受審 [80]，檢方求處 5,000 萬歐元及 15 年徒刑。

　　地震前 4 個月以來，阿奎拉曾連續發生多起輕微地震。某次微震之後，阿城核子物理研究所技工鳩蘭尼 (Gioacchino Giuliani) 發現當地放射性氣體「氡」異常增加，警告強震可能來襲 [81]。但「重大風險委員會」副主任柏納丁尼斯 (Bernardo De Bernardinis) 博士卻於地震前 6 天告訴記者：「沒有理由相信一連串微震是大地震前兆。」「一連串微震從某方面說是件好事情，因為它們釋放了地震的能量。」他還開玩笑說：「我們可以安心回家喝紅酒 [82]。」

對於這次事件，全世界 5,000 多名科學家聯名上書給義大利總統，強調：「地震是無法預測的。你不能審判科學！」

原告之一的維多里尼 (Vincenzo Vittorini) 醫生因地震喪失妻子及女兒，他說：「沒有人期望你們告訴我們準確的地震時間，我們只希望你們警告我們是坐在炸彈上面 [83]。」

居民卡羅曼諾 (Eugenio Carlomagno) 不滿的說：「沒有人警告我們！沒有任何可以救命的撤離計畫！這不是可否喝紅酒的事，這是要遵守法規的事 [84]。」

另外一位原告帕里西 (Giustino Parisse) 指出強震來襲前一晚，他的子女因微震而驚醒，但基於專家看法，他要他們回床安睡。結果，他的父親及子女皆死於強震 [85]。

阿奎拉事件凸顯了不少科學家的傲慢。科學家根據自己過去的經驗判斷未來，原本無可厚非，但是若忽視了目前大自然環境的變遷，而輕率的排除細節——如微震和氫氣量上升——可能帶來的警訊，就違背了科學基本精神。事實上，過去 20 年來微震發生後，大地震隨之而來的可能性已比以往增加 [86]。義大利地球物理學家馬左其 (Warner Marzocchi) 和倫芭蒂 (Anna Maria Lombardi) 就曾在此地震前發表研究：阿奎拉微震後 3 天內在 10 公里附近發生大地震的可能性，已從過去 2 萬分之一增加為 1 千分之一 [87]。

而令人擔憂的另一種可能疏漏則是：科學家各司其職，分工太細，對於近年來全球整體災變上升的認識不夠！重大風險委員會的 7 位委員中，副執行長巴貝里 (Franco Barberi) 是火山專家、副主任柏納丁尼斯是水災專家，另一位成員玻施 (Enzo Boschi) 也是火山專家，卡威 (Gian Michele Calvi) 雖是地震工程師，但顯然對近 20 年來微震後大地震發生可能性增加的最新研究不甚清楚 [88]。

結論

　　以上我們全盤檢驗了全球地震和火山活動的趨勢，可得到以下幾點結論：

■全球地震和火山活動的大趨勢是明顯上升的，超越了短期零星上下起伏的變化。

■大約從 2000 年之後，全球地震和火山活動上升的趨勢更為顯著。

■人為的社會發展只是觀察到地震、火山活動上升現象一部分的原因。世界人口增加、媒體發達、儀器改良和觀察站增多，僅可以解釋部分全球地震和火山活動上升的現象，但是這些社會因素無法解釋全球地震和火山活動上升的大趨勢，也無法解釋地震次數於 2009 年從峰頂陡降，又於 2010 年後反彈至新高，而且至 2011 年秋尚未停止的現象。

■各國官方對地震、火山活動的保守說法和一般人民的看法差距不小。官方雖肩負安定人心的責任，但過度保守可能誤導人民錯過逃災機會。

■軍隊救災角色愈形重要。各先進國家軍隊在日益頻仍的地震、火山活動及其他災變裡已經扮演了關鍵的角色，軍隊的通訊能力、冒險犯難的訓練、海陸空運送的設備、令人民安心的形象等皆非警察、消防隊可以取代。

■用全球暖化解釋地震、火山活動升高有其局限。

■把強震成群現象解釋為「巧合」缺乏說服力。但原因究竟如何？科學界尚無圓滿答案。此課題以及火山同步活動的現象，值得未來研究探討。

■為何地震和火山活動都同步在 2008 年到達巔峰而又在 2009 年下降？跟太陽活動週期 23 進入 24 有關嗎？這課題值得未來研究探討。

第 5 章

來自地下的原因：
全球磁變

全球每座機場都有當地特別的磁力讀數，而且會隨時間而更新。機場須把校正後新的磁力讀數，提供給飛機駕駛員，以便其輸入飛機自動降落系統。近年來，世界各地機場磁力刻度的調整更為頻繁，在磁力變化較大的機場，甚至禁止使用自動降落模式。

例如 2003 年 7 月 23 日，法國民航局便發出通知，禁止未來 4 年裡「空中巴士」A319、A320、A321 型飛機在全球 26 處機場使用自動降落模式 ——其中 18 處機場在南美洲和非洲，5 處在英國，2 處在阿拉斯加、1 處在冰島1。

傳說裡，軒轅氏黃帝發明了指南車，在大霧中打敗蚩尤。黃帝應該不知道指南車為何指南，也不知道我們腳下踩的是個龐大無比的圓球，它有南北兩極，更不知道「北極」還不止一個。

　　北極嚴格來說應是有 3 個——自轉北極、地理北極、地磁北極。自轉北極和地理北極很接近，通常併而為一，統稱「地理北極」或「真北極」(true north)。所以，一般認為的北極，只分地理北極和地磁北極（圖 5-1），而略去自轉北極。

圖 5-1
地磁南北極和地理南北極，兩者相差 11.5°。地球磁力線則如環狀白線分布以保護地球。

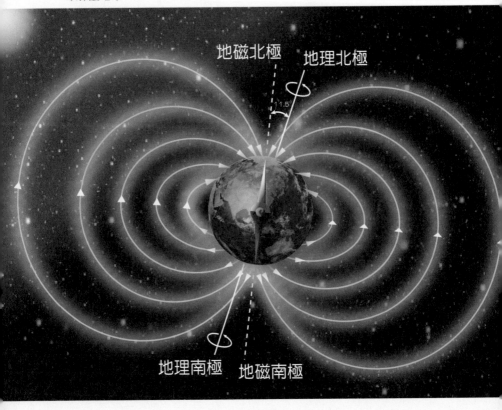

至於地磁北極，簡稱「磁北極」，它是地球內部巨大磁鐵的外在表現。

　　2005 年，磁北極在地理北極的西北方 790 公里[2]，以整個地球面積來說並不算太遠，但由於受到太陽電磁射線影響，磁北極就像過動兒，一天之中不停在動；也像游牧人，居無定所，長年遷徙，移動範圍最大至 80 公里寬（圖 5-2）[3]。因此磁北極的定位是取其平均值。

　　然而若把時間拉長到數年，就會發現磁北極移動的軌跡幾乎呈一條長線，而這在近數百年來尤其明顯。

　　更重要的是，在磁北極滑動的同時，地球磁場也在弱化。這可能是地球近來許多災變和異常現象的深層原因！

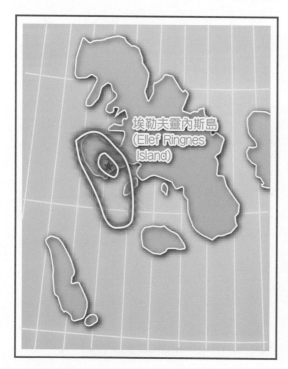

埃勒夫靈內斯島
(Ellef Ringnes
Island)

圖 5-2
磁北極像過動兒，
不停繞橢圓圈圈飄
移。圖中外橢圓和
內橢圓顯示一天內
磁北極活動範圍最
大和最小的差別。

磁北極的發現

以上從 16 世紀之後，英國航海家就想開闢「西北通道」
(Northwest Passage)，從大西洋穿過北極海，到達太平洋與亞
洲進行貿易。原因是 15 世紀末教皇把美洲新大陸分給西班牙
和葡萄牙，而英國沒分 4，除了繞道南美或非洲以外，必須另
闢航道才能到東方做生意。

1829 年，英國人約翰 · 羅斯爵士 (Sir John Ross) 率船探尋
「西北通道」，副船長是他的姪子詹姆斯 · 羅斯 (James Clark
Ross)（圖 5-3）。不幸船被冰封，他們受困 4 年，小羅斯就在
這時間找到了磁北極。

圖 5-3
詹姆斯 · 羅斯爵
士 1831 年在雪地
發現磁北極。

為了解他探測磁北極的方法，我們要先回溯數百年。11 世紀，中國人發明的羅盤，剛傳到歐洲，歐洲人相信在北方某地有座磁力強大的山，不斷吸引羅盤針指向它。直到 1600 年，英國伊莉莎白女王的御醫吉爾伯特爵士 (Sir William Gilbert) 才認為地球就是個大磁鐵，吸引羅盤針的力量來自地球內部[5]。他用天然的磁鐵礦石作了地球模型，展示出地球上南北有兩點，在那裡羅盤針直立於地面[6]。（圖 5-4）。

1831 年 6 月 1 日，小羅斯在冰天雪地裡找到一處羅盤針與地面傾斜成 89°59'（可算 90°）的地方[7]。從實際意義來說，他已找到了磁北極。地點就在今天加拿大北部：北緯 70 度 5 分，西經 96 度 47 分[8]。為此，詹姆斯．羅斯被封為爵士。

下一次有人再找到磁北極，要等到 73 年後。而那人也同時真正探尋到「西北通道」，這是因為當時 2 位羅斯棄船步行，得當地因紐特 (Inuit) 人的協助才得以脫險，船隻並未航抵太平洋[9]。

1904 年夏天，挪威探險家阿蒙森 (Roald Amundsen)（照片

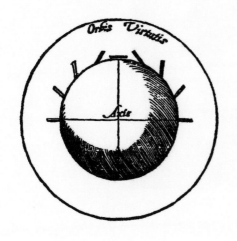

圖 5-4
指南針傾斜角：在地球磁北極和磁南極，指南針會垂直地面；而在赤道，指南針會完全平行於地面。這圖改繪自吉爾伯特大作《磁力》(*De magnete*)。其中方位與現代習慣不同：左右是地球南北，上下為地球赤道兩端。

5-1）找到羅斯當年所擱置於冰雪中的船身，同時找到了磁北極，地點是北緯 70 度 31 分，西經 96 度 34 分 [10]。它已經由詹姆斯 · 羅斯發現的地點向西北移動了 50 公里，平均每年移動 0.7 公里。

探尋磁北極並非阿蒙森唯一的目的，他另外的目的是在北極設立磁力觀察站，以及航行穿過「西北通道」。

對於英國探險家詹姆斯 · 羅斯，或挪威探險家阿蒙森，為國家利益開闢「西北通道」才是實際的目的，而地磁北極定位卻成了額外的收穫。

照片 5-1
挪威探險家阿蒙森是到達南極的第一人，也是找到磁北極的第二人。

磁北極由加拿大向西伯利亞加速移動

在阿蒙森定位磁北極之後 44 年，也就是 1948 年，科學家再度找到了磁北極新的位置，發現磁北極仍繼續向西北方向移動，每年平均速度從 1904 年之前的 0.7 公里增加為 15 公里 11。

到了 1970 年之後，磁北極移動速度再增加為每年 40 公里 12；1989 年之後，磁北極向西北移動加速達每年 55~60 公里——這是科學家於 2007 年所確定的 13。到 2009 年底，其速度更增為每年 64 公里 14（圖 5-5）。

再對照地圖，就會發現從 1831 年到 2005 年，磁北極幾乎向西北成一條直線的移動了 1,100 公里 15（圖 5-6）。而早在 1995 年之後，磁北極已離開人類第一次發現的地方——加拿大陸地進入北極海。科學家估計，如果方向和速度不變，磁北極將在 2050 年左右到達俄羅斯西伯利亞 16。

圖 5-5
過去 420 年磁北極移動的速度，從 1970 年後開始加速，2000 年曾達 70 公里／年，2010 年仍高達 55 公里／年。

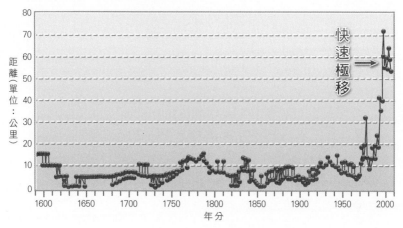

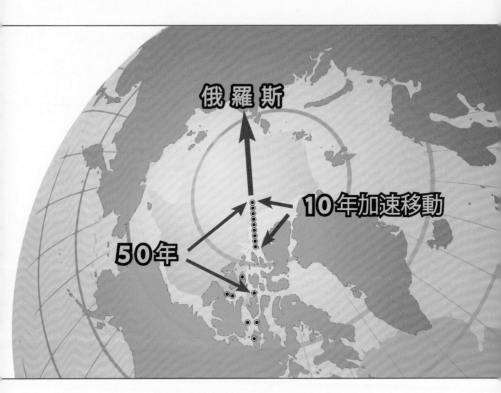

圖 5-6
磁北極由加拿大加速向俄羅斯移動。過去 10 年移動的距離是過
去 50 年的一半。預計 2050 將到達西伯利亞。

　　100 多年以來，磁北極加速向西北方向移動。但在更早
的 300 年，磁北極雖然曾向東南方「跨世紀遊走」(secular
variations)[17]，不過卻是速度緩慢，前後形成強烈對比（圖
5-7）。這是美國奧里岡州立大學教授史東納 (Joseph Stoner)
於 2005 年發表的研究發現 [18]。他指出磁北極過去雖然也有「走
偏」的時候，但通常在加拿大北部和西伯利亞間遊走。

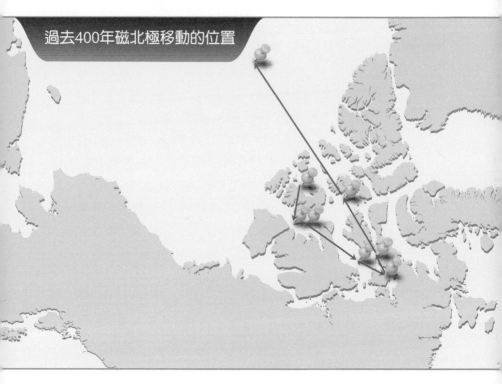

過去400年磁北極移動的位置

圖 5-7
過去 400 年磁北極移動的位置。若每 50 年插一黃色圖釘，過去 400 年磁北極所在位置如上示：先向西南移動，再向東，再向東南，再向西北加速挺進。

磁北極對機場的影響

美國聯邦航空管理局 (Federation Aviation Administration) 規定，美國國際機場跑道上須標示英文字母和數字，以反映磁北極在地圖上的經度。2011 年 1 月初，佛羅里達州坦帕 (Tampa) 國際機場就曾經停止使用飛機跑道 1 週，重新上漆，以因應磁北極的移動 [19]。

全球磁場減弱

問題是目前不止磁北極移動加速，加拿大北部地磁也在減弱，而西伯利亞地磁卻不斷增強。與此同時，全球磁力正在弱化 [20] ！

據研究，地磁強度在距今 2000 年前達到高峰，之後便緩慢下降 [21]。但是 1850 年之前，地球磁場尚稱穩定（如果有減弱，程度也非常微小）[22]；1850 年以後，地球的磁力卻每年減弱約 0.05% [23]；150 年後到 21 世紀初期的今天，全球磁力已經減弱 10%~15% [24]——最近若干年地磁減弱速度更加快 [25]。哈佛大學地球物理學教授布洛克瑟姆 (Jeremy Bloxham) 因此說：「地球磁場照這個速度弱化下去，1,500~2,000 年後，將完全消失 [26]。」

英國科學家蕭 (John Shaw) 則根據火山岩和古人所燒製的陶土器皿研究出過去 300 年以來，地磁弱化了 10%，比過去 5,000 年地磁弱化的幅度更大 [27]。

或許讀者會好奇，我們如何得知地球磁力在全球的分布及其億萬年以來的變化？有以下 6 種管道：1. 查閱古人航海的日

如何從湖底沉積物知道 1831 年前磁北極的位置？

美國奧里岡州立大學教授史東納 (Joseph Stoner) 和助理從加拿大北極圈島嶼上的湖泊 (Sawtooth Lake and Murray Lake on Ellesmere Island)，鑽探穿過 2~3 公尺厚的冰層，40~80 公尺深的湖，收集湖底 5 公尺厚的沉積物，再研究其中微小的帶磁性礦物（磁鐵礦）的排列，為當時磁北極定位。他們用碳放射性定年分，也用清點計算沉積物層次輔助定年分。5 公尺厚的沉積物蘊藏了 5,000 年地磁的紀錄。沉積物之下的湖底石頭叫基岩，是 7,000~8,000 年前冰河磨蝕過的 [28]。

記；2. 分析古人窯燒的磚瓦、器皿；3. 研究各地湖泊底的泥沙沉積物；4. 解讀億萬年以來火山所噴發的岩漿凝固成的岩石裡留下的地磁紀錄；5. 研究億萬年以來湖底、河底、海底泥沙沉積之後埋入深層受地熱和壓力硬化所形成的沉積岩；6. 透過1980 年代之後的人造衛星來測量 29。

 # 自古以來的地磁紀錄

1837 年，德國科學家高斯 (Carl Friedrich Gauss) 發明了測量磁力強度的儀器，之後人類才有地球磁場強弱的紀錄。磁場強弱可以用「磁力儀」測量，測量單位是耐米特斯拉 (nT: nanoTesla)。但是 1837 年以前，地球磁場強度如何測量呢？

17、18 世紀時英國水手靠著高超的航海經驗和準確的定位技術，縱橫七海，他們用星座及太陽定出地理北極，用指南針指出地磁北極。指南針除了水平左右擺動後定出地磁北極方位之外，還可垂直顯示傾斜角度（磁傾角 inclinaton），後者標示出當時船隻所在地離磁北極的遠近——越接近磁極，指南針傾斜角度越陡。

這些資料都記載於英國水手的航海日誌中，英國里茲大學教授古賓斯 (David Gubbins) 和助理作了詳盡的整理。此外，他們又在自然界的岩石以及許多古代人類社會的遺物中，找到 1590~1840 年間分布在全球的 315 項地磁強度的紀錄 30。

古賓斯和同仁發現，在 1590~1840 年這 250 年中，地球磁場強度每年減少了 2nT，而之後每年卻減少 15nT。可以說，1850~1860 年之前，地球磁場強度下降很少，而之後，地球磁場卻每世紀減少 5%。如果地球磁場以此速度持續減弱，大約 2,000 年後，今天的地磁北極和地磁南極的位置將翻轉過來 31。

他們同時也發現，全球磁場減弱似乎和南半球所出現的一個局部現象有關，而它在 1590~1840 年毫不顯著，可說幾乎不存在 32。

衛星墜落南大西洋異常區

目前，南半球有一大塊區域的地球磁場強度比世界其他地區弱了 30~50%，弱化的速度也比其他地區快了 10 倍 33，被稱做「南大西洋異常區」(South Atlantic Anomaly)。南大西洋異常區的磁場甚至出現磁場翻轉，產生一個局部朝南的磁北極 34。它的中心在南美洲與非洲之間的大西洋，範圍涵蓋南美洲西南、非洲南端以及兩者之間大西洋的南部（圖 5-8）。

大自然的地磁紀錄

美國火山噴發流出的岩漿裡有許多微小的磁鐵礦粒子，當岩漿接觸空氣或海水逐漸冷卻後，磁鐵礦粒子便隨著岩漿凝固定下來，成為保存當時和當地磁場的紀錄。而磁鐵礦粒子不止記錄了地磁方位，也記錄了地磁強度。理論上，磁鐵礦的排列應一致指向當時的地球磁北極，但是濃稠的岩漿帶有阻力，磁鐵礦粒子無法像漂在水中可以自由轉動。因此當地球磁場愈強，磁鐵礦粒子排列才會愈整齊。另外，像磚瓦、陶缽類的考古文物，在由泥土燒製成器時，軟泥中的磁鐵礦粒子會隨之固定下來，因此也成為地磁方位和強度的絕佳紀錄。

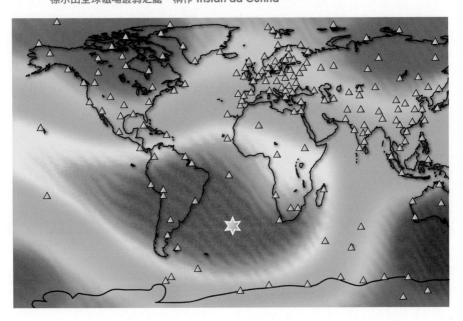

圖 5-8
南大西洋異常區，是地球磁場相對微弱的區域。在此區域內，不止地磁強度比其他地區弱，且弱化速度也比別處還快。它的成因為何，科學界還不清楚。圖中星號標示出全球磁場最弱之處，稱作 Tristan da Cunha。

　　「南大西洋異常區」是在 1958 年為南非科學家柯策 (Pieter Kotze) 所發現[35]。

　　巴西聖保羅大學科學家哈特曼 (Gelvam A. Hartman) 進一步研究「南大西洋異常區」在 1590~2005 年之間的變化[36]，發現 1750 年是轉捩點。在 1750 年之前，現在的「南大西洋異常區」的地磁強度幾乎沒有變化；但 1750 年之後，地磁強度開始逐漸下降。根據古賓斯的研究，全球磁場再過百年——即 1850~1860 年開始明顯減弱。換句話說，「南大西洋異常區」內磁力的減弱早於全球磁力減弱 100 年。許多科學家認為，異常區內的地磁減弱加速，帶動了全球磁場開始弱化[37]。

　　「南大西洋異常區」不止磁場減弱，範圍更逐漸擴大（圖 5-9），而且其中心每年向西移動 0.3 經度[38]。美國航空暨太空總署的科學家甚至預測，如果「南大西洋異常區」以現在的速度繼續擴大，到了 2240 年，將會涵蓋半個南半球 39。

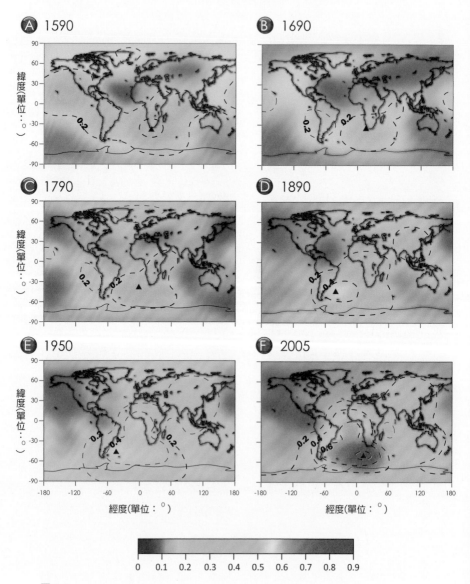

圖 5-9
南大西洋異常區的演進。在 1890 年之後，其異常的強度明顯增加，範圍明顯擴大。

地球磁場對地球有保護作用。它阻擋了許多來自外太空有害的宇宙射線和帶電粒子——像 X 光之類的輻射線，還有帶正電的質子或帶負電的電子（圖 5-10）。「南大西洋異常區」上空的地球磁力保護變得薄弱之後，讓更多來自外太空的輻射線得以穿透，到達大氣層更低的地方，更接近地球表面，容易干擾到經過異常區的衛星、飛機和太空船的通信。

　　舉例來說，來自太空帶正電的質子原先應該在地面上1,200~1,300 公里的高度就被地球磁場阻擋過濾；但在異常區上空，太空來的質子竟然可以穿透到只離地面 200 公里 [40]。

　　又例如：太空船經過「南大西洋異常區」時，太空人雖然

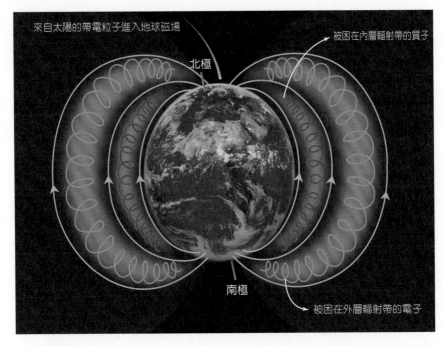

圖 5-10
范艾倫輻射帶 (Van Allen radiation belts)。地球從南北兩極發出的磁力線場形成 2 層范艾倫輻射帶包住地球。外層包含帶負電的電子，內層包含帶正電的質子，阻隔來自外太空有害的宇宙射線，因而保護了地球上的生物。

閉起眼睛，眼前仍會感覺到閃光[41]。而美國的哈伯太空望遠鏡繞行地球軌道飛過這裡時，會出現儀器失靈、通訊錯誤，因此必須自動關閉感應器以防受損[42]。

更諷刺的是，科學家為了進一步觀測監控「南大西洋異常區」所用的器材竟然也受影響。如丹麥送上天空的人造衛星，在 2003 年經過「南大西洋異常區」時受損而墜毀[43]。

發現「南大西洋異常區」的柯策於 2004 年認為，這異常區的種種現象表示地球的磁北極和磁南極「即將」要翻轉，但就地球漫長歷史而言，「即將」可能是明天也可能是 3,000 年後[44]。

布洛克瑟姆也有類似的說法──筆者前文曾提及，1,500~2,000 年後，地球磁力可能完全消失，那將是「磁極翻轉」(geomagnetic pole reversal) 過程中的現象[45]。

古賓斯教授倒有不同看法。他認為全球磁場減弱到最後可能是「南大西洋異常區」擴大，而不是地球磁北極、磁南極的翻轉[46]。哈特曼教授則認為「南大西洋異常區」的形成可能是異常區下方地球內部的「外核」變化所引起的[47]。

但不管「南大西洋異常區」最終如何變化，大部分科學家都認為，地球磁場是地球的內部活動所產生的。

 # 地磁的來源

地球表面上看是全由岩石組成，其實構造並不單純。它不像珠寶店裡內外一致的水晶球，而像層層相裹的洋蔥，或像包了一層薄薄巧克力的櫻桃。

設想我們鑽一條通道，由地表深入地球核心。通道的長度將是 6,371 公里，相當於臺北往西到伊朗首都德黑蘭，或往東到夏威夷的距離。但不同於在地球表面旅行的是：我們愈向地心邁進，溫度愈高，壓力愈大，周圍物質愈重──或更準確的說，密度愈高。

簡單來說，地球由外而內有4層：地殼、地幔、外核、內核（圖5-11），而最外面和最裡面是硬的，中間兩層是軟的[48]。

地殼由岩石組成，厚度從 3 公里至 70 公里不等[49]。

地幔是岩漿或熔化的岩石所組成，厚度有 2,855 公里[50]（相當於臺北到拉薩的距離），溫度高達攝氏 1,300 度[51]。雖然地幔裡的岩漿可以流動，但是流速很緩慢，因為它黏度極高──地幔黏度高於水的黏度的倍數是 10 後面加 20 個零[52]。地幔既然是熔化的石頭，石頭不導電，所以地幔也無法導電[53]。這點是地幔和地幔下面地核（外核及內核）不同之處。地幔不是靜止的，也不是均衡的[54]，這則是地幔和地幔上面地殼不同之處。

外核主要由熔化而流動的鐵鎳合金組成，其中鐵占大部分

圖 5-11
地球構造。

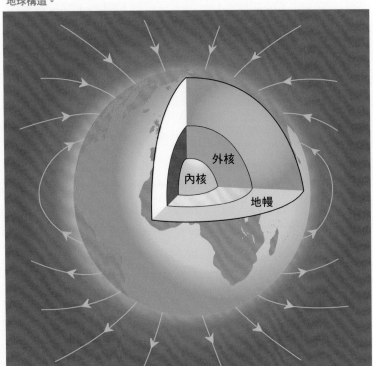

（約80%）。外核約2,270公里厚，溫度約攝氏4,400~6,100度。

內核則是巨大的固態金屬球，體積比月球小些，是月球70%大小[55]，但溫度幾乎和太陽表面一樣炙熱，高達攝氏7,000度[56]。內核成分純粹是鐵鎳合金，以鐵為主，直徑是2,440公里。不同於液態的外核，內核是實心的。如果想像內核是陸地，那麼外核便是內核的海洋。內核也和地球表面一樣自轉，但是速度比地表略快，每年多轉0.3~0.5度[57]。

外核比內核輕約10%。有專家認為外核除鐵、鎳之外，還可能含硫、氧及矽等較輕的元素[58]。外核和內核另外有一點不同：內核穩定而外核不穩定。內核大鐵球穩定的隨地球自轉而轉動，外核不止隨地球自轉而轉動，內部熔化的鐵漿還有各式各樣的亂流騷動[59]，像煮開的水、像河裡的漩渦、像搖動製作的雞尾酒。於是，外核的磁力線像「糾纏在一起的義大利麵條」或橡皮筋[60]，不斷要把地球的南北「磁極翻轉」，但是被實心大鐵球的內核穩定下來[61]。

 ## 地球發電機

地磁來源為何？為什麼地磁源源不斷產生至少已經34.5億年[62]（地球歷史約45億年）科學家一般認為，地球的磁力是發自外核。但是，地球磁力的產生，應是固態內核和液態外核之間的作用，稱之為「地球發電機」(geodynamo) 理論。

最原始而簡單的發電機有一動一靜兩個部分，動的叫「轉動子」或「轉子」(rotor)，靜的叫「定子」(strator)（照片5-2）。兩者都是金屬，可以傳導電流或磁流。當用手推動「轉子」時，電流就產生了。電流與磁流其實是一體的兩面，可以產生電流的裝置，也可以產生磁力。

同樣的道理，「地球發電機」裡的「轉子」是亂流騷動的外核，而它的「定子」是穩定的內核。由內核散出的熱驅動外核熔化的鐵漿亂流騷動，和內核大鐵球互相吸引和排斥，於是引動電流，也產生磁力。

由此可以推論出 2 點結論：

1. 液態的外核是產生地磁重要的條件。火星和水星就是缺乏液態的核心，所以沒有顯著的磁性[63]。

2. 地球的自轉也是產生地磁不可或缺的條件。也因此，地球自轉軸雖然不等同地磁軸，但通常相距不會太遠。

至於內核熱又是從何而來？科學家推論，當地球從太陽分離出來時，內核熱便已經從太陽中帶來了。此外，液態外核鐵漿逐漸結晶附在固態內核外層時，也會釋放出熱能[64]。

到目前為止，大部分科學家認為地磁來源最好的解釋就是「地球發電機」理論。這個解釋著眼於地球內部的作用，但是地磁會不會來自太陽，或來自太陽系以外浩瀚的宇宙呢？這可能性誰也不能完全排除。

照片 5-2
原始發電機模型。

地磁模擬實驗

「地球發電機」的解釋固然合理，但是沒有人能真正鑽入地心實地觀察證明。因為地心比太陽表面更危險！它有太陽表面的高溫，還有太陽表面所沒有的高壓。所以科學家只能靠模擬實驗來檢測「地球發電機」的理論是否行得通。到今天為止，最有名的實驗有 2 次：一次是透過電腦模擬，另一次則是實體模擬。

1995 年，美國 2 位科學家──地球科學教授格拉茲邁爾 (Gary Glatzmaier) 和數學教授羅伯慈 (Paul Roberts) 用超級電腦模擬地球自轉以及地球核心的狀況，希望藉此了解地球固態的內核發熱時，如何在轉動下影響液態的外核發生變化，進而產生電流和磁力 [65]。

在他們的模擬實驗裡，地球不止在轉動時產生了磁場，這個磁場強度還時升時降，南北磁極更會飄移，情形就像真正地球的狀況（圖 5-12）。

在實驗所模擬的 3.6 萬年中，地球磁場的南北極竟翻轉了過來，翻轉的過程約需數千年 [66]。而磁極翻轉之後，地球磁場則穩定了很長一段時間，又再翻轉 2 次，每次相隔 1 萬年。而在磁極翻轉的過程中，南北磁極會出現在奇怪的地方，像是磁北極會跑到大溪地 (Tahiti)，而磁南極會跑到非洲。然而這過程中地球的磁力並未完全消失，仍然保護著地球不受宇宙射線全面的破壞。

模擬實驗中的地球磁場翻轉，並不需要外力促成，只要地球自轉就會發生！在模擬運轉中，液態的外核不斷的翻轉地球的南北磁極，而固態的內核卻不斷的阻止南北「磁極翻轉」，並維持地球磁軸的穩定。

科學家附帶指出，地球磁極實際上比太陽磁極穩定得多。

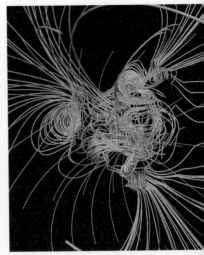

圖 5-12
格拉茲邁爾和羅伯慈透過電腦模擬地球磁場。左圖顯
示正常狀況下地球的磁力線，右圖顯示地球磁極翻轉
過程中的磁力線。

地球「磁極翻轉」一次，在正常情形下至少要數十萬年或更
久。而太陽磁軸則每 11 年翻轉一次，非常頻繁，這是因為太
陽這顆大火球都是氣體和液體，缺乏固態的內核來發揮穩定的
作用。

電腦模擬實驗有它的局限。因為它是根據人們目前所知道
的觀念所設計的，誰敢說我們目前所知就是自然界的全部？

1996~2008 年，另一位美國科學家則多次使用實體模擬[67]。
馬利蘭大學地球物理學教授賴斯羅普 (Dan Lathrop) 覺得只用
數字電腦模擬不夠全面，因此設計了一個26噸重的大金屬球，
裡面裝了加溫熔化的金屬鈉，以時速 128 公里的速度轉動，使
得液體金屬鈉產生磁場（照片 5-3）。但是，他認為這不算真

正的「地球發電機」，因為金屬球磁場啟動時需要由金屬球之外的磁場來引發，引發後金屬球磁場便可藉轉動來維持。

這個實驗告訴我們：地球磁場只靠自轉、液態鐵的外核、固態鐵的內核還不夠，地球磁場真正的來源在地球以外！

照片 5-3
賴斯羅普旋轉 26 噸重內裝熔化金屬鈉的圓球，用以檢測地球磁場是否會在轉動下產生。

磁極翻轉

根據上述的實驗，我們得知在地球過去漫長的歷史裡，磁北極和磁南極曾互換位置。為了了解這變化，我們要潛下海底觀察。

世界各大洋海底都有地殼的裂縫，它像屋脊一般比周圍海底地面要高，叫做「中洋脊」(mid-ocean ridge)（圖 5-13）。延著中洋脊頂端的裂縫，有來自地殼下的岩漿不斷噴湧而出，受海水冷卻而凝固成玄武岩。

當岩漿噴出時，熔岩所攜帶的微小磁鐵礦，會依當時南北磁極方向排列。當岩漿凝固後，地磁方位便因此被保存下來。新凝固的玄武岩就像工廠裡的輸送帶，由「中洋脊」向兩邊

圖 5-13
中洋脊。圖中紅色線段即是中洋脊。

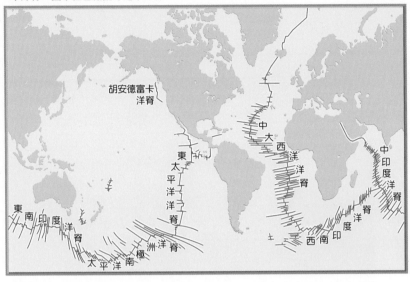

移動，成為新生的海底地殼，此現象便稱為「海底擴張」(sea floor spreading)（圖 5-14）。在大西洋，海底地殼每年向東西方向各增加 5~10 公分，相當於人類指甲生長的速度 [68]。

　　1950 及 1960 年代，科學家用船拖著地磁測量儀器，讓它降到深海底部，橫越大洋的「中洋脊」航行 [69]，發現「中洋脊」兩側玄武岩中的磁鐵礦排列頗有規律。有的磁鐵礦排列和今天磁極南北同方向，有的則相反，它們的分布就像斑馬的條紋一般；不止如此，這些條紋在中洋脊兩側向外的排列還是對稱的（圖 5-15）。

　　這個發現證實，在地球的歷史裡，南北磁極曾經翻轉過許多次！

　　目前可知的海底地殼，從中洋脊出生，到大陸地塊邊緣消失，年齡最多 1 億 8,000 萬年 [70]。相對的，它也就保存了這一

圖 5-14
海底擴張。中洋脊下的岩漿噴出形成新的海底地殼，然後有如輸送帶般
向兩邊推出。如此形成的海底地殼被堆到大陸邊緣，向大陸岩石塊下方
擠壓俯衝，再回到充滿熔岩的地幔。

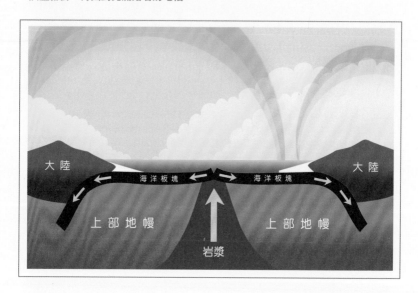

圖 5-15
在深海底部「中洋脊」火山噴發出玄武岩，沿著「中洋脊」兩側向外移
動，玄武岩中小顆粒的「磁鐵礦」記錄了噴發當時地球南北磁極的狀況。

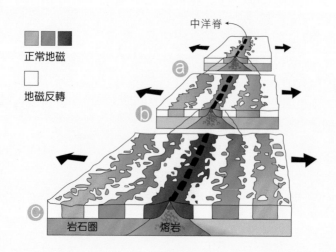

段時間地球南北「磁極翻轉」的紀錄。更早形成的海底地殼已經被送進地幔裡熔化了，那麼比 1 億 8,000 萬年更古老的紀錄去哪兒找呢？前面已提過，像是地面上更古老的火山岩、保存於湖底的沉積泥沙或由河底海底泥沙受壓而被地熱烤成的沉積岩等，都是可能的來源，它們所含的小磁鐵礦也保存了古時地球南北磁極的紀錄。

地磁再翻轉早已到期？

據研究，在過去 3 億 3,000 萬年，地球已「磁極翻轉」了 400 次 [71]。

一般的說法是平均每 20 萬年，地球「磁極翻轉」一次 [72]。地球上次「磁極翻轉」是 78 萬年前，所以許多人認為地磁翻轉時刻早已到期了，而憂心忡忡。因為地球「磁極翻轉」過程中，地球磁場會完全消失，屆時地球生物失去「磁氣圈」的保護，會受到有害宇宙射線傷害，產生生靈大絕滅。

然而，最新科學研究所掌握的資料顯示情況並非如此。主要是根據以下 4 項觀察：

1. 地球「磁極翻轉」頻率不規律。
2. 最近 1,000 萬年，「磁極翻轉」趨緩。
3. 「磁極翻轉」前地磁一定變弱，而地磁變弱不一定會導致「磁極翻轉」。
4. 即使地磁消失，保護地球的力量會變弱，但卻不是完全消失，生物會傷亡但不會全體大絕滅。

讓我們進一步檢驗這些觀察。

首先，平均每 20 萬年地球「磁極翻轉」一次的歸納結果，只適用於最近的 4,200 萬年。再往前推，地質紀錄則顯示並非全然如此。例如，5,400 萬年之前，有一段 400 萬年的時間裡，

「磁極翻轉」了 10 次，平均每 40 萬年一次 73，而非 20 萬年一次（圖 5-16）。

　　科學家主要根據海底地殼保存的地磁紀錄，整理出過去 1 億 6,000 萬年來地球「磁極翻轉」的歷史。其中最引人注意的就是「白堊紀超靜磁帶」(Cretaceous Normal Superchron)。那是過去地磁超級穩定的時代，離今天約 1 億 2,000 萬 ~8,000 萬年之間。漫長的 4,000 萬年中，地球南北磁極維持和今日同方向，都沒有翻轉。4,000 萬年磁極才翻轉一次，這間隔可是 20 萬年的 200 倍啊！

　　而更早的地球歷史裡，還有類似「白堊紀超靜磁帶」的時代：1 億 6,000 萬年至 1 億 7,000 萬年前，「侏儸紀靜磁區」(The Jurassic Quiet Zone) 可能也有上千萬年的時間磁極並未翻轉 74。橫跨「石炭紀」和「二疊紀」，則可能有 5,000 萬年時間（2 億 6,000 萬年到 3 億 1,000 萬年前），地球南北磁極雖和今日相反，但沒有翻轉 75。在「奧陶紀」也可能有 2,000 萬年時間（4 億 6,000 萬到 4 億 8,000 萬年前)，磁極與今日相反但未翻轉 76。

本章提到的地質年代

從現在往以前算，「白堊紀」是 6,500 萬年到 1 億 4,400 萬年前。「侏儸紀」在「白堊紀」之前，是 1 億 4,400 萬年到 2 億 1,300 萬年前。「二疊紀」更早，約 2 億 4,800 萬年到 2 億 8,600 萬年前。「石炭紀」又往前，是 2 億 8,600 萬年到 3 億 6,000 萬年前。「奧陶紀」早很多，在 4 億 3,800 萬年到 5 億 5,000 萬年前之間。

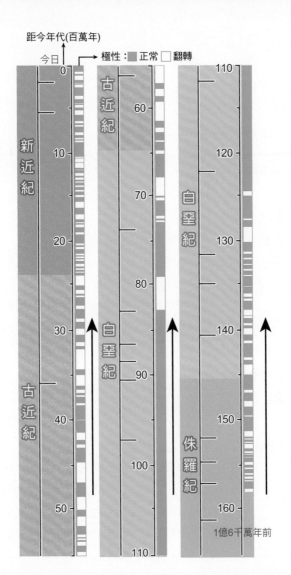

圖 5-16

過去 1 億 6,000 萬年地球磁極翻轉的歷史。圖中 3 組花紋相間的條碼，是表示鑽探地下岩石所取出岩心的樣子。最古老的紀錄在右側，時間在 1 億 6,000 萬年至 1 億 3,000 萬年前。最近的紀錄在左側，時間在 55 萬年前至今日。藍色代表正磁極的時代，即當時南北磁極和目前南北磁極同方向；白色代表反磁極的時代，即當時南北磁極和目前南北磁極反方向。右圖上方 1/3 屬藍色，中間圖下半也是藍色，兩者連在一起代表漫長的 4,000 萬年「白堊紀超靜磁帶」。當時跟今日同方向的地球磁極沒有翻轉，地球磁場超級穩定。

「磁極翻轉」更頻繁？

由此可見，地球歷史裡不止一次有上千萬年的「超靜磁帶」(superchrons)。當時，在悠悠漫長的歲月裡，磁極停止翻轉——當然，這些是極端的現象。但是，另一種極端也有。例如，也也有 2 次地球「磁極翻轉」的間隔居然短至數百年的情況 77。所以大部分科學家也都認為，地球「磁極翻轉」間隔時間的長短極不規律 (erratic)。也就是說，地球「磁極翻轉」的頻率很難一概而論。

雖然如此，科學家卻發現最近 1 億 6,000 萬年中，地球「磁極翻轉」頻率的高低卻有趨勢可循（圖 5-17）。在「白堊紀超靜磁帶」之前，「磁極翻轉」的頻率呈逐漸下降趨勢；在它之後，「磁極翻轉」的頻率則逐漸上升。這個先下降再穩定後上升的趨勢相當明顯。

與我們最相關，也最重要的趨勢是：最近 1,000 萬年左右，地磁南北極翻轉的頻率，由每 100 萬年約 5.3 次降到約 4.3 次（圖 5-17）。換言之，最近 1,000 萬年以來，「磁極翻轉」的間隔愈來愈長。

磁極一旦翻轉，其過程需要多少時間呢？答案是長至數千年，短則 4 年 78。但是科學家普遍認為大部分的「磁極翻轉」需要數千年。在那數千年中，地磁會弱化，而且地球會有數對南北磁極。因此今日「南大西洋異常區」內南北「磁極翻轉」，可能是個全球大規模「磁極翻轉」的徵兆！

地磁弱化一定會「磁極翻轉」？

今日地球磁場雖然持續弱化，跟過去幾百萬年地磁強度平均值相比，強度仍高於平均值 79，也仍在正常地磁變化範圍之內（圖 5-18）。

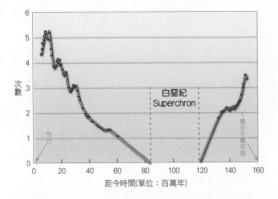

圖 5-17

地磁翻轉的頻率。垂直軸刻度代表每 100 萬年地球南北磁極翻轉的次數，水平軸代表過去地球歷史距離現在的年代，以百萬年為單位，最右邊是 1 億 6,000 年前。在白堊紀時代（水平軸刻度約 65 至 144）有 4,000 萬年（水平軸刻度約 80 至 120）地球磁極沒有翻轉。圖中可以看到地磁翻轉的頻率在它之前逐漸下降，在它之後逐漸上升。但是最近 1,000 萬年左右，頻率由每 100 萬年約 5.3 次降到約 4.3 次。

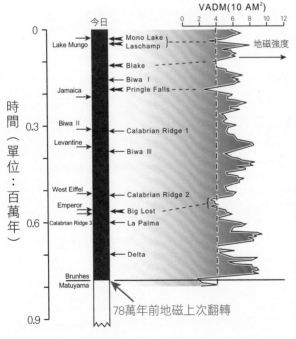

圖 5-18

80 萬年以來地球磁場強度變化。曲線最下方是 80 萬年前，而其最上方是今日。上次地球磁極翻轉是 78 萬年前，當時 VADM 下滑至 1.5。今日的 VADM 仍在約 5.7 左右。

法國 2 位學者季越多 (Yohan Guyodo) 以及瓦樂 (Jean-Pierre Valet) 在 1999 年用 VADM[80] 作為表示地球磁場強度的單位。

　　2000 年前，地磁強度到達最近的高峰之後，便持續下滑（約 35%）到今日的地磁強度[81]。最近 150 年，地磁強度又下滑 10~15%，速度加快。近來速度又更加快，但是目前地磁強度 (5.7VADM) 仍遠高於 4VADM 的正常範圍下限[82]。之前筆者便提過，有專家認為依目前地磁弱化速度，要 1,500~2,000 年後地磁才會消失[83]。

　　至於「磁極翻轉」之前，地磁一定弱化；但是，地磁弱化不一定導致「磁極翻轉」的看法，是法國地球物理學者嘉雷 (Yves Gallet) 博士所提出來的[84]。

　　他舉例如 78 萬年以前，地磁強度跌破 4VADM 正常範圍下限，約只有 1VADM，於是出現「磁極翻轉」。但之後分別在距今 55 萬年、19 萬年、11 萬年以及 4 萬年之前，地磁強度下降至 4VADM 以下（未達 1VADM），磁極卻沒有翻轉。這幾次磁極雖未翻轉，但是南北磁極卻遠離地理的南北極，有如浪子遊蕩他方。

　　磁北極和磁南極是同時飄移的，但由於人類大多居住在北半球，我們習慣上只看磁北極的飄移，而非磁南極的飄移。如果南北磁極飄移至遠方，上千年未歸原位，在科學上叫做「地磁飄移」或「磁極遊走」(geomagnetic excursions)。「地磁飄移」有「順時鐘地磁飄移」及「反時鐘地磁飄移」2 種。前者如 4.1 萬年前的「拉鄉地磁飄移」(Laschamp excursion)（圖 5-19），後者如 18 萬 5,000 年前的「冰島盆地地磁飄移」(Iceland Basin excursion)（圖 5-20）。當時估計的平均磁北極經過路線 (virtual geomagnetic polar paths)[85] 甚至遠達非洲。

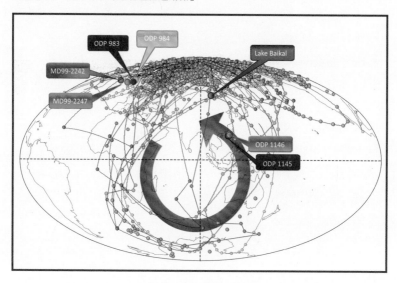

圖 5-19
順時鐘地磁飄移。箭頭指示途徑代表 4.1 萬年前「拉鄉地磁飄移」的「估計的平均磁北極經過路線」。

ODP 983
ODP 984
MD99-2242
MD99-2247
Lake Baikal
ODP 1146
ODP 1145

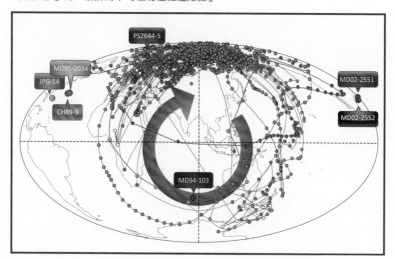

圖 5-20
反時鐘地磁飄移。箭頭指示途徑代表 18 萬 5,000 年前「冰島盆地地磁飄移」的「估計的平均磁北極經過路線」。

PS2644-5
MD95-2034
JPG-14
CH89-9
MD02-2551
MD02-2552
MD94-103

地磁飄移及跨世紀遊走

在地球歷史裡，「地磁飄移」的頻率大概是「磁極翻轉」的 10 倍 [86]。在最近 78 萬年以來，磁極雖未翻轉，但是科學家發現「地磁飄移」至少已有 12 次 [87]（圖 5-21）。所以說「地磁飄移」發生頻率遠高於「磁極翻轉」。

「地磁飄移」時，地磁一定弱化，其強度通常比平均值低了約 10~20% 不等 [88]。而且，南北磁極比正常位置偏移至少 45 度。若真的發生，磁北極會南移至少 5,000 公里到中國哈爾濱，或英國倫敦，或美國芝加哥，甚至南移越過赤道，到達非洲。

也有「地磁飄移」到後來地磁幾乎完全消失，和「磁極翻轉」前的情況一樣，這時候地球上會出現許多對南北磁極 [89]。等地

圖 5-21
磁北極 8 萬年來的位置。圖中所標示為磁北極的位置，位置 1 是 8 萬年到 7 萬 5,000 年前，位置 2 是 5 萬 5,000 年到 5 萬年前，位置 3 是 1 萬 7,000 年到 1 萬 2,000 年前，位置 4 是今天磁北極所在。

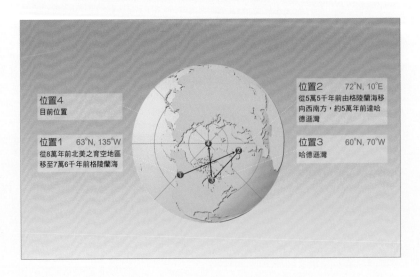

位置4
目前位置

位置1　　63°N, 135°W
從8萬年前北美之育空地區
移至7萬6千年前格陵蘭海

位置2　　72°N, 10°E
從5萬5千年前由格陵蘭海移
向西南方，約5萬年前達哈
德遜灣

位置3　　60°N, 70°W
哈德遜灣

磁強度逐漸恢復後，多對磁極才又恢復成一對，慢慢回到地理南北極，或地球自轉軸兩個頂端附近。所以，科學家稱「地磁飄移」為「小產的磁極翻轉」(aborted pole reversals)[90]。

可以說，「磁極翻轉」前一定有「地磁飄移」，但是「地磁飄移」不一定導致「磁極翻轉」。

目前磁北極遊走超過 1,000 公里，伴隨地磁弱化和「南大西洋異常區」出現，情況尚不能稱為典型的「地磁飄移」。或可稱之為「磁極跨世紀遊走」(secular variations)（圖 5-22），或是個雛形的「地磁飄移」。

「地磁飄移」規模有大有小。一次地磁飄移會持續多久？從 100 年到 1 萬年都有可能。但是在最近 78 萬年這個地質時代裡，典型的地磁飄移則持續 500~3,000 年[91]。古賓斯教授發現最近 100 萬年有 14 次地磁飄移（包括前面所提 78 萬年來的 12 次），其中有 6 次大型地磁飄移影響全球，各自持續了 5,000 年至 1 萬年[92]。

會產生地磁飄移的原因是：在地球的液態外核中，發生局部的地磁減弱和「磁極翻轉」，同時地球的固態內核仍然保持穩定。但當地球內核也受外核影響而改變時，全球性的「磁極翻轉」便可能發生了[93]。因此「地磁飄移」和「磁極翻轉」的不同在於地球固態內核有無「磁極翻轉」的改變。

人類歷史並未有「地磁飄移」的記載，但是人類顯然曾經度過「地磁飄移」。地質學家找到最近的「地磁飄移」證據顯示，在 3 萬 4,000 年到 3 萬 1,000 年前[94]，有一次「莫諾湖飄移」(Mono Lake excursion)，當時共持續了 600~1,000 年[95]。「莫諾湖飄移」的地質紀錄遍布在全球的湖底沉積、黃土沉積、火山岩石裡。在奧地利保存「地磁飄移」的黃土層中甚至混雜了當時人類活動的遠古遺物，如嬰兒的遺骸等[96]。

圖 5-22
挪威地球物理學韓森教授所繪製的百年來「磁極跨世紀遊走」。圖中顯示
1600~2000 年之間地球磁北極的位置。

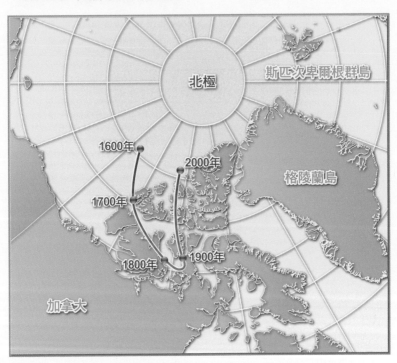

地磁不穩導致地震火山增加？

近來地球磁場不穩定，而地震和火山活動明顯增加，讓人不禁思考這兩者有關係嗎？

我們先看火山活動。

科學家從南北極冰芯的火山灰中發現，當地磁不穩時，火山活動明顯增加，例如：在 4 萬年前的「拉尚飄移」(Laschamp Excursion) 時期和 12 萬年前的「布萊克飄移」(Blake Excursion) 時期就是如此[97]（參見圖 5-18）。但是也有火山活

動多，而地球磁場並沒有特別異常的例子，如 1 萬 2,000 年到 1 萬年前 98。

除了觀察長期紀錄之外，近期的觀察也顯示地球磁場變動和火山活動多少有關。

有一件很生動的案例發生在 2011 年 6 月 4 日。那天，強烈的「太陽風」引發二級（G2，最高 5 級）的地磁風暴，智利普耶韋 (Puyehue) 火山在休眠 50 年後突然爆發，關島也發生 5.2 級地震 99。順便一提，火山灰飄揚遠方，2 週後紐西蘭、澳洲因此取消 700 多個航班 100。10 月中普耶韋火山灰捲土重來，重重打擊南美航空業，4 個多月以來已取消上千航班 101（照片 5-4）。

地磁變化和火山活動的關係向來不是熱門研究題目。但過去 20 多年來，當偶爾有科學家就某座火山研究觀察後，其結論並無否認地磁變化和火山活動的關係。這包括 1989 年希臘

照片 5-4
智利普耶韋火山於 2011 年 6 月爆發後，大量火山灰降落在鄰近阿根廷地區。航空業因此大受影響。

研究團隊發表用地磁強度變化觀察該國色拉 (Thera) 火山活動的報告 102，以及同一希臘團隊 2007 年發表對墨西哥波波卡特佩特 (Popocatepetl) 火山地磁變化的研究 103。

接著我們再看地震和地磁變化的關係。

1993 年美國阿拉斯加大學成立觀測地磁變化中心，地點設在阿拉斯加州的嘉坤納 (Gakona)，隸屬美國空軍「高頻主動式極光研究項目」（簡稱 HAARP104）。

2011 年 3 月 11 日，日本東部 9 級大地震之前 10 天，該中心所使用的儀器 ——「磁通門磁力儀」(Fluxgate Magnetometer) 顯示地球磁場出現強烈的波動，3 月 10 日強烈的波動再度出現，直至 11 日（圖 5-23）。類似的現象在該中心儀器上經常出現 105。

此外，在 7 級以上大地震前，地球磁場會出現強烈的「超低頻率」波。1964 年 3 月 27 日，阿拉斯加發生美國史上最強的 9.2 級強震。當時已有科學家注意到此現象並在期刊上發表報告 106，但是未受重視 107。直到 1990 年後，才陸續有數篇類似報告發表出來 108。

倒是俄羅斯地球物理學家波格瑞布尼可夫 (M. M. Pogrebnikov) 在 1984 年便發表地球磁場變化和強度地震的關係。他的研究團隊在 1965~1975 年觀察了 100 個 7 級以上的強震，發現在強震之前，測量地球磁場的一個成分叫「水平組件波動」(Kp Index) 會突然降低 109。美國則要等到 1990 年之後，在史丹福大學教授史密斯 (Antony Fraser-Smith) 的領導下才陸續有學術論文發表 110。而令美國學者重視這現象是起因於 1989 年 10 月 17 日 7.1 級的舊金山大地震 (Loma Prieta Earthquake)111 —— 在舊金山地震 2 週之前，「超低頻率」波便升高到背景強度的 20 倍；地震發生當時，飆得更高 112。

2010 年 1 月，海地 7 級大地震前 1 個月，法國衛星觀察到地面上「超低頻率」波強度增加 360%[113]。

　　至於發生此現象的原因究竟為何，科學家尚無定論。有人說是地殼岩石中結晶體因擠壓而產生所謂的「壓電磁性」(piezomagnetism)，也有人認為是深層帶離子的地下水進入地殼岩石縫隙所產生[114]。

　　總之，科學界對於地球磁場不穩定而導致地震、火山活動增加的關係還沒有一致的說法。但是大部分注意到全球磁變的「外行人」，都難免認為地球磁場不穩定，地殼內壓力有變化，岩漿流動異於以往，地球形狀改變（1998 年後赤道變寬，南北極距離變短），於是地震和火山活動跟著增加[115]。

　　誰也不能否認，隨著全球磁變，地震和火山活動明顯升高！

圖 5-23

地磁波動與 2011 年 3 月日本大地震的關係圖。水平軸表示時間，垂直軸表示地磁感應強度，以「耐米特斯拉」或「10 億分之 1 特斯拉」為單位。橫軸讀數 0 的水平線上下有黑、紅、藍 3 色線。紅色表示「磁通門磁力儀」南北震動，黑色表示東西震動，藍色則表示上下震動。3 色線起伏愈大，表示當時地磁強度變化愈大。至於上方白色曲線，表示當時發生的地震強度。

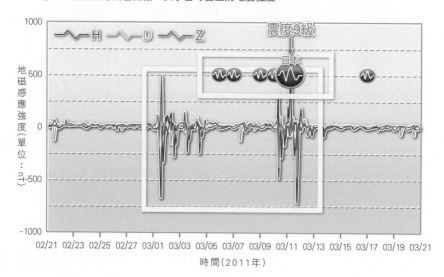

全球磁變，非物種絕滅！

綜合以上的探討，我們或可做出以下的結論：

■地球磁場正在加速變動。從 19 世紀中葉之後有 3 個現象更
為明顯：磁北極位移、全球磁場弱化、南大西洋異常區出現
並擴大。這些都是不爭的事實。

從 1850 年左右開始，地磁北極從加拿大幾乎呈一條直線的
移向西伯利亞，而且速度逐漸加快，已達每年 60 公里以上。
地球磁場在 2,000 年以來持續減弱，而最近 150 多年地磁強
度更下降 10~15%，尤為明顯。此外，最近 150 多年來，南大
西洋出現地磁異常區，其範圍正不斷擴大，其磁場比別處弱
35%，甚至因此產生南北磁極局部翻轉。以上 3 個現象筆者並
稱為「全球磁變」。

■全球磁變將導致 3 種可能的發展：磁極跨世紀遊走、地磁飄
移、磁極翻轉。前者可能性最高，衝擊最低；後者可能性最
低，衝擊最高。

目前地磁雖然弱化，但仍然高於過去 80 萬年以來磁場強度
的平均值。今日的全球磁變，只能算是雛型的「地磁飄移」，
或稱為「磁極跨世紀遊走」。而「地磁飄移」發生次數在地球
歷史裡至少 10 倍於「地磁翻轉」。縱觀過去 1 億 6,000 萬年
的地球歷史，最近 1,000 萬年以來，「地磁翻轉」的頻率在持
續下降。也就是說，2 次「地磁翻轉」的間隔時間正在拉長（參
見圖 5-17）。

■全球磁變標示了自然界重大的轉變，這轉變可能超越全球磁
變本身，引起地球失序並衝擊地球生靈，但非大絕滅。

全球磁變可能是來自太陽或太陽以外宇宙更大轉變的一環。
但是全球磁變升高的同時，地球將面臨嚴重失序。

上一次「磁極翻轉」78 萬年前。那時，人類祖先已經出現，

顯然也度過了長達數千年「磁極翻轉」帶給地球失序的衝擊。

人類祖先「匠人」(Homo ergaster) 在距今 250 萬年前出現[116]，人類另一個祖先「直立人」(Homo erectus) 在距今 180 萬年前出現[117]，但他們並未因「磁極翻轉」而絕滅。

真正的人類「智人」(Homo sapiens) 則要到 16 萬年前才出現。「智人」至少經過 3 次地磁飄移，並度過地球磁場低於平均值的衝擊（參見圖 5-18）。

「磁極翻轉」時，地球磁場嚴重弱化，但是地球磁場並不會因此完全消失。當地球磁場弱化，外太空有害的宇宙射線到達地面，勢必衝擊地球生靈。但是科學家認為，地球仍有大氣層保護，不至於發生大絕滅。

全球磁變也可能引起地殼不穩定等其他效應，尚有待隨後探討。

然而，地磁如果繼續弱化，磁極繼續遊走，南大西洋異常區繼續擴大，不止人類，全球生物都會遭遇到不尋常的衝擊。

■全球磁變時，自然界對人類的衝擊，將使人類面臨有史以來前所未有的新挑戰。

自從約 3 萬年前的「莫諾湖飄移」時代之後，地磁強度陸續增強至 2,000 年前（參見圖 5-18）然後才下滑。目前地磁強度應和 4,000 年前相若，低於 3,900 年以來任何時間，而人類有明文紀錄的歷史不會超過這段時間。可以說，今日地磁強度低於人類有清晰歷史記憶以來的任何時間，目前地磁弱化的狀況在人類歷史記憶裡尚無先例，如何因應將是人類所必須面臨的嶄新挑戰。

■全球磁變下，地震和火山活動明顯上升，但科學界對此現象尚無一致的解釋。

近年來，地震和火山活動上升，同時地球磁場的異常現象更為明顯。兩者之間有無關連？一些零星的研究指出，地震和火山活動前有地磁波動或不穩的現象。因此，地震和火山活動上升與全球磁變的關係不能被排除。但是到目前為止，科學界沒有一致而明確的說法，反而是一般非專業觀察家認為兩者之間有關連，是自然的推理結果。兩種看法落差不小，成為強烈對比。

官方科學機構也許為了社會民心穩定，遲遲不承認地震和火山活動上升，也因此使這類議題缺乏主流科學界重視和大量研究。對此問題，將來科學界應該作更多探討。

■全球磁變可能受地球以外因素的影響。

科學家公認地球磁場直接來自地球液態外核，間接來自地球液態外核和固狀內核在地球自轉下相互的作用。但是，科學家實體模擬實驗中卻發現，地球磁場可能有更間接的來源是在地球之外。也就是說，只有地球自轉、液態外核和固狀內核的條件，尚不足以造成地球磁場，還需要有一個在地球外部的磁力來源引發以上作用。這個啟示把我們的探詢導向太空！

如果地磁最終來源在地球以外，那麼全球磁變也可能和太陽系及其在宇宙的運行有關。

「全球磁變」對地球生物會帶來何種衝擊？
在面臨「全球磁變」時，外太空變化對地球的影響為何？
我們又該如何因應未來的挑戰？

第 6 章
磁變對生物的影響：
從鯨豚迷途到親子相殘

筆者在北美數十多年間，屢次開車於原野奔馳時，總好奇的注意到吃草的牛群很有默契的整齊排列，頭尾方向一致。這是牛為了避風所以將尾巴朝向迎風面嗎？心裡一直納悶。

2008 年 8 月，一項全球為之矚目的科學研究解開了我深存心中的謎團。

德國杜斯寶愛森大學 (University of Duisburg-Essen) 生物系柏達 (Hynek Burda) 教授和貝葛爾 (Sabine Begall) 博士率領研究團隊，藉由 Google Earth 提供的衛星空照

照片 6-1
科學家發現,牛吃草和休息時身體習慣朝南北排列,是因為牠們對地磁有感應。

圖,仔細比對全球 6 大洲 308 座牧場裡 8,500 頭正在吃草的牛隻其頭尾所朝方向,發現 60%~70% 的牛隻都呈南北走向 1(照片 6-1)。

他們也發現在捷克境內的野生獐鹿 (roe deer) 和馬鹿 (red deer) 吃草時也有頭尾朝南北方向的現象 2。在上述研究中,牛隻有些是頭北尾南,有些則是頭南尾北,而獐鹿大部分為頭北尾南 3。

那麼肉食動物又是如何呢?

不止草食動物對地磁有感應，肉食動物也一樣。柏達教授和貝葛爾博士在 2011 年初公布了最新研究，表示在深密草叢中捕食獵物的紅狐也出現對地磁的感應。根據 23 名觀察者在捷克境內 65 處地點監看 84 隻紅狐躍捕獵物 592 次的結果，發現紅狐找到鼠、兔等獵物後，若向北方躍起，捕獲獵物的成功率極高，其他方向則不然 4。

當我們進入 21 世紀第 2 個 10 年，科學家已證實愈來愈多的生物對地球磁場有所「感應」。這種「感應」有許多種，最明顯的包括：磁場的方向、全球磁場上的定位、不甚明顯的磁場強度的變化。其中對地球磁場方向和位置產生感應的能力叫做「磁場方向感」(magnetoreception 或 magnetoception)。動物們如何感應磁場，科學家最初不甚了解，推測應是由於生物體內含磁力敏感物質所致。

牛群地磁性的附議與爭議

在柏達教授和貝葛爾博士發表論文之後，當時美聯社為了報導此項突破性的研究成果，訪問了威斯康辛州劍橋鎮 (Cambridge) 從事畜牧業的辛崎利 (Hinchley) 夫婦。他們說：「我們特別出去觀察了散布在牧場各處的牛群，發現 2/3 數量的牛隻頭尾是朝向南北方向。」這數字和貝葛爾所做的全球統計結果相符。

2011 年 2 月，另一組研究團隊再度發表新的研究，同樣使用 Google Earth 的衛星空照圖，對象換成在歐洲原野上吃草的牛群，但這次卻無法證實牛群多是座南朝北排列。報告裡很謹慎的舉出許多因素，說明他們的研究可能有所忽略的地方。根據貝葛爾博士與筆者往來的郵件，他指出，這項研究方法有瑕疵，因為未能顧及高壓電線干擾地磁的效應。

但實際上其所列舉的案例統計下來仍然支持原先的結論。我們可以說，到目前為止，牛群依地球磁力線排列的現象應是不容否認 5。

信鴿鼻孔內的祕密

　　科學家研究發現，最早對地磁感應的生物最早是信鴿。1971 年康乃爾大學生物系教授基頓 (William T. Keeton) 發現，如果在信鴿鳥喙綁上磁鐵，信鴿便會喪失方向感 [6]。後來科學家進一步發現信鴿鳥喙近鼻孔處含有微小的磁鐵礦結晶 [7]（照片 6-2）；此外，信鴿眼睛內也含有感應磁力的物質 [8]。2011 年最新的研究又發現信鴿內耳中竟然也有對地磁敏感的微粒子 [9]！

　　之前動物學家咸認為信鴿是憑藉氣味、地形等許多因素來認路，而地球磁場只是其中之一而已。但紐西蘭大學教授鄧尼斯 (Todd Dennis)2010 年證實，信鴿只要靠著地磁感應便可辨別方向回家 [10]。而早在 1984 年，紐約州立大學教授畢森 (Robert Beason) 等人已發現，當地磁風暴發生時，信鴿會因導航的地磁感應系統受到干擾而迷路 [11]。時至今日，許多鳥類，尤其是候鳥，對地磁的感應能力都已被證實。就連蝙蝠也不例外 [12]！

　　美國普林斯頓大學顧爾德 (James L. Gould) 教授和北卡羅萊納大學羅曼 (Kenneth J. Lohmann) 教授對海龜研究多年，2011

照片 6-2
磁鐵礦結晶。

年指出海龜不止能辨識南北緯度，還可以辨識東西經度 [13]，這項最新發現令大家嘖嘖稱奇。不僅如此，其他許多海中生物，如鯊魚、魟魚、鯨魚、鮪魚、海豹等，都已被證實是依靠地磁感應作長途航行而不迷失方向 [14]。

爬蟲類呢？以鱷魚為例，鱷魚是地域感很強的動物，也能靠著地磁感應辨識方向。當牠因為對所在地的人類有危險之虞而被移送遠處時，仍然能以每週 16 公里的速度找路回來。2004年，墨西哥恰帕斯 (Chiapas) 的鱷魚科學館研究人員做了一項實驗，他們把磁鐵貼在 20 隻鱷魚的鼻子上（照片 6-3），使牠們迷失方向，再把鱷魚送到他方；數年後，研究員報告這些鱷魚不再返家 [15]。顯然是因為鼻子上的磁鐵打亂了鱷魚原先對環境磁力分布的認識。

針對無脊椎動物有無地磁反應的研究則在 2003 年有了突破。先前科學家認為龍蝦的神經系統簡單，應該不會像信鴿般認路旅行。但北卡羅萊納大學學者波爾斯 (Larry C. Boles) 和羅曼證實並非如此。他們將加勒比龍蝦 (Caribbean spiny lobster) 蒙上眼睛，放在車上、船上繞行，再放入 37 公里外的海中，這些龍蝦居然能透過地磁感應游回原來的棲息地 [16]（照片 6-4）。

除此之外，許多昆蟲也被證實具有地磁方向感，包括：果蠅 [17]、蜜蜂 [18]、帝王蝶 [19]、甚至蟑螂 [20]。早在 1993 年，科學家就在蜜蜂腹部找到微小磁鐵礦的結晶 [21]。2010 年，更發現每年會由美國東部飛行 3,200 公里到墨西哥森林過冬的帝王蝶，觸鬚上有感應地磁的細胞，稱為「隱花色素」(Cryptochrome) [22]。

隱花色素

在生物身體裡都含有微小結晶，如磁鐵礦 (Fe_3O_4) 或膠黃鐵礦 (Fe_3S_4) 等 [23]，有些動物如果蠅、帝王蝶之類，則在眼睛或觸鬚中還含有「隱花色素」這種蛋白質，在藍光和紫外線光線刺激下會對地磁方向產生感應 [24]。英國曼徹斯特大學教授雷波特 (Steven Reppert) 在 2010 年甚至宣稱所有動物體內都有「隱花色素」，人類也不例外 [25]。

照片 6-3
將磁鐵貼在鱷魚鼻上，目的在干擾牠對地磁的感應，測試鱷魚是否因此喪失方向感以及尋找原來活動地域的能力。

照片 6-4
已被證實有地磁感應能力的動物種類繁多，由左上起依序是：歐洲知更雀、綠蠵龜、棕色蝙蝠、加勒比龍蝦、蠑螈。

細菌也有感應，那人類呢？

其實在更早之前，大約 1970 年代，科學家就已發現某些簡單的生物（如細菌）對地磁也有感應。有些螺旋藻類在移動時具有方向性[26]，它們能在體內製造微小的磁鐵礦或膠黃鐵礦結晶體——磁小體 (magnetosome)，而這些鐵礦結晶會排列成鏈狀，具有如同羅盤針的功能[27]，於是螺旋藻便會依南北方向來回游動（照片 6-5）。

雖然生物對磁力感應的能力有強有弱——有些生物（如信鴿）對磁力感應的表徵非常明顯，有些則似乎看不出來，但是愈來愈多的生物在科學研究下陸續被證實具有地磁感應[28]。這些生物包括：細菌、昆蟲、軟體動物（如蝸牛、蚌類）、甲殼類動物（如龍蝦），以及 5 大類的脊椎動物——魚類（如鯊魚、鮪魚、鱒魚、鮭魚）（照片 6-6）、兩棲類（如青蛙、蠑螈）、爬蟲類（如蛇、鱷魚）、鳥類（如信鴿、知更雀）、哺乳類（如牛、鹿、狐狸、黑熊、海豚、鯨魚）等[29]。

問題是：人類如何能例外？

照片 6-5
含磁鐵礦結晶的細菌。不透明的磁鐵礦結晶在細菌體內排列成鏈狀而具有導航的功能，使細菌有方向感而依南北走向來回游動。圖中細菌色彩並非天然原色而為人工染上。

鐵幕內開創「太陽生物學」

英國曼徹斯特大學教授貝克 (Robin Baker) 曾在 1970 年末期針對人類是否對地磁方向有所感應進行實驗，但因結果有爭議而未能成為定論 30。最後隨著愈來愈多的研究，科學家已開始承認人類對地磁的確有感應，因此人類身心健康受地磁變化所影響已是不容否認的事實。

同時科學家也逐漸接受，地球磁場的波動明顯受到太陽活動的影響，因而有人開始致力於另一項新興的研究領域——「太陽生物學」(Heliobiology)。筆者要特別指出，對太陽活動、地球磁場和生物的關係的研究最早是在前蘇聯萌芽，該領域的開路先鋒早在 1930 年代就已提出成果報告，但卻因為政治因素遭受打壓與譏諷。直到蘇聯崩解後，「太陽生物學」才受到外界的重視。它先由組成前蘇聯的諸共和國傳播到歐洲，然後再到美國，因此對全球其他各地來說，這是一門嶄新的科學領域。這門學問的許多重要研究和觀念在西方都尚未普遍被一般人認識，在華文世界更是一片荒原。

1990 年代之前，有些前蘇聯之外的西方科學家已開始研究地球磁場波動對人類身體和精神的影響 31，但直到 20 世紀末期才有更多突破性的發現，進入 21 世紀後大量具體的成果隨之出現。

照片 6-6
科學家利用電子顯微鏡攝影顯示紅鮭魚體內鏈狀的磁鐵礦結晶。在上方黑色比例尺長度是 100 奈米公尺 (10^{-7} 公尺)。

人類地磁方向感的研究

1970 年末期，貝克開始對人類是否具有地磁方向感進行長期的研究，上千位自願者參與這項計畫裡種種不同的實驗，例如把一組蒙上眼睛的人用公車載到城外曠地，原地轉圈後停下，再請他們指出家的方向。能正確認出自家方向者的數目，超過了或然率。而實驗也顯示如果把磁鐵附著在自願者頭部，大部分人便會失去方向辨認的能力。但後來幾家美國和澳洲大學企圖重複類似實驗，卻無法獲致正面結果。一直到 2010 年，貝克教授的後續者雷波特進行人體「隱花色素」的相關研究，才重新激起科學界對人類地磁方向感的興趣 32。

 地球磁爆會影響人類的身心？

讓我們先回顧 1980 年代末期以後重要的發現。

1980 年，印度科學家斯利韋司塔‧撒克森那 (B. J. Srivastava, S. Saxena) 比較 1972 年和 1978 年因心肌梗塞送進醫院的人數，發現 1978 年人數多了 50%，而 1978 年正是太陽黑子數目上升的時間 33。

1987 年，以色列 4 位醫生發現地磁風暴和人們的嚴重偏頭痛有關連。他們在 14 個月的過程中觀察 30 位有偏頭痛病史的病人，統計 486 次嚴重偏頭痛病例和地磁活動的關係，發現地磁活動平穩的日子裡嚴重偏頭痛的病例只占 25.9%，但是當強烈地磁風暴來臨時，嚴重偏頭痛的病例竟增加為 43.7%34。

1991 年，美國愛荷華大學心理系教授藍道爾夫婦 (Walter and Steffani Randall) 發現，地球磁爆發生時，人比較容易產生幻覺 35。

1994 年，英國精神病學專家凱伊 (Ronald W. Kay) 比較精神病院 10 年來 3,449 件病例，發現在太陽磁爆引發地球磁爆之

太陽生物學鼻祖：契浙夫斯基

契浙夫斯基 (A. L. Chizhevsky) 是前蘇聯跨領域科學家，被認為是太陽生物學的開創者。1926 年，他與研究夥伴做出第一個太空生物學實驗。1939 年，出席在紐約舉行的國際生物物理學大會，還被推舉為榮譽主席，風光一時。他最著名的研究是用太陽黑子的 11 年週期來檢驗地球的氣候變化和人類歷史上的重大事件，包括 71 個國家從西元前 500 年到 1922 年所有戰爭與暴動的紀錄。1942 年，蘇聯獨裁領袖史達林注意到他的說法 —— 1905 年和 1917 年的大革命和太陽黑子活動有關 —— 與官方立場抵觸，而要求他撤回說法。契氏拒絕，因而被送勞改 8 年。他一度有機會成為前蘇聯首位諾貝爾獎得主，卻因太陽黑子理論得罪當道而希望破滅。晚年則致力於「陰離子治療」的研究。

契浙夫斯基的許多研究一度被斥為邪說異端，但死後卻逐漸受到重視，今日俄羅斯太空人協會甚至設立「契浙夫斯基獎章」以鼓勵科學後進。此外，1978 年，蘇聯太空學家新發現一顆小行星以他為名；1997 年，契氏百歲冥誕，俄羅斯甚至發行紀念幣（照片 6-7）；2000 年，俄羅斯成立了「契浙夫斯基科學中心」，紀念他深遠的影響 36。

照片 6-7
俄羅斯所發行之契浙夫斯基紀念幣。

後 2 週，因狂躁抑鬱症進醫院就醫的男人增加 36.2%[37]。

1995 年，俄羅斯科學家比對莫斯科 14 年來犯罪紀錄和地磁波動的關係，發現兩者的時間有明顯的對應關係[38]。

2003 年，南非威特瓦斯蘭大學精神病學教授高登 (Charmaine Gordon) 和澳洲墨爾本大學精神病學教授柏克 (Michael Berk) 發現，在 1980~1992 年這 13 年間，南非自殺率升高和地球磁爆有關連[39]。

同年，俄羅斯北部工業環境研究所 (Institute of North Industrial Ecology Problems) 科學家舒米洛夫 (Dr. Oleg Shumilov) 發表他的研究，在 1995~2003 年之間，6,000 位懷孕婦女的胎兒中 15% 胎兒的心律不正常，也是受到地球磁場波動的影響[40]。

進入 2006 年，至少有 3 項重要的研究值得我們注意：1. 上述的澳洲墨爾本大學教授柏克率隊研究發現，1968~2002 年這 34 年間澳洲全國自殺的人數分別是男性 51,845 名、女性 16,327 名，他們的自殺率和地球磁爆有關係[41]。2. 保加利亞科學家發現，遭到強度地磁風暴襲擊時，地磁較弱的地方，人的血壓會受影響[42]。3. 曾任歐洲地球物理學會 (European Geophysical Society) 主席的李克洛夫特 (Michael John Rycroft) 博士率領英國、法國和瑞士的科學家綜合以前的研究指出，地球磁場的波動會影響到人的身心狀態，也就是說地磁強度太高或太低對人體健康都不好，而全世界約有 10%~15% 的人容易受到影響；此外，這種現象在高緯度地區尤其明顯[43]。

2007 年，美國路易斯安那州立大學健康中心骨科手術組的研究員卡汝巴 (S. Carrubba) 等人發現，人腦對於低頻率的磁場（也就是一般正常環境下的磁場）有所感應。在該實驗中，17 位受測者有 16 人有此現象[44]。

此外，從 1966 年開始至 2007 年，共有 8 篇研究論文認為流行性感冒及其他傳染病的流行，和太陽黑子出現有關 45。例如：1918~1919 年世界性的禽流感就是在 1917 年太陽黑子高峰後出現，當時造成全世界有 2% 人口（約 4,000 萬）因此喪命 46。

而更早在 1936 年，契浙夫斯基就發現太陽表面因為爆炸而產生的閃耀光芒（或稱「耀斑」，solar flare）和流行性感冒出現有關 47，但是當時並未廣被接受 48。

退黑激素分泌多寡很重要

2008 年，亞塞拜然、俄羅斯、以色列、希臘、保加利亞 5 國科學家跨領域合作研究發現，太陽磁爆引起地球磁場的波動的確會影響人的心律，擴大負面情緒，甚至駕駛出車禍的機率也因此增加 49。他們也認為，地磁的波動會引發心臟病和死亡。

同年，前面提到過的俄羅斯科學家舒米洛夫再度發表他的研究。這次他根據 1948~1997 年在俄羅斯北部城市基洛夫斯克 (Kirovsk)50 年來的統計紀錄，發現每年地磁強度的 3 次高峰——3~5 月、7 月、10 月——和人們焦慮、沮喪甚至自殺率的高峰有關連 50。

此外，美國哥倫比亞大學精神病學系教授暨知名的自殺防範專家波斯娜 (Kelly Posner)（照片 6-8），在 2008 年發現地磁風暴會打亂人的生理時鐘，人類睡眠時松果腺所分泌用以維

照片 6-8
哥倫比亞大學精神病學系教授暨知名的自殺防範專家波斯娜（中立者）於 2011 年 2 月在美國馬里蘭州軍事基地對隨軍牧師講授如何預先覺察軍人自殺傾向，並預先採取防範措施。

持健康的「退黑激素」(melatonin) 會因地磁波動而減少 51。波斯娜進一步認為「退黑激素」的分泌減低，可能是地球磁場波動導致人們情緒低落或傾向自殺的原因 52。

針對「退黑激素」，科學家曾在 1988 年解剖自殺者的遺體時，發現相對於同一時間正常死亡者的遺體，自殺者體內的「退黑激素」顯著偏低 53。

正如之前所提到的，地磁影響一般動物是經由牠們體內所含微小的磁鐵礦結晶，而地磁變化影響人類的媒介之一也是人體內的磁鐵礦結晶。1983 年，貝克和同仁們發現人的鼻竇中含有微小的磁鐵礦結晶 54。1992 年，加州理工學院教授柯世韋因克 (Joseph L Kirschvink) 和同仁們又發現每公克人腦組織中有超過 500 萬個極微小的磁鐵礦結晶 55。

退黑激素

一種有修補功能的賀爾蒙，作用是讓人們白天損耗的身體機能恢復過來。它可以消除壓力，維持情緒穩定，增加免疫力，抗氧化並減緩身體老化。退黑激素由腦中像豆子般大的松果腺所分泌。分泌時間從日落開始，到了晚上 10 點鐘分泌作用上升，於凌晨 2 點達到高峰，4 點後逐漸消失。人類身體無法儲存退黑激素，必須每晚製造。退黑激素必須在黑暗中製造，但是在陽光下的活動反而會促進夜晚時的分泌。有些食物可以幫助製造退黑激素，如：燕麥、玉米、稻米、薑、蕃茄、香蕉、杏仁、南瓜子、葵花籽、芝麻、扁豆、豆腐、甜椒等。相反的，妨礙退黑激素分泌的包括：壓力、咖啡因、酒精、鎮定劑（如 haldol）56。

小結

　　綜合上述無數科學家數十年的研究，可以歸納出地磁活動跟人類的關係有以下幾個特點 57：

■人類對地球磁場有感應。即使在地球磁場強度沒有波動時，人類仍然會不自覺的感應到地球磁場。

■地球磁場的變動可能會影響人身體和心理的狀態。地磁強度過高或過低都可能不利於人身心的健康。

■地磁對人體健康影響的程度並非人人相同。地磁波動只會對10%~15% 的人類產生可觀察到的健康衝擊，這是因為這一類的人對地磁變化更為敏感。

■大部分地磁波動是由太陽活動所引起。也就是說，太陽黑子的活動、磁爆、耀斑會經由地磁的波動影響人體健康狀態。

■人類受地磁波動及太陽活動影響的現象很多。有：心律變化、心肌梗塞、躁鬱症、偏頭痛、自殺等，而流行性感冒以及其他傳染病的流行也會影響人體健康。

■在高緯度地區（如北歐），地磁波動對人類影響更為顯著。

■地磁對人類健康影響的媒介之一是退黑激素的分泌多寡。

■人類身體中含有磁鐵礦結晶。目前已在人腦及鼻竇中發現。

　　以上是科學家就地球生物對地球磁場感應的研究發現。但是我們進一步則要思考：近年來由於全球磁變更明顯，全球生物——包括人類和人類以外的動物——在這新地磁環境下又會有何不同於以往的行為呢？

動物迷途趨勢上升

其 2006 年 1 月，歐亞大陸禽流感 (H5N5) 疫情拉警報，土耳其連續爆發人們因禽流感死亡的事件。令專家費解的不是疫情本身，而是傳播病毒的候鳥遷徙路線出現異常——應該北遷時卻南遷，本來該去西伯利亞卻去了中歐 58。

動物迷途的事件，向來時有所聞。有些是偶爾出現的罕見狀況，有些卻是前所未有的個案，近年來居然都不斷發生。

例如，2006 年 1 月，身長 6 公尺的北方瓶鼻鯨闖入英國倫敦泰晤士河，出現在國會、大笨鐘塔旁邊，構成一幅荒謬的畫面 59（照片 6-9）。但是這隻可潛水 700 公尺的鯨魚游入大都會裡只有 5 公尺深的河流無異是自殺行為，因此不幸喪命。

2009 年 9 月，一隻座頭鯨也闖入泰晤士河，令動物學家驚嘆不已 60。可惜，牠同樣的不幸喪命。

臺灣也有類似狀況。2009 年 3 月，臺南運河出現迷途的鯨鯊（照片 6-10）。這是運河開鑿 83 年以來從未發生的事件。專家說，3 公尺長的鯨鯊深入運河 5 公里，甚不尋常 61。

單一鯨豚類不尋常迷途擱淺的報導不斷出現之外，群體迷途擱淺的情形也愈來愈多（照片 6-11），因此喪命的鯨豚，近幾十年數量逐年遞增 62。進入 21 世紀之後，此一趨勢更為明顯，其真正原因為何？令動物學家相當困惑 63。倫敦動物學會 (Zoological Society of London) 會員兼鯨豚擱淺調查計畫主任狄威爾 (Rob Deaville) 便指出，在多次鯨豚擱淺事件的調查中，證實大多數死亡的動物生前都很健康，並未呈現疾病、受傷或驚嚇致死的跡象 64。

其實，近年來愈來愈多海洋動物擱淺受困，不止鯨魚和海豚如此，還有海豹和海龜等。根據美國紐澤西州柏堅 (Brigantine) 城的「海洋哺乳動物擱淺中心」(Marine Mammals Stranding Center) 統計 1975~2000 年間的個案，各類海洋動物擱淺受困

照片 6-9
2006 年 1 月迷途鯨魚闖入泰晤士河。

照片 6-10
一尾小鯨鯊 2009 年 3 月 2 日在安平運河悠游，引起騷動，之後鯨鯊被漁網護住，帶往外海野放。

照片 6-11
澳洲塔斯馬尼亞海岸 2009 年 3 月出現大群鯨魚游上岸的情形，當地人說類似事件屢屢出現，但專家說不出原因。

的數字均呈現增加的趨勢 65（圖 6-1）。

綜合來說，這些動物迷途的共同原因是導航能力出了問題。而導航能力出問題的原因不外乎以下 3 種可能：1. 氣候異常；2. 人為干擾；3. 地磁變化。

對於候鳥迷途，很多人認為是受氣候異常的影響。但是進一步推究，季節更迭不規律影響的應該是候鳥飛行的「時間」，而不是「方向」；而天氣變化異常對體型較小的鳥類應該影響更大，對於體型較大的候鳥影響力應該相對較小。但事實上，2008 年科學家所發表對數千隻東亞候鳥迷途飛到中歐的研究證實 66，迷途的往往是體型大的候鳥！

所以，候鳥迷途更可能的原因是受地磁變化所影響，使得原來依賴地磁導航的候鳥，在關鍵地點「轉錯彎」67。

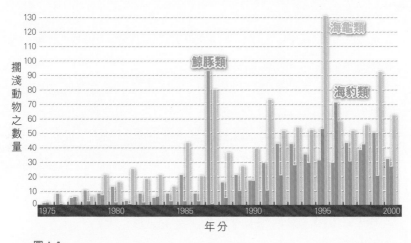

圖 6-1
每年擱淺動物數量 (1975-2000)，統計顯示鯨豚、海豹、海龜擱淺事件長期趨勢上升。

　　而針對上述 2006 年泰晤士河的鯨魚迷途，專家認為可能原因有 4 點 68：1. 鯨魚生病了，因此喪失方向感；2. 受英國海軍聲納衝擊，聽力受損（但驗屍結果並未發現如此）；3. 為了尋找食物，誤闖了地方（但鯨魚主食並非淡水河中的魚類）；4.航行錯誤，這也是科學家認為最可能的原因——而航行錯誤又跟地磁變化有關！

　　這個推論是有科學研究的依據。德國基爾大學科學家凡尼斯洛夫 (Klaus Heinrich Vanselow) 研究 400 年來歐洲北海岸迷途擱淺的抹香鯨事件，認為太陽活動引起地球磁場的波動，而地球磁場的波動則使鯨魚迷途擱淺的頻率增加 69。

　　牛津大學柯林諾芙絲卡 (Margaret Klinowska) 博士研究鯨豚類群體擱淺多年，也認為和地磁變動有關 70。因為鯨豚類導航依據的是地磁「坡度」，通常循著磁力最弱的地磁「山谷」游動 71。一旦地磁分布受干擾而有所變動，鯨豚便會因此迷路。科學家進一步發現，鯨豚擱淺的海灘通常和海中地磁「山谷」垂直。也就是說，鯨豚沿著地磁「山谷」游動，但是本來安全的路線因地磁變弱或不穩定而出現變動，遂迷路而誤游上岸導致擱淺。

筆者要補充說明的是，鯨豚擱淺次數上升的原因可能是多重的，有地磁減弱的自然力影響，也受人類在海洋中活動產生的各種噪音影響。根據美國《國家地理雜誌》2011 年 1 月號的綜合報導，所有人類在海洋中所製造的聲音——如潛艇發出聲納、探勘石油使用氣槍、貨輪航行時的噪音等都干擾了海洋生物的正常生活，而鯨豚群體擱淺是眾多後果之一 72。

因此可以說，候鳥和海洋生物迷途主要都是因為其所依賴的導航系統出了問題，而近年來地球磁場的減弱和不穩定可能是最主要的原因。

 ## 動物抓狂事件屢現

在動物迷途次數上升之外，動物們在近年來也頻頻出現異常行為。

動物攻擊人類本來不是什麼了不起的新聞，但近年來有些極不尋常的動物失控事件卻屢屢超出想像。

2009 年 2 月，美國波士頓發生一件令人意外的慘案。一隻被人從小帶大的 14 歲寵物黑猩猩突然發狂，猛烈攻擊本來就認識的主人的朋友，造成傷者雙手齊斷，唇、鼻撕裂，容貌全毀，而且失明 73。當警車抵達時，牠還企圖攻擊警官，因而被槍擊斃命。這隻黑猩猩一向靈巧，會澆花、開門、餵馬吃草，還上過電視，拍過廣告。鄰居們都說黑猩猩平常比他們的小孩還聽話，真是不了解為何如此 74。

2010 年 6 月 5 日晚上，在英國倫敦市區某棟住宅樓上，一對 9 個月大的雙胞胎女嬰睡得正甜美，突然樓下的母親聽到她們痛苦的哭叫，原來是這對女嬰遭到由窗戶入侵的狐狸攻擊 75。倫敦「城市動物」專家布來恩 (John Bryant) 受訪時說，狐狸是很害羞的動物，平常連貓都怕，他 40 年職業生涯中從來沒聽過狐狸攻擊人 76。「英國皇家防止虐待動物學會」發言人也表示，狐狸攻擊人類的事件在英國很少發生，頂多也是發生在郊區，在市區幾乎不可能 77。然而，近年來在英國狐狸攻擊人類事件已發生數次，2002 年、2003 年及 2004 年各有一次報導，頻率似乎正在上升中 78。

巧的是，大約在同一時間，印度南部郊區麥索爾 (Mysore) 鬧市遭 2 頭失控的野象入侵，1 名警衛遭摔打踐踏而死，4 人受傷，2 頭牛喪命 79（照片 6-12）。這 2 頭野象由附近森林遊蕩至此，不知為何突然抓狂，推倒路牌，攻擊人群、車輛和牛隻，3 小時後才受到控制送回森林 80。

這些新近發生不尋常的動物抓狂事件，雖然還沒有大規模統計研究作理論支撐，卻可能和地磁不穩定有莫大關係。

照片 6-12
2010 年 6 月南印度鬧市遭發狂野象闖入，殺死 1 人、2 牛、傷 4 人。

人心浮躁、行為乖張

　　地磁減弱、變化不止衝擊動物生態，對人類也有巨大的影響。

　　從新聞報導我們可以發現，全球各地的社會人心浮躁、行為乖張，不論是個體或群體的行為近年來不斷出現嚴重的反常現象，暴戾、焦躁、輕浮、混亂等等，不一而足（圖6-2）。

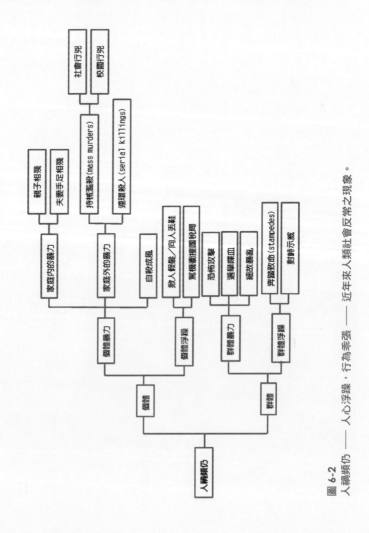

圖6-2　人禍頻仍 ── 人心浮躁，行為乖張 ── 近年來人類社會反常之現象。

令人震驚的親子相殘

俗語說：「虎毒不食子。」人所以異於禽獸，在於人比禽獸更重視父母子女之間的倫理。親子之間或有不和，但動輒相互殘殺，實屬駭人聽聞。以前這種案例，不能說絕無僅有，但甚為罕見，近年來情形則大不相同。各式各樣親子相殘的新聞，層出不窮，而且不分中外。此外，尚有直系親屬之外的個體暴力行為，如夫妻、手足之間因細故而爆發的家庭殺戮。

讓我們依排列組合，約略掃視親子相殘的種類：

1. 子弒父：2007 年 8 月 1 日，花蓮潘姓男子要錢喝酒不成，打死父親 [81]。次日，臺北褚姓男子長期失業，因毆女友遭責罵，掐死父親 [82]。

2. 子弒母：2009 年 6 月 5 日，桃園汪姓男子向母借錢遭拒，勒死母親 [83]。

3. 女弒父：2007 年 11 月 3 日，南投賴姓女子向父要錢未遂，砍死老父 [84]。

4. 女弒母：2008 年 11 月 10 日，南投林姓女子弒母弒父弒婆 [85]。

5. 父殺子：2010 年 1 月 29 日，中國河南李姓男子毒打 2 歲幼兒，以致全身瘀血腦死 [86]。

6. 父殺女：2009 年 10 月 14 日，桃園陳姓角頭殺 5 歲女兒，灌水泥埋屍 [87]。2010 年 9 月 11 日，美國肯塔基州男子嫌煎蛋不夠熟，憤而殺害妻女及鄰居 [88]。

7. 母殺子：2010 年 12 月 22 日，南韓天安市金姓婦女沉迷電玩，殺害哭鬧的 3 歲兒子 [89]。

8. 母殺女：2011 年 3 月 4 日，彰化陳姓婦女患產後憂鬱症，毒殺 3 幼子後自焚 [90]。

9. 孫弒祖：2009 年 2 月 7 日，中國廣東黃姓少女為了缺錢男友，劫財砍殺外婆 [91]。

10. 祖殺孫：2010 年 8 月 23 日，臺北林姓婦人持刀砍殺 11 月

大外孫 [92]。

以上舉證近年來各種親子相殘的悲劇，令人感慨。但更令人震
　　撼的是歐洲多起親生母親連續殺害自己嬰兒的慘事。

11. 母親連續殺嬰：

　　◇法國西北部一名婦女在 2000~2007 年間殺害 6 個親生嬰
　　　兒並藏屍自家地下室 [93]。

　　◇荷蘭一名婦女在 2002~2010 年間殺害 4 個親生嬰兒並藏
　　　屍自家閣樓 [94]。

　　◇德國一名婦女到 2006 年為止殺害 8 個親生嬰兒並埋屍花
　　　園魚池 [95]。

　　◇法國北部一名婦女到 2010 年為止悶死 8 個親生骨肉並藏
　　　屍家中花園 [96]（照片 6-13）。

「殺嬰」(infanticide) 是自古以來便有的現象，有的是因為養
不起嬰兒，有的是因為重男輕女的觀念等。但是上述歐洲諸
國並非窮苦國家，沒有養育嬰兒的經濟問題，也沒有中國農
村重男輕女的社會偏見。因此以上案例被認為是「妊娠拒絕」
(pregnancy denial) 的病態現象，和母親情緒心態有關 [97]。

照片 6-13
法國連續殺嬰母。法國北部村莊維耶歐代特
(Villers-au-Tertre) 婦女多德賀 (Dominique
Cottrez)2010 年 7 月 29 日被捕時承認 20 多
年內連續悶死 8 個親生兒，並將屍體埋於家
中花園及亭下。

此外，同樣令人驚駭的是一連串美國兒童槍殺父親的事件。

12. 兒童槍殺父親：

◇ 2008 年 11 月，亞利桑那州 8 歲兒童射殺父親[98]。

◇ 2009 年 8 月，新墨西哥州 10 歲孩童因嫌管教太嚴，槍殺父親[99]。

◇ 2011 年 5 月，加州 10 歲幼兒槍殺父親，原因不明[100]。

上列案例發生地點廣布各地，透露出 3 項特點：

1. 種類多樣。不止有父母殺子女，也有子女殺父母，還有母親多年來連續殺害初生嬰兒，以及兒童槍殺父親等等。許多親子相殘的案例也牽涉家庭暴力，只不過對象不止是直系親屬，也有手足或夫妻。例如：2009 年 10 月 3 日，臺北王姓男子被控家暴，憤而潑油燒傷妻子和兒子[101]。2009 年 11 月 26 日，美國佛羅里達州沒有前科的 35 歲男子，於感恩節餐後開槍濫射親友，2 位親妹喪命槍下[102]。最不可思議的發生在美國麻州米爾頓市，時間是 2009 年 3 月 29 日，23 歲男子手刃 17 歲妹妹，並當員警面前，砍下 5 歲妹妹的頭[103]。

2. 躁鬱失控。許多案例和精神不安、情緒不穩有關。別人看來是無足輕重的小事——像上述 2010 年 9 月美國肯塔基州男子嫌早餐煎蛋不夠熟，居然引起當事人強烈失控，走向殘殺直系血親極端行為的絕路。這些情形在以前是不可思議的事。讀者若還記得本章之前所引述的科學研究：地球磁場波動會影響人類躁鬱症的發生，對這些案件必然會有所領悟。

3. 頻率上升。根據筆者近年來每日剪報所收集的資料顯示（表 6-1），親子相殘事件似乎愈趨頻繁：2007 年／10 例，2008 年／9 例，2009 年／14 例，2010 年／17 例。

表 6-1 親子相殘── 人心浮躁、行為乖張現象之一（林中斌資料收集／嚴怡君製表 2011.6 104）

	時間（年／月／日）	事件（地點）
1	2000	年輕媽媽癲癇發作將兒放入微波爐（美國維吉尼亞州）
2	2002~2010	荷蘭 25 歲女子 8 年間殺 4 親骨肉（荷蘭尼伊比茲）
3	2004/11/24	精神分裂董女持菜刀割 3 歲兒脖 隔日將 1 歲兒丟下樓（臺北）
4	2005	俄亥俄 31 歲女將 4 週大女兒放微波爐 2 分女嬰慘死（美國俄亥俄州）
5	2005/6	少女帶 2 男回家玩 3P 遭阻悶死奶奶（內蒙古）
6	2006 前	德國婦女殺害 8 名新生兒埋花園魚池（德國奧德河畔法蘭克福）
7	2006/5/19	精神分裂魏姓男子持菜刀砍殺母再殺中風父（高雄）
8	2006/8/24	嘉義市精神分裂呂姓男子持菜刀砍母 68 刀致死（嘉義）
9	2006/9/13	躁鬱症鍾姓男子持刀棍攻擊老父母（高雄）
10	2007	婦女將 2 月大女兒放進汽車旅館微波爐 10 秒（美國德州）
11	2007/2	董姓男子與家人不睦連殺父母手足（中國吉林）
12	2007/4/22	劉錫利背卡債幫父投保後將中風父投入河中（彰化）
13	2007/7	3 歲女童讀錯「檸檬」發音被親父母毆死（中國廣東）
14	2007/7/26	17 歲少年不滿父在外欠債持刀殺父（嘉義）
15	2007/8/1	潘啟史要錢喝酒不成打死父親（花蓮）
16	2007/8/2	褚詠俊長期失業毆女友遭罵掐死父親（臺北）
17	2000/8~2007/9	法國 38 歲狠婦 6 年殺 6 新生嬰（法國西北部）
18	2007/10	30 歲戴姓婦嫌女成績虐打女兒（中國北京）
19	2007/11/3	躁鬱症賴姓女子向父要錢未遂砍死老父（南投）
20	2007/11/3	48 歲賴姓女子要錢不成切父氣管（南投）
21	2008/2/20	38 歲李姓吸毒男當母面刺死父親（臺北）
22	2008/3/24	31 歲林姓男子向父借車遭拒砍殺父親（臺中）
23	2008/5	5 歲男童偷吃鄰家食物被母吊打死（中國四川）
24	2008/5	親母繼父餓死 7 歲女童（英國倫敦）
25	2008/6/16	25 歲母殺 2 歲女兒被判無罪（美國佛羅里達州）
26	2008/11	8 歲男童射殺父親（美國亞利桑那州）
27	2008/11/10	林姓少婦殺婆殺夫弒親母圖詐領高額保金（南投）
28	2008/12	張男向母親要錢未果持刀斬首丟鍋煮（中國陝西）
29	2008/12	父母嫌 10 歲女童八字不好將女虐打致死（中國廣東）
30	2009/2/7	為男友孿女劫殺外婆（中國廣東）
31	2009/4/21	狠父打死 2 歲女（高雄）
32	2009/6/5	29 歲汪姓男子向母借錢遭拒勒死母親（桃園）
33	2009/6/9	疑精神病發幻想張姓男子砍殺父母（臺北）

34	2009/6/19	46 歲田姓女向 74 歲父討錢不成殺死老父砍斷兩把刀（臺北）
35	2009/6/25	產後憂鬱母 51 刀殺 4 月嬰（臺北）
36	2009/7/22	逆子沈弘隆為 3 萬元踹死老父（臺南）
37	2009/8/27	管教太嚴美 10 歲童槍殺爹地（美國新墨西哥州）
38	2009/9/28	范姓少年砍斷父雙手（苗栗）
39	2009/10/3	王姓父親被子控家暴憤潑油燒妻兒（臺北）
40	2009/10/14	角頭殺 5 歲女兒灌水泥埋屍（桃園）
41	2009/10/23	66 歲男子與妻口角掐死老母（臺北）
42	2009/11/13	精神障礙陳姓男子敲死老爸傷胞兄（臺中）
43	2009/11/26	美 35 歲男子感恩節餐後開槍濫射親友（美國佛羅里達州）
44	2010/1/29	狠父毒打童全身淤血腦死（中國河南）
45	2010/2/11	53 歲陳姓婦人吞 30 顆安眠藥後勒斃兒子（彰化）
46	2010/3/19	長期家暴 18 歲曾姓少女夥弟及男友燒死父親（屏東）
47	2010/5/10	38 歲張姓男子桃嘉兩地母親節隔日弒雙親再殺妻兒（桃園、嘉義）
48	2010/6/9	怕越籍前妻搶走父燒死 2 歲獨童（臺北）
49	2010/7	44 歲婦狠殺外遇嬰 5 屍藏家中（美國賓夕法尼亞州）
50	2010/7/22	美 14 歲少年弒母殺妹後自刎（美國紐約史坦頓島）
51	2010/7/29 前	法 46 歲婦悶死 8 親生嬰埋家裡（法國里爾）
52	2010/7/30 前	旅居南韓法婦女殺害 3 嬰（南韓首爾）
53	2010/8/6	46 歲美籍女涉殺害 5 歲女及 3 歲雙胞胎（英國蘇格蘭）
54	2010/8/12	18 歲小媽媽虐殺 1 歲半女嬰（臺東）
55	2010/8/23	乳癌林姓婦人持刀殺 11 月大外孫（臺北）
56	2010/9/11	嫌蛋不夠莽漢殺妻女鄰居（美國肯塔基州）
57	2010/9/14	陳姓男長期失業吵分家產持刀 6 分鐘砍父 118 刀致死（臺北）
58	2010/9/28	27 歲精神分裂陳男砍母 10 刀跳樓身亡（高雄）
59	2010/12/2	加 24 歲華裔男於圖書館十字弓弒父（加拿大多倫多）
60	2010/12/22	韓 27 歲金姓婦女迷電玩殺 3 歲兒（南韓天安市）
61	2011/1/2	黃姓男子回老家酒後對老父動粗（新北市）
62	2011/1/3	曾任海龍蛙兵黃姓男殺兄弒母重創父（屏東）
63	2010/1/7	14 歲謝姓少年向阿公要錢未果砍死 72 歲爺爺（彰化）
64	2011/1/8	21 歲吳姓男嫌父碎念持榔頭搥父（新竹）
65	2011/2/11~13	美 23 歲男子連砍繼父女友女友母親撞死路人（美國紐約）
66	2011/3/4	產後憂鬱症母毒殺 3 幼子後自焚（彰化）
67	2011/3/17	恐怖媽微波爐烤死 6 週大女嬰（美國加州）
68	2011/5/12	10 歲男槍殺父（美國加州）
69	2011/6/20	憂鬱症宋姓男子拿拐杖打死 80 歲老母（高雄）

持械濫殺不斷出現

　　2007 年 4 月 16 日，美國維吉尼亞州立理工大學發生可怕的持槍濫射事件。一位主修英文的 4 年級生卓頌輝（Seung-Hui Cho，音譯），在校園裡殺死 32 人之後自盡。這是美國 200 多年歷史中，無論校園內外，最慘烈的單一槍手濫射案件 105。其實此人在中學時已經顯現焦躁的病態，並曾接受治療——這案例再一度提醒我們之前所說地磁變化和躁鬱症的關連性。

　　近年來，各地持槍濫射和持刀亂砍的案件真是層出不窮，通稱「大屠殺」(mass murders)。有些在社會上行兇，另一些在校園裡施暴，筆者都歸類在家庭以外的個體暴力行為。持械濫殺的趨勢是上升的，這一點連原來懷疑的美國專家也必須承認 106。但是這現象不限於發生在美國，世界各地都有，包括歐洲、日本、中國、臺灣等等（表 6-2）。

表 6-2 持械濫殺——人心浮躁、行為乖張現象之二（林中斌資料收集／嚴怡君製表 2011.7 ）

	時間（年/月/日）	事件（地點）
1	1966/8/1	陸戰隊學生從 28 樓觀景臺向下掃射 15 死 31 傷（美國德州大學奧斯汀分校）
2	1978/11	民主黨加州聯邦眾議員萊恩赴南美調查邪教遭狂熱教徒刺殺（蓋亞那）
3	1984/3/30	蔡姓男子闖入北市螢橋國小潑酸（臺北）
4	1987	27 歲男槍殺 14 人（英國英格蘭）
5	1996	43 歲男進幼稚園槍殺 16 童 1 師（英國蘇格蘭）
6	1999	學校槍擊案師生 5 人受傷（荷蘭阿姆斯特丹附近）
7	1999/4/20	高中生 2 人在校槍殺 13 人傷 23 人後自殺（美國科羅拉多州）
8	2000/1/13	女子何美能手提兩桶硫酸用杓舀起潑學生（臺北）
9	2002/4/26	19 歲生拒考數學開槍殺 17 死（德國埃爾福）
	2002/4/26	德國學生報復被學校開除殺 17 師生後自盡（德國愛福特）
10	2003	簡姓婦人多次向幸安國小學童潑酸與不明液體（臺北）
11	2004	學生射殺老師（荷蘭海牙）
12	2004/9/1	車臣獨派闖入小學 333 人攻堅混戰亡（俄羅斯北奧塞梯亞）
13	2006/3/9	歹徒用空氣槍射擊鋼珠 2 國小學童受傷（桃園）
14	2006/11/20	18 歲高校青年回校射傷 37 學生後自盡（德國艾姆德登）
	2006/11/20	德國 18 歲青年持槍回母校傷 37 人後自殺（德國北萊茵威斯特伐利亞）
15	2007/4/16	大學生趙承熙在校園射殺 32 死 15 傷後自殺（美國維吉尼亞理工大學）
16	2007/10/10	14 歲學生持槍闖校園殺 4 人後自殺（美國俄亥俄州）
17	2007/11/7	中學生射殺 6 同學校長及校護後飲彈自盡（芬蘭赫爾辛基）
18	2007/11/23	患亞斯伯格症詹男持刀在臺大門口砍傷星國商人及美學生（臺北）

19	2008	開車隨機撞再持刀行兇 7 死 10 傷（日本秋葉原）
20	2008/7/30	加國瘋漢飛狗巴士砍人斬首（加拿大艾德蒙頓）
21	2008/9/23	職校生開槍掃射 9 學生 1 職員後自盡（芬蘭柯哈喬基）
	2008/9/23	職校男持槍入校園 10 死（芬蘭柯哈喬基）
22	2009/1/21	中國女留學生遭同胞斷頭（美國維吉尼亞理工學院）
23	2009/1/23	男闖入托兒所屠殺 3 死 14 傷（比利時丹德孟得）
24	2009/3/10	美 27 歲男瘋狂槍擊 11 死（美國阿拉巴馬州）
25	2009/3/10	墨國毒販集團割下 5 人頭棄至公路（墨西哥瓜達拉哈拉）
26	2009/3/10	美槍手開槍掃射 8 人（美國阿拉巴馬州）
27	2009/3/11	17 歲少年著黑色軍裝校園濫射 17 死（德國溫尼頓）
28	2009/3/29	美槍手射殺 2 親兒 3 親人後自盡（美國加州）
29	2009/3/29	美男闖進安養院掃射含槍手親母共 9 死槍手遭警擊斃（美國北卡羅萊納州）
30	2009/4/3	42 歲越南裔男衝入移民中心大屠殺 14 死 4 重傷（美國紐約）
	2009/4/3	移民中心槍擊案（美國紐約州）
31	2009/4/4	失業男設局報警穿防彈衣殺警（美國賓夕法尼亞州）
32	2009/4/30	29 歲男入學院濫射 13 人死 13 人傷（亞塞拜然巴庫）
33	2009/6/10	反猶太 88 歲白人男子在納粹屠殺猶太人紀念館內持槍擊斃警衛（美國華盛頓）
34	2009/8/4	匹茲堡健身房大屠殺男狂射 52 槍 4 死（美國賓夕法尼亞州）
35	2009/8/18 前	17 歲美少女 2 年殺 30 男（巴西聖保羅）
36	2009/9	賴姓少年疑前女友結新歡堵人未果砍傷路過學生（臺北樹林）
37	2009/9/14	嫌音響太吵蔡男 10 幾刀砍死鄰居（高雄）
38	2009/11/5	美醫官大屠殺美陸軍基地 13 死（美國德州）
39	2009/11/6	破產失業男闖前公司濫射 1 死 15 傷（美國佛羅里達州）
40	2009/11/20	中國男塞班島濫射 4 死 6 傷後自戕（美國塞班島）
41	2010/1/7	怪退休金亂搞美工人掃射自轟（美國密蘇里州）
42	2010/2	美生物系助理教授升等不過系會議槍殺 3 同事（美國阿拉巴馬大學）
43	2010/3	美賓州男揚言殺害共和黨維吉尼亞州眾議員（美國賓夕法尼亞州）
44	2010/3/23	福建南平小學校園喋血 8 死 5 傷（中國福建）
45	2010/3/30	黑幫開車濫射 4 死 6 傷（美國華盛頓）
46	2010/4/12	西鎮小學校園喋血 2 死 5 傷（中國廣西）
47	2010/4/28	湛江國小校園喋血 19 傷（中國廣東）
48	20104/29	江蘇泰興幼稚園男闖入砍傷喋血 32 傷（中國江蘇）
49	2010/4/30	村民入小學用鐵鎚打傷 5 學生後引火自焚（中國山東）
50	2010/5/12	南鄭幼稚園喋血 9 死 11 傷（中國陝西）
51	2010/5/12	男砍人後自殺陸幼兒園 10 死 12 傷（中國陝西）
52	2010/3-5	陝西南鄭縣吳姓男子男持菜刀入幼稚園 11 傷 9 死（中國陝西）
53	2010/6/1	保安隊員持槍入法院 3 法官死 3 傷後自殺（中國湖南）
54	2010/6/2	英男持槍瘋狂行兇 12 死 25 傷（英國英格蘭）
55	2010/6/22	日馬自達前員工飛車濫撞工廠 1 死 10 傷（日本廣島）
56	2010/8/23	菲遭革職警官挾港旅行團 7 死 8 傷（菲律賓馬尼拉）
57	2010/8/30	50 歲槍手闖民宅濫射 6 人死後飲彈亡（斯洛伐克步拉提斯拉瓦）
58	2010/9/28	19 歲大二生持槍掃射校園後舉槍自盡（美國德州大學奧斯汀分校）
59	2010/11/12	37 歲男街頭狂殺 1 死 3 傷（臺北）
60	2010/12/17	日 27 歲失業男車站亂砍 14 人受傷（日本茨城）
61	2011/1/8	美槍手射眾議員頭中彈法官喪命（美國亞利桑那州）
62	2011/2/11	情人劫男殺繼父女友母女瘋狂殺人後落網（美國紐約）
63	2011/4/7	24 歲男進小學濫殺後自盡共 11 死 18 傷（巴西里約）
64	2011/4/8	不能休假英水兵槍殺同潛艦同袍（英國南安普敦）
65	2011/4/9	男子於購物中心濫射後自盡 13 傷 5 死（荷蘭萊茵河畔阿爾芬）
66	2011/7/7	美國躁鬱症男槍殺 7 人後飲彈自盡（美國密西根州）

依行兇原因來分，有三大類別：

第一類，有特定怨恨對象及原因。2010 年 1 月 7 日，美國中部聖路易市驚傳職場血案。51 歲工人韓得恩 (Timothy Hendron) 對公司退休金管理極為不滿，帶著 3 枝槍到公司射死 3 人、槍傷 5 人後自盡 108。韓得恩的鄰居聞訊後都感震驚，形容他平日是個「友善、顧家的男人」。

第二類，無明顯怨恨對象或原因。2010 年 12 月 17 日，日本茨城縣取手市 27 歲無業男子齋藤勇太手持菜刀連續跳上 2 輛巴士胡亂砍人，14 名乘客遇襲，所幸傷勢都不嚴重 109。齋藤接受調查時表示，他想結束自己的人生，雖然砍了人但並沒有打算要殺死人。顯然他並無明顯的對象和原因。

第二類裡另一項典型的案件發生在荷蘭。兇手同樣是怨恨對象或原因不明。2011 年 4 月 9 日，阿姆斯特丹萊茵河畔附近的小鎮阿爾芬 (Alphen aan den Rijn)，一名約 25、26 歲的男子闖入購物中心持槍掃射，造成 5 人死亡與至少 13 人受傷，之後飲彈自盡 110。荷蘭槍枝管制嚴格，很難取得擁槍許可，這類槍擊事件在荷蘭算是相當罕見，但在 1999 年後卻仍是發生數次持槍濫射 111。

第三類，因細故殺人。2009 年 9 月 14 日，高雄蔡姓男子因樓下鄰居音響太吵竟持刀侵門踏戶，將人砍死 112。2009 年 4 月 4 日，美國匹茲堡失業男子因愛犬在屋內小便與母親爭吵，母親報警要將他逐出家門，於是他穿著防彈衣持槍等員警登門，發動槍戰射死 3 名警員 113。

屬於家庭以外的個體暴力，還有冷血連環殺人和自殺蔚為風氣的現象。

2009 年 8 月，巴西聖保羅有位 17 歲女子向警方供稱，2 年來她為了「金錢、報仇和正義」，用同一把刀殺了 30 位成年男子 114（照片 6-14）。她笑著說（顯然並無悔意）之所以在

18 歲前承認，是想避免以成人身分受審。一般來說，女子連環殺人事件極為稀少 115，這件案子牽連受害人之多益顯罕見，也凸顯了近年來連環殺人愈趨嚴重的趨勢 116。

 ## 自殺蔚為風氣

2010 年，中國深圳富士康工廠員工接二連三跳樓自殺，似乎蔚為風氣。至 5 月底，已有 12 人跳樓，1 人割腕 117。

2010 年 8 月，南韓教育科學技術部指出，該國青少年自殺人數從 2008 年到 2009 年暴增了 47%118。該部部長甚至批評許多知名藝人自殺引起青少年相繼模仿。

2010 年 9 月，美國也有類似自殺成風的事件。19 天內，由東岸到西岸，在不同城市，有 4 位 13~18 歲少年自殺 119。

近年來，公眾人物自殺此起彼落，似乎也屢見不鮮。

2007 年 5 月 28 日，日本農林水產大臣松岡利勝因弊案纏身上吊自殺，是日本憲法下第一位任內自殺大臣 120。

2 年後，2009 年 5 月 23 日，南韓前總統盧武鉉因收賄醜聞跳崖自殺 121。

照片 6-14
照片中背對鏡頭的 17 歲少女在警察局承認 2 年來連續殺害 30 名成年男子。

次日，法國聖西普里安 (Saint-Cyprien) 市的前市長布耶 (Jacques Bouille)，也因為面臨 500 萬歐元的貪汙審判，在獄中用浴衣的腰帶上吊自殺，送醫後不治身亡 [122]。而再 2 年後，2011 年 5 月 23 日，南韓 30 歲主播宋智善因情傷跳樓身亡 [123]。

以上 4 項案例都巧合的發生在 5 月。正如之前討論過的，每年 3~5 月正是地球磁場最不穩定的時段，某些人退黑激素的分泌會降低，進而影響到情緒的穩定。

根據 2006 年世界衛生組織的統計，過去 45 年以來，全球的自殺率增加了 60%[124]。

日本向來自殺率便很高，是美國的 2 倍。但不知為何，自殺率從 1997 年到 1998 年躍升到 35% 之後，便居高不下。到 2011 年中，日本已經連續 13 年每年自殺超過 3 萬人 [125]，平均每 15 分鐘便有一人自殺 [126]。日本多數自殺的原因跟失業和生活困難有關，但從 2005 年之後，自殺原因最多的便是由於躁鬱沮喪 [127]，而後者和地磁波動不能說沒有關係。

 # 個體浮躁

以上所觀察到的是近年來各種單一人士所表現的暴力行為。此外，單一人士還有一些浮躁的行為，雖不屬於以上的類別，卻是以往未曾見過的。

2008 年 12 月 14 日，美國總統布希到伊拉克首都巴格達訪問，與伊拉克總理馬理奇舉行聯合記者會。突然，有一位記者站起來向 6 公尺以外的布希連續丟出自己的皮鞋（照片 6-15），並罵他為狗。雖然沒丟中，場面卻非常尷尬。

巧的是，同一天，在地球另一端的臺灣，也發生公眾人物在電視機前遭人用不尋常的方式羞辱的事件。當時在監察院前，立法委員邱毅遭到政治立場相反人士從後方扯掉假髮，暴露不為人見的禿頂，其錯愕不已的表情立刻被媒體不斷播送 128。

更巧的是，一年之後，2009 年 12 月初，當初丟鞋而聲名大噪的記者在被關一年後於巴黎演講，也遭另一位立場相反的阿拉伯籍記者丟鞋 129。

2010 年 2 月，美國德州一位擁有 1 座別墅、2 架私人飛機的工程師，竟然因為對國稅局不滿，於放火燒掉自己別墅後，駕機撞國稅局大樓，導致 1 名國稅局官員喪生，13 人受傷，自己則命喪當場 130。

以上只是比較突出的特例。它們可代表近年來我們日常生活中，不少前所未見的個體浮躁行為。

照片 6-15
美國總統布希在巴格達遭鞋襲連續照片。

群體暴力

近十數年來，全球各地恐怖攻擊、選舉喋血、各式暴動的事件層出不窮。而這些群體暴力的行為進入 21 世紀後更為頻繁。

據統計，1998~2006 年間，全球每年因恐怖攻擊而死亡的人數增加了 45 倍 131。最著名的莫過於 2001 年 9 月 11 日，美國紐約雙子星大樓遭自殺飛機撞毀，造成超過 3,000 人死亡。這是人類歷史上前所未見的恐怖攻擊。2008 年 10 月 30 日，在同一天，印度、阿富汗和西班牙都發生反政府炸彈爆炸事件。印度東北部阿薩姆省一小時內有 12 次爆炸，造成 56 人死亡 132。印度傳統文化崇尚和平，但是印度境內恐怖攻擊近年來卻變本加屬。單單在孟買一地，2002~2008 年間便至少有 9 次恐怖攻擊發生 133。其中最令人矚目的是 1126 事件：2008 年 11 月 26 日，孟買同時有 10 處遭恐怖分子襲擊（照片 6-16），死亡高達 195 人 134。

除了恐怖攻擊之外，人類在追求民主的過程中，竟然也不斷帶來血腥和暴力。2008 年 1 月在肯亞（死 800 人）（照片 6-17）135、同年 2 月在巴基斯坦（死 25 人）136、2009 年 4 月在印度（死 16 人）137、同年 6 月在伊朗 138，都發生了因選舉引起的流血悲劇。

2006 年 2 月在非洲奈及利亞，竟因為一幅漫畫引起暴動，燒毀了 11 座教堂，死了 16 人 139；前一月，在利比亞才因此漫畫暴動而導致 1 人死亡。該漫畫描述了伊斯蘭教先知穆罕默德，令教徒覺得受到汙衊，而這幅漫畫是約半年前（2005 年 9 月），遠在丹麥報紙刊登的。顯然時間和空間的距離並未淡化這幅漫畫對人心的衝擊 140。針對此次事件，文化的隔閡與衝突當然是原因，但是人心潛在的焦躁不安則是前所未見的，因此我們並不能排除地磁變化的因素。

2009 年 11 月，埃及和阿爾及利亞的一場足球賽引爆了 2 國數年來因足球賽所種下的仇怨，外交關係因此緊張 141。沒想到暴亂從埃及開羅燃燒到蘇丹首都喀土木和法國的巴黎及馬賽 142（照片 6-18）。恩怨原來就有，但是反應的強烈卻是前所未見。

　　以上這些現象，在過去是不可思議的，但是它們卻在近來不斷的發生。除了因為人口爆炸、資訊通達、文明衝突等社會因素之外，地球磁場變化所引起人心的不安是不容忽視的因素。

照片 6-16
2008 年 11 月印度孟買恐怖攻擊現場。

照片 6-17
2008 年 1 月肯亞選舉引發暴力衝突，800 人死亡。

照片 6-18
2009 年 11 月埃及、阿爾及利亞足球暴亂延燒至法國巴黎。

群體浮躁

　　灰塵蓋日，群牛狂奔，擋路者死，這就是驚奔狂踏(stampedes)，指一群動物，像牧牛、野馬或人潮突然狂奔，但卻原因不明、目的不知、方向不定。近年來，世界各國人群因驚恐而踐踏致命的事件似乎愈來愈多。

　　根據維基百科粗略的統計，全球引起喪命的奔踏事件，在 20 世紀最後 10 年有 9 次；而在 21 世紀的頭 10 年就有 30 次 143。從另一角度來看，在 20 世紀，印度因廟會而奔踏致命的事件只有 1994 年 11 月 23 日這一次；進入 21 世紀，頭 10 年就有 5 次 —— 分別發生在 2005 年、2008 年 2 次（照片 6-19）、2010 年和 2011 年，顯而易見頻率是愈來愈高了。

　　一般奔踏事件通常發生在群眾狂熱的流行音樂會、足球賽，或是印度、麥加聖城的宗教慶典時，但是近年來發生一些奔踏致命事件（表 6-3），往往出人意料，如感恩節拍賣和貴族學校下課等。

照片 6-19
2008 年 9 月印度廟會奔踏死亡至少 125 人。

表 6-3 奔踏致命 —— 人心浮躁、行為乖張現象之三 （林中斌資料收集／嚴怡君製表 2011.7 144）

	時間（年/月/日）	事件（地點）
1	2006/2/4	墨國 RBD 樂團辦簽名會歌迷向前人踩人 3 死 38 傷（巴西聖保羅）
2	2008/6	足球場暴動事件 8 死（西非賴比瑞亞）
3	2008/8	印度教神廟踏死 145 人（北印度山上）
4	2008/9	足球場暴動事件 11 死（剛果）
5	2008/9/30	印度教神廟慶典約 12~20 萬人聚集踩死 147 人（印度拉加甚省）
6	2008/11/28	沃爾瑪百貨感恩節後 2,000 人湧入踩死 1 雇員 4 傷（美國紐約）
7	2009/3/30	爭看世足資格賽球迷搶入場 19 死 130 傷（西非象牙海岸）
8	2009/12/7	湖南貴族私立中學下課推擠 8 死 26 傷（中國湖南省）
9	2010/3/4	印度 5,000 名村民為免費餐前往聚會所門倒塌踩死逾 60 人（印度烏塔普拉第師省）
10	2010/7/24	德國 LoveParade 電子音樂節 140 萬樂迷入場推擠 10 死 55 傷（德國杜伊師布爾格）
11	2010/11/22	柬國送水節 200 多萬人湧入吊橋踐踏近 400 死 750 傷（柬埔寨金邊）
12	2011/1/14	印度教 15 萬朝聖者推擠 102 死 44 傷（印度喀拉拉邦）

　　2008 年 11 月 28 日，美國紐約沃爾瑪 (Walmart) 百貨店舉行感恩節後大拍賣，居然發生人潮擠破門而壓死 1 名店員的慘劇 145。為何富有而守秩序的美國社會會發生像貧窮落後國家人民的行為？要找簡單的解釋恐怕不易。

　　2009 年 12 月，中國湖南一家貴族中學下課時出現學生在樓梯間推擠而壓死 8 人的意外 146。為何平常管教嚴謹、行為中規中矩的貴族學校學生會恐慌推擠？

　　除了奔踏事件愈發頻繁之外，近年來群體的浮躁也表現在各地出現更多對峙示威的事件上。

　　泰國的紅衫軍和黃衫軍的對峙，就是最好的例子。泰國屬佛教社會一向和平，但是在 2008 年後，民主社會嚴重分裂，紅衫軍和黃衫軍對峙，連僧侶都參加。雙方各不相讓，造成衝突流血甚至有人死亡。2009 年在曼谷舉行的東南亞國家聯盟峰會還因交通、治安癱瘓而取消（照片 6-20），重創國家形象、旅遊經濟，造成收入萎縮 147。

照片 6-20
2009 年 4 月泰國紅衫軍癱瘓東盟峰會。

地磁強弱影響政權更迭

地球磁場最強的地方是俄羅斯北部、加拿大北部、澳洲以南接近南極洲的海域（圖 6-3）；地球磁場次強的地方有北歐、中國北部、美國等。地球磁場最弱的地方是巴西，次弱的地方是中南美洲其他地區、非洲。

在地磁強的地方，人性沉穩不喜歡改變，政權更替比較慢，政變少。
在地磁弱的地方，人性浮動喜歡改變，政權更替比較快，政變多。
全球的磁場持續弱化已有 2,000 年，而最近 150 來加速弱化。它的影響是全球人心浮躁，人類的行為乖張異於往常。

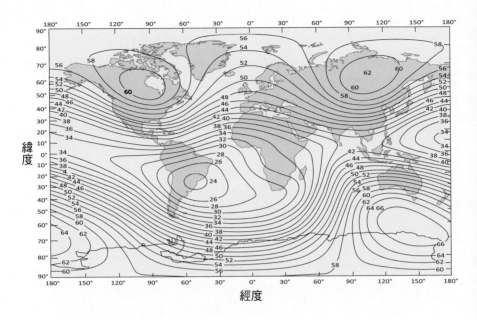

圖 6-3
全球磁場分布圖 (2007)。全球地磁最強之處各在加拿大、西伯利亞、澳洲以南。全球地磁最弱之處則在巴西。此圖以「微特斯拉」(micro tesla) 為磁力單位。

　　群體的浮躁似乎使得群眾示威更容易發生。2010 年底，中東爆發茉莉花革命，一年後尚未落幕。為何一向保守而逆來順受的伊斯蘭教人民會勇敢起來挑戰權威？是臉書 (Facebook) 的科技？是 30 歲以下族群比例的上升？或許都有可能，但是不能排除的是全球磁變帶來人心浮躁的影響。

 結論

　　以透過上述的研究觀察與新聞事件，可以歸納出以下幾項結論：

■動物對地磁有所感應。科學家已發現各大類動物中都有對地球磁場感應的實例，包括：細菌、昆蟲、軟體動物、甲殼動物、脊椎動物等。動物對地磁方向的感應主要表現在移動方式上，而這也是科學家所容易觀察得到的。但人對於地磁雖然也有感應，但是多數人的感應是不自覺的，連自己都可能不完全知曉，科學家並不容易觀察得到。

■太陽活動對地磁會產生影響。科學家發現當太陽的磁爆帶動地球的磁爆時，部分人類身心可能會受影響。附帶值得再提的是：太陽活動對地球生物的影響在俄羅斯以外是新興的領域。「太陽生物學」在 1990 年前蘇聯崩解後，才開始受到世界其他各國的重視，華文地區對此領域仍然大致陌生。

■地磁變化對人類身心健康有影響。地磁變化已證明會影響人體內「退黑激素」分泌的多寡，而「退黑激素」對人類身心影響甚鉅。因此地球磁場強度過高或過低都會明顯衝擊部分人類的身體和情緒的健康。這些影響至少包括：心臟狀況、躁鬱症、自殺率等。其他如偏頭痛、傳染病的感染等也有可能。此外，全球磁場的強弱分布似乎與當地人性和政權更迭頻率有關。

■地磁變化對人類以外的動物可能有影響。長程遷徙的動物可能會因地磁變化而迷途，一些溫馴的動物也可能會因地磁變化而突然發狂。

■地磁變化對世界近年來人禍頻仍的影響雖未被廣為接受，但不能排除也不能忽視。近年來，全球各地人心浮躁、行為乖張的反常現象似乎更為頻繁，其中「親子相殘」的現象最為反常而且頻率不斷升高。其他如「持械濫殺」、「群體暴力」、「奔踏致命」等現象也愈來愈常出現。對此，除了人口爆炸、貧富不均、資訊發達等社會因素以外，不能排除地磁變化的因素。

第 **7** 章
來自天上的原因：
主角太陽

2011 年 3 月 11 日，日本本州東北部外海發生 9 級大地震。它引發高達 8 公尺的海嘯，2 萬多人死亡[1]。

巧的是在 3 月 9 日，不過 2 天之前，發生極強烈的太陽閃焰，達 X1.5 級[2]。

2011 年 2 月 15 日，即日本大地震前一個月，太陽也曾爆發 X2 級的太陽閃焰。7 天之後，6.3 級的地震侵襲紐西蘭基督城 (Christchurch)，近 200 人死亡。

更早，在 2010 年 8 月 1 日，發生 C3 級的太陽閃焰[3]，2 天後，巴布亞紐幾內亞出現 6.4 級和 7.0 級的 2 次地震[4]；3 天後阿拉斯加阿留申群島也有 6.4 級的地震[5]。

太陽磁爆會引起地震嗎？

〈我的太陽〉(O Sole Mio) 是一首義大利民謠，傾訴無盡愛慕之情，用太陽比擬可愛的對象，不限於地中海的國家，也適用全人類；〈你是我的陽光〉(You Are My Sunshine) 是幾乎無人不曉的美國流行曲，可愛的太陽是生命的來源、希望的象徵。

但是，太陽不止可愛，它更可敬，甚至可畏！

它孕育滋潤地球萬物，主導地球氣候冷暖。但是當它發威時，地球上自然和人為世界都為之顫抖戰慄。

可愛可敬可畏的太陽

太陽的巨大和威力超過一般人的認知和想像。如果太陽是個 20 公斤的大西瓜，圍繞它運行的 8 大行星加起來的重量不過是 2 顆櫻桃，地球重量只是 1 粒西瓜子的 $1/3^6$！而地球的體積比起這個西瓜，幾乎只是 1 粒芝麻（照片 7-1、照片 7-2）。

這個超大西瓜還不斷的發光發熱，高溫高壓不停觸發氫彈連續的爆炸。

包住西瓜皮外的氣層，不斷有帶負電的電子和帶正電的質子，夾帶電磁流向外噴發[7]，叫做「太陽風」(solar wind)。它的速度很快，從 1 秒 175 公里到 900 公里都有，颳得所有彗星的尾巴都擺向太陽的相反方向。（關於太陽活動基本現象的中英名稱對照及簡單定義，請見表 7-1、表 7-2）

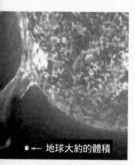

照片 7-1
太陽閃焰。

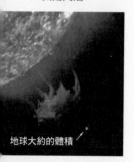

照片 7-2
日冕物質拋射。圖中箭頭所指的小球是地球大約的體積。

表 7-1 太陽活動基本現象　　　　　（林中斌 2011.7 製表 8）

發生區域	發生時間及特性	簡單定義
1 sunspot	太陽黑子	1. 太陽表面如地球大小的黑點。 2. 由強烈磁力活動造成。 3. 溫度較周圍低。
2 solar flare	太陽閃焰／ 太陽磁爆／ 日冕噴發／ 太陽耀斑／ 日焰／日輝	1. 太陽表面突然閃亮，釋放巨大的能量。 2. 其中包括電子、中子、原子、輻射波（伽瑪射線）。 3. 通常發生在太陽黑子群附近。
3 CME (corona mass ejection)	日冕物質拋射／太陽磁爆	1. 太陽表面突然爆出 10 億噸的電漿火球，高速拋向太空。 2. 電漿包括能量和物質（電子、中子、氦、氧、甚至鐵）。 3. 如果朝地球方向拋射，通常在 1-4 天後到達。 4. 會引起地球磁場波動和地磁風暴。 5. 一般在太陽黑子群附近「太陽閃焰」 　 之後發生（但也有例外）。
4 solar storm	太陽磁爆／ 太陽風暴	1. 通俗用語。包括「太陽閃焰」及「日冕物質拋射」。 2. 有時還附帶其後果——無線電斷訊 (radio blackouts)、 　 輻射風暴 (radiation storms)、地磁風暴 (geomagnetic storms) 　 ——的意涵。
5 solar cycle	太陽活動週期	1. 通常指大約每 11 年一次太陽黑子數目增減的週期。 2. 此週期也對應每 11 年太陽磁極南北翻轉一次的週期。 3. 每 22 年，太陽磁極又回到原位。
6 solar maximum	太陽極大期／ 太陽峰年	1. 太陽活動週期中太陽黑子數目增加的年分。 2. 此時太陽磁場扭曲最多，每天太陽黑子數目 　 可增至 50~200 多個。
7 solar minimum	太陽極小期／ 太陽谷年	1. 太陽活動週期中太陽黑子數目減少的年分。 2. 有時連續多日都沒有太陽黑子。
8 solar wind	太陽風	從太陽大氣層外沿，連續不斷以超音速拋出高溫的電子 （帶負電）和質子（帶正電）電漿及電磁流。
9 space weather	太空氣象／ 空間天氣	1. 「近地太空」的環境變化，包括：無線電斷訊、 　 輻射風暴、地磁風暴。 2. 「近地太空」是指太陽大氣層到地球大氣層之間的空間。

表 7-2 太空氣象 (space weather)：太陽發射到地球的物質、能量及其影響
（林中斌 2011.8 製表 11 ）

太陽活動種類			發射物質和能量種類	引起太空氣象之物質或能量	所造成之太空氣象	到達地球所需時間	受影響之設備或出現之現象
起點：太陽 — 持續進行	發光		光子			8 分鐘	日照
	太陽風		能量粒子（電子、質子、帶電原子）、電磁流	能量粒子、電磁流	以下 3 種太空氣象遇到太陽閃焰和日冕物質拋射時更強	15 分鐘~4 天	以下項目皆有
不定時發生	太陽磁爆	太陽閃焰	紫外線、X 光、能量粒子	X 光	無線電斷訊	8 分鐘	無線電通訊、飛航系統、衛星
		日冕物質拋射	能量粒子、電磁雲	能量粒子	輻射風暴	15 分鐘~24 小時	衛星、太空人、無線電通訊
				電磁雲	地磁風暴	1~4 天	電力公司、無線電通訊、GPS、極光

（左側標註：起點：太陽；右側標註：終點：地球）

　　太陽表面不時出現如地球般大小的黑點，叫做「太陽黑子」(sunspot)。它是由強烈的電磁活動造成，溫度（約攝氏 3,000 度）比周圍（約攝氏 5,500 度）稍低，所以顏色較暗（照片 7-3）。

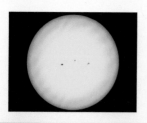

照片 7-3
太陽黑子。左圖為含黑子之太陽（攝於 2004 年 6 月 22 日），右圖為歐洲古時占星術和天文學代表太陽所用的符號，竟然與中國「日」字古體相同。

Solar Flare

此英文字曾被翻譯為「日冕噴發」、「太陽耀斑」、「日焰」、「日輝」，皆如專業術語般艱深難懂，遠不如原來英文淺顯明白。英文原字用於日常生活，指閃亮的霓紅燈、炫麗的服飾等。如忠於英文原意，此詞應翻譯為「太陽閃焰」，以便讀者見文生義。

在太陽表面黑子群附近，不時會噴發巨大的火焰，其威力如百萬顆原子彈爆炸，叫做「太陽閃焰」(solar flare)（圖7-1），是俗稱的「太陽磁爆」(solar storm) 其中一種（另外一種是下文將介紹的「日冕物質拋射」）。「太陽閃焰」的強度由下往上用英文字母訂為 A、B、C、M、X9 的等級，每級中又以阿拉伯數字 1 到 9 的刻度來分別強弱。

對地球上的觀察者來說，「太陽閃焰」只是視覺上的訊息，在發生後 8 分鐘就看到了。而跟隨它躍出的「孿生弟弟」才會對地球造成威力十足的衝擊。

「太陽閃焰」之後，巨大的電漿火球，重 10 億噸——帶電磁的粒子混雜了 X 光和各種致命的放射線——以每秒 1,000 公里的速度拋向太空，叫做「日冕物質拋射」(corona mass ejection) 10。並非所有的電漿火球都射向地球，但飛向地球的「日冕物質拋射」，快則十幾小時，慢則 3、4 天就能抵達地球。其速度取決於拋射物的性質以及爆炸威力的大小（照片 7-2、表 7-2）。

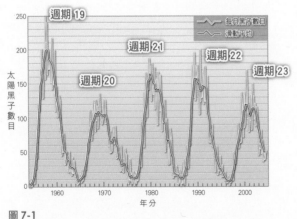

圖 7-1
太陽活動週期。垂直軸表示黑子數目，水平軸表示時間，由 1954~2004 年 8 月。藍色是各月黑子數目，紅色是滾動平均值。

太陽黑子的出現有時多到一天超過 200 個，有時少到許多天都不見蹤影 12。科學家發現太陽黑子數目的增減頗有規律，平均以 11 年為週期（但也有短至 9 年，長至 14 年的特例）（圖 7-1）。從 1755 年開始，科學界開始對「太陽活動週期」(solar cycle) 編號。我們剛離開太陽活動「週期 23」(Cycle 23)——自 1996 年 4 月開始，2000 年達到高峰，2008 年 12 月結束 13。而現在已進入太陽活動「週期 24」(Cycle 24)——2009 年 1 月開始，預期 2013 年 5 月到達高峰 14，2020 年結束 15（圖 7-2）。

圖 7-2
太陽活動週期 23/24 和黑子數目變化。水平軸表示年分，由左方 2000 年 1 月向右進行到 2019 年 1 月。垂直軸表示太陽黑子數目。左半圖所標示 ○ 是每月黑子數目，最右邊的 ○ 是 2011 年 6 月的太陽黑子數目。藍線表示上下跳動黑子數目的滾動平均值。紅線則是「週期 24」的未來預測趨勢。

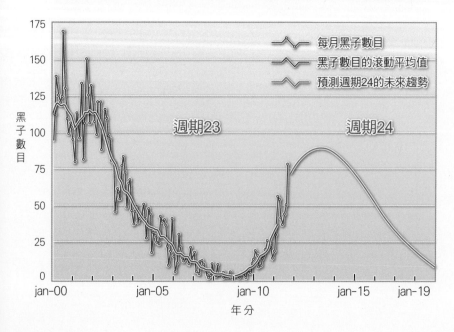

在太陽活動週期中，太陽黑子數目增多的年分叫做「太陽極大期」或「太陽峰年」(solar maximum)。此時太陽磁場扭曲最厲害，每天太陽黑子數目可增至 50~200 多個。而一般來說，「太陽極大期」中太陽磁爆次數也比較多。

相反的，在太陽活動週期中，太陽黑子數目減少的年分叫做「太陽極小期」或「太陽谷年」(solar minimum)。一般來說，太陽極小期中太陽磁爆次數比較少，但偶爾也會發生非常強烈的太陽磁爆。這裡要說明的是，太陽極小期黑子數目雖少，但太陽風持續向地球發送的能量，一年累積下來並不亞於太陽極大期一年內太陽磁爆發送到地球的能量 16（圖 7-3）。

圖 7-3
太陽風的威力。圖中黃色圓為太陽，黃色彩帶為太陽風，藍色為地球，其周圍為自地球南北極發出之磁力線。雖然在 2008 年太陽極小期太陽黑子是 75 年以來最少，但是太陽仍然不斷像灑水橡皮管般藉由太陽風，向地球發送能量粒子和電磁流。那年太陽向地球發射的總能量超過上一次太陽極小期 (1996 年)。太陽風強度在 2009 年秋下降。以上是美國吉布森 (S. E. Gibson) 博士及其團隊在 2009 年發表的研究發現。2008 年，太陽黑子活動雖然明顯下降，但太陽風仍向地球放送大量能量，可能和 2009 年、2010 年地球高溫有關。

太陽磁爆引發地磁風暴

　　強烈的太陽閃焰會直接造成地球上「無線電斷訊」以及發生「輻射風暴」。前者影響飛航系統，後者影響到衛星和太空人的安全（參見表 7-2）。而伴隨強烈太陽閃焰之後的日冕物質拋射也會引起「輻射風暴」，之外還有「地磁風暴」。後者會衝擊到各種地面、空中的通訊（如 GPS）、交通設施，損壞供電系統，但也引發燦爛的極光。太陽磁爆下的無線電斷訊、輻射風暴、地磁風暴通稱「太空氣象」(space weather)[17]。其中以地磁風暴最令人談之色變。

　　自從人類知道地磁風暴以來，最嚴重的事件有 3 次：

1. 卡林頓事件(Carrington Event)，1859 年 8 月 28 日至 9 月 4 日。

　　1859 年 9 月 2 日午夜剛過，在美國落磯山的露營者被北極光「亮醒」。因為連書上小字都看得清楚，有些人堅信天已大亮，開始做起早餐[18]。這段時間，燦爛的極光出現在北美洲、南美洲、歐洲、亞洲、澳洲，甚至極光罕至的夏威夷、加勒比海都看得到。同時，全球電信中斷，美國從東岸至西岸發生大停電，各地指南針搖擺不定。妙的是，有聰明的電報員，拔掉電池，用極光充電發電報[19]！這次太陽磁爆所引起的的地磁風暴是有史以來最強的紀錄：負 1760 耐米特斯拉 (-1760nT)[20]，故被稱為「1859 超級太陽磁爆」(The 1859 Solar Superstorm)[21]。又因為是英國業餘天文學家卡林頓勳爵 (Lord Richard Christopher Carrington, 1826–1875) 發現這次太陽閃焰（圖 7-4），因此事件也以他為名[22]。

2. 魁北克大斷電(Quebec Power Outage)，1989 年 3 月 13 日。

　　3 月 13 日在加拿大魁北克省仍然是寒冬。這次的強烈地磁風暴使該省供電系統超載，燒壞 7 個「靜止補償器」(static compensators)，造成全國斷電 9 小時，600 萬人無暖氣而挨凍，損失高達 60 億美元 [23]。同時瑞典也有 6 座高壓電纜受損。這次地磁風暴強度為負 640 耐米特斯拉 (-640nT)[24]。

3.萬聖節事件(Halloween Event)，2003年10月31日至11月1日。

正好是西洋人過萬聖節的時候，負 760 耐米特斯拉 (-760nT)[25] 的強烈地磁風暴不止使瑞典斷電，還影響到飛航路線（圖 7-5），並且損壞日本價值 6.4 億美元的 ADEOS-2 衛星 [26]。從

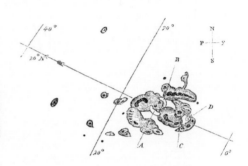

圖 7-4
圖為卡林頓勳爵於 1859 年 9 月 1 日所繪製的太陽黑子圖。由於在這一天卡林頓發現史上最大的太陽磁爆，事件於是以他為名。北極發出之磁力線。雖然在 2008 年太陽極小期太陽。

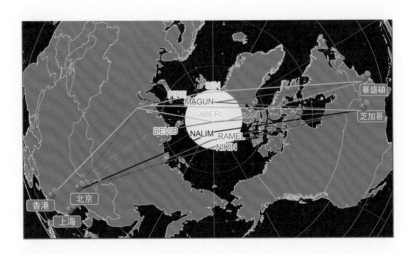

圖 7-5
圖為聯合航空公司的北極航線。中間圓圈是北緯 82 度。經此圈內之航線無法靠衛星通訊，而必須改用高頻率無線電。但是太陽磁爆發出之中子又會引起無線電斷訊，因此北極航線必須向南改道。

1998 年開始的飛越北極航班首次改道 27，每班損失 1 萬 ~10 萬美元。如果強行飛過，不止旅客會因而暴露在高強度輻射線下，飛機通訊還有中斷的風險。此外，也造成由美國提供的 GPS 服務中斷 30 小時 28。

2010 年 6 月，美國太空總署 (NASA) 科學家菲舍 (Richard Fisher) 公開警告：「2013 年太陽活動達到顛峰時，像閃電一樣突如其來的太陽磁爆，可能癱瘓全球所有依賴電子和電力的設備——交通、醫院、銀行等等。整體損失可能是 2005 年卡翠納颶風的 20 倍！而卡翠納造成的損失是 1,250 億美元 29。」

卡林頓事件會再上演嗎？美國政府非常重視這個警告。國會於 2008 年責成「國家研究理事會」(National Research Council) 密切關注「嚴重太空氣象事件」，並出版研究報告《嚴重太空氣象事件》30 之外，2010 年國土安全部 (United States Department of Homeland Security, DHS) 也要求研究單位詳加注意「地磁風暴」31。

最弱的太陽活動週期？

2006 年，美國國家大氣研究中心 (National Center for Atmospheric Research, NCAR) 科學家狄帕遜 (Mausumi Dikpati) 預期太陽活動「週期 24」將從 2007~2008 年開始，2012 年進入高峰期，並且比「週期 23」強上 30~50%32。也就是說，屆時太陽黑子將更活躍，太陽閃焰將更強烈，兩者數目都會增加。結果，「週期 24」遲至 2009 年 1 月才開始，使「週期 23」成為 1823 年以來最長的太陽活動週期，長達 12 年又 7 個月，遠超過平均的 11 年週期長度 33。此外，它也是 75 年以來黑子活動最弱的週期 34。

意外不止如此。根據 2009 年 4 月美國國家海洋暨大氣總署的報告，「週期24」遠比預期的還弱，可能是1928年以來最弱的太陽活動週期 35（圖7-6）。

更令人驚訝的是2011年6月美國國家太陽天文臺 (National Solar Observatory)「太陽天氣網」(Solar Synoptic Network) 副主任希爾 (Frank Hill) 所發表的進一步觀察 36。他認為「週期24」的確比預期的弱，但還算是正常週期，之後便不然了。「週期25」可能遲遲不會出現，因為太陽黑子將進入「冬眠」。這將是17世紀以來首次發生的現象。

如果未來太陽活動下降，2個問題馬上出現：

1. 嚴重的太陽磁爆是否因此不會發生？

2. 小冰河期會來臨嗎？

美國國家海洋和大氣總署科學家畢賽克 (Doug Biesecker) 在2009年就說過：「太陽黑子愈多，太陽磁爆愈可能發生。但是任何時間都可能發生嚴重的太陽磁爆。有紀錄以來最強的太

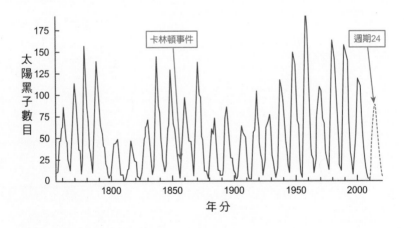

圖 7-6

太陽活動週期及黑子數目增減圖。水平軸表示時間，由左端1750年向右移動至2020年。垂直軸為當時黑子數目。藍色線表示以前之週期中黑子數目之升降，紅色線則為「週期24」之預測。

陽磁爆發生在 1859 年（即卡林頓事件），當時太陽週期強度低於平均值 37。」（圖 7-7）

也正因為如此，英、美政府都不敢掉以輕心。美國總統科技顧問何德仁 (John Holdren) 及英國首相首席科學顧問貝丁頓 (John Beddington)2011 年 3 月在《紐約時報》聯名呼籲各國積極因應即將來臨的嚴重太陽磁爆 38。他們在同年 1 月早已促使 2 國太空觀測機構簽訂合作協定，並在 2 月召開了全球會議，

圖 7-7
太陽黑子強度持續下降。垂直軸表示太陽黑子強度，以高斯 (gauss) 為單位。水平表示年分。太陽黑子磁力強度若低於 1,500 高斯則將消失。目前太陽黑子強度每年下降 50 高斯，預計到 2020 年後，黑子數目將極少，甚至消失。

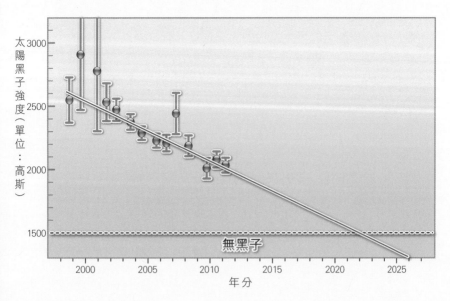

由科學家、政府官員、企業界共同參與，研討如何因應太陽磁爆，會中獲得若干共識，如：備份 GPS、設置衛星保護膜、電力網停損點等。

「週期 23」特別長，「週期 24」比預期弱，「週期 25」的太陽黑子可能消失。太陽活動的確已進入異常時期了，以往廣被人們接受的看法可能不再適用。

小冰河期會來臨嗎？

1645~1715 年，太陽黑子數目戲劇化的下降──其中有 30 年，觀察家只看到 50 個太陽黑子 42（圖 7-8），這 70 年間叫做「蒙德極小期」(Maunder Minimum)，剛好是 15~18 世紀 300 年「小冰河期」(little ice age / mini-ice age) 中最冷的一段 43。那時海上的冰變厚，陸上冰河擴增，河川長年結冰不化。

1790~1830 年，太陽黑子數目雖然沒有「蒙德極小期」那樣少卻也低於平均值，叫做「道爾頓極小期」(Dalton

Minimum)。其中 20 年溫度猛降了攝氏 2 度 [44]（20 世紀 100 年平均溫度上升 0.6 度已引起全球緊張），1816 年甚至被稱為「無夏日之年」(The Year Without a Summer)[45]。

前面提到美國國家太陽天文臺科學家於 2011 年 6 月預測「週期 24」之後太陽黑子將進入冬眠。至於黑子減少後地球溫度下降是否就會進入小冰河期，目前有三派看法，其中兩派基本立場取決於暖化成因。一派認為暖化來自人為活動，稱為「人為主因派」；另一派主張暖化由太陽活動所造成，叫做「太陽主因派」。第三派「太陽與人為共因派」雖然尚未對小冰河期來臨發表意見，卻極值得重視。

圖 7-8
400 年來太陽黑子之增減。水平軸為西元年代，垂直軸為太陽黑子數目。× 號為 1749 年之前太陽黑子數目零星之觀察。藍色曲線為根據 1749 年後有系統對太陽黑子數目之記載後取每月平均值所連成之軌跡。值得注意的是，「蒙德極小期」太陽黑子非常少，「道爾極小期」太陽黑子雖然多些仍然相當少，1900~2010 年的「現代極大期」太陽黑子數目相對增加，其間在 1950 和 1990 年代達到兩個高峰。太陽黑子數目多的年代，陽光照射增加，地球表面溫度恰好增加；而太陽黑子數目少的年代，陽光照射減少，地球表面溫度恰好降低。於是有科學家認為太陽黑子少和小冰河期有關，太陽黑子多和全球暖化有關。

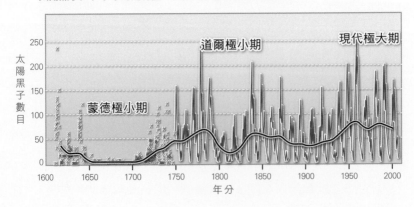

1. 人為主因派：此派人士認為既然全球暖化主要是人類使用化石燃料（石油、煤、天然氣）所造成，即使太陽活動下降，但人為燒碳若沒減少，全球溫度下降仍有限，不會有小冰河期來臨。例如美國海軍研究室 (US Naval Research Laboratory) 的里恩 (Judith Lean) 就認為，近來太陽活動週期對地表溫度影響不過增減攝氏 0.1 度，之前 2000~2008 年人為活動使大氣溫度增加，之後太陽活動減少使大氣溫度降低，兩者互相抵銷，所以黑子冬眠結果對大氣溫度沒有太大影響 [46]。

   更早在 2010 年 3 月，德國波茨坦氣候影響研究所科學家富內 (Georg Feulner) 和拉姆斯朵夫 (Stefan Rahmstorf) 則認為，太陽活動減少所造成的溫度下降不足以抵銷人為引起的溫室效應，所以到 2100 年溫度降低不會超過攝氏 0.3 度 [47]。

2. 太陽主因派：此派專家咸認為全球暖化主要是太陽活動造成的，當太陽活動下降，全球溫度自然下降，「蒙德極小期」就是個先例。20 世紀太陽黑子異常活躍，被科學家稱為「現代極大期」(Modern Maximum)（圖 7-8），尤其是從 1940 年以來，太陽黑子的平均數字是過去 1,000 年以來最高的，而且還是長期平均數字的 2.5 倍 [48]。但相對的，若太陽黑子活動上升，地球溫度同時也會隨之上升 [49]。

   俄羅斯聖彼得堡普科福 (Pulkovo) 天文臺太空研究主任阿布都珊曼托夫 (Habibullo Abdussamatov)（照片 7-4）在 2007 年宣稱，全球暖化是上世紀太陽持續強烈輻射所造成的 [50]。他甚至說太陽強烈照射也是火星暖化的原因 [51]。的確，2007 年科學界已發現火星暖化的速度比地球還快 4 倍 [52]（照片 7-5）。

   不止火星，太陽系其他星球同時也有暖化現象，包括木星（照片 7-6）、冥王星、海王星及其月亮「海衛一」(Triton)[53]。

照片 7-4
阿布都珊曼托夫根據過去天文觀察，於 2007 年預言小冰河期將來臨，引起巨大爭議。

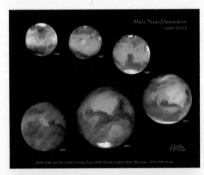

照片 7-5
從 1995 年~2005 年的 6 張哈伯太空望遠鏡拍攝的火星照片，顯示火星南北極地冰層在快速融化。

照片 7-6
木星的南半球在 1998~2000 年出現「小紅點」(Red Spot Jr.)，表示那個區域溫度上升。美國加州柏克萊大學教授佩特（Imke de Pater）表示，木星現在進行全球轉變，不同區域可能有華氏 10 度（攝氏 5 度左右）的變化。赤道會繼續暖化，南北極可能會變冷。

他說，這些暖化現象都應該來自同一個原因：百年來太陽特別亢奮的活動。

到了 2011 年，阿布都珊曼托夫更指出，自從 1990 年代以來太陽黑子活動加速下降，因此 2014 年開始地球將會變冷，進入小冰河期，而 2055~2060 年地球將達到最低溫度 54。

但他的說法引起以美國為主的科學家群起激烈批判。他們強調，火星暖化是因為運行軌道搖擺 (wobbling)，最近比較接近太陽。而其他太陽系各星球暖化也都有其特殊原因，不可一概而論 55。

無獨有偶的是，荷蘭天文學家、前烏特來西特天文臺(Utrecht Observatory) 主任雅各 (Cornelis de Jager) 教授於 2010 年 6 月已發表類似的看法 56。根據太陽磁場長期變化的週期，他認為太陽兩大磁場在 2009 年都通過所謂「相位圖」(phase diagram) 中的「轉換點」(transition point)，正如 1924 年發生的情形。那一年，太陽活動進入「長年極大期」(Grand Maximum)，開啟過去近百年太陽活躍的階段（即圖 7-8 中的「現代極大期」）。2009 年之後，另一個太陽長週期開始，應該是一個「長年極小期」(Grand Minimum)，時間不會短於一世紀，有點類似「蒙德極小期」。他進一步說，「蒙德極小期」準確起迄時間應該是 1620~1720 年，而不是一般所說的 1645~1715 年，1620 年也剛好是「蒙德極小期」太陽兩大磁場都通過「相位圖」中的「轉換點」的時候 57。

值得重視的是到 2011 年 6 月為止，已有跨越 3 種不同科學傳承的太空學者，從 5 種不同角度得到同樣小冰河期將來臨的觀測：俄羅斯的阿布都珊曼托夫 (2007)、荷蘭的雅各 (2010)、美國的希爾及同儕科學家 (2011)。

3. 太陽與人為共因派：2003 年，英國哈德黎氣候預測和研究

中心 (Hadley Centre for Climate Prediction and Research) 科學家斯多特 (Peter Stott) 和同仁研究 20 世紀太陽照射和地球溫度的關係之後發表了成果，他們認為一般的分析方法低估了太陽對地球溫度的影響，指出 20 世紀上半葉，太陽影響多於人為燒碳的溫室效應；但是下半世紀，人為燒碳的溫室效應多於太陽影響 [58]。

2004 年，德國馬克斯普朗克太陽研究院 (Max Planck Institute for Solar System Research) 的索蘭基 (Sami K. Solanki) 和舒司勒 (Manfred Schüssler)2 位教授也發表類似的看法 [59]。他們檢驗過去 150 年太陽活動和照射地球的亮度變化，發現前 120 年和地球溫度升降關係密切，但最後 30 年則不然。地表溫度急遽上升，而太陽照射地球的亮度（雖然 1940 年以後便是過去千年以來最高亮度）並未明顯再升高，表示最近全球暖化應為世人大量燒碳引發溫室效應所造成。

本派的共識是：地球近年來溫度上升是太陽活動和人類燒碳共同造成。但 20 世紀前半太陽作用大於人為活動，而後半人為活動影響更為突出，在太陽活動引起的地球溫暖化之上變本加利。本派科學家雖然並未探討未來趨勢，他們的看法卻意味著以下的可能：雖然太陽活動在 20 世紀最後 20 年已漸漸下降，但其冷化的效果一時尚未達到全面而明顯的程度。如果未來太陽活動持續下降，小冰河期將來臨。

 ## 溫度下降二氧化碳繼續升高？

在一般人認知裡，地球大氣中二氧化碳濃度上升造成了溫室效應，使得大氣溫度跟著上升。但科學界早已發現其互動關係並不如此簡單。

照片 7-7
斯多特教授研究海底沉積物中浮游類和底棲類的有孔蟲化石。他採取化石殼中氧的同位素來決定當時海水的溫度，發現 1.9 萬年前小冰河期結束時，南極深海海水先暖化，而後海面海水暖化，1,000 年後暖化遍及全球，1,300 年後大氣中二氧化碳濃度才增加。

照片 7-8
有孔蟲為遍布全球海中之生物，通常小於 1 公釐（此圖實際寬為 5.5 公釐），現存及化石種類極多，超過 27 萬種。科學家常採集標本以判定岩石年代、古代氣候，甚至找尋石油等，是非常有用的研究工具。

　　2007 年，美國南加州大學地球科學教授斯多特 (Lowell Stott) 發表重要研究 [60]（照片 7-7、照片 7-8）。他仔細比對海底沉積物裡的有孔蟲 (foraminifera) 化石所含的同位素發現，上個冰河時期在 1.9 萬年前結束後，南極深海的海水先開始暖化，大氣二氧化碳濃度則是再等 1,300 年後才開始上升。

　　更早之前的研究也支持上述說法。1999 年 6 月，法國冰河及環境地球物理研究室 (Laboratoire de Glaciologie et Géophysique de l'Environnement) 主任培逖 (Jean Robert Petit) 率領 18 位學者，發表法、美、俄 3 國合作在南極洲海拔 3,500 公尺高地鑽探冰層 10 年的成果論文 [61]，內容分析了過去 42 萬

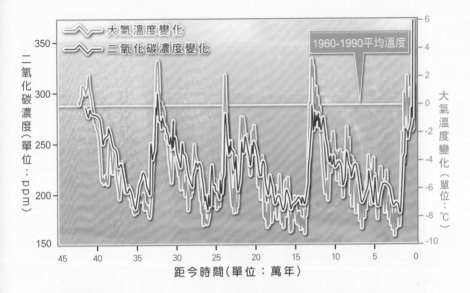

圖 7-9
圖為 1999 年 19 位科學家所發布在南極沃斯托克 (Vostock) 高地鑽探冰層 10 年的成果。他們分析冰，發現過去 42 萬年以來大氣溫度和二氧化碳濃度的變化起伏很類似，但二氧化碳濃度變化落後溫度變化約 1,000 年左右。上圖藍色曲線表示溫度變化，以 1960~1990 平均溫度為基準線。紅色曲線代表二氧化碳濃度之變化，以百萬分之一作單位。水平軸代表時間，由 42 萬年前至右即鑽探當時。

年大氣溫度和二氧化碳濃度的變化（圖 7-9）。

　　他們發現冰河期結束時，暖化最早是從海水開始，約 1,000 年之後，大氣中的二氧化碳濃度才上升。這是因為海水變暖時，二氧化碳溶解度降低，於是海水釋放出二氧化碳，而二氧化碳進入大氣後加速大氣的暖化──所以二氧化碳既是暖化之因，又是暖化之果！而後來斯多特的發現正好強化了這次南極冰芯研究的結果：即二氧化碳的上升落後於溫度的變化。可惜的是這個結果一般人至今尚不熟悉。

至於當時的暖化現象是如何啟動呢？有一種說法是因為地球繞著太陽運行到某個位置接受了更多陽光照射，使得南極海水暖化 62。若依此解釋，南極海水暖化應從海面開始，而非從深海開始。

但暖化從海面開始的推論卻與 8 年後斯多特教授有孔蟲研究的結果（暖化從南極深海開始）有了矛盾。按照南極深海先暖化的論點，意味暖化肇始自地殼之下，即地幔岩漿熱能通過地殼裂隙傳達到深海海水。

在南極冰芯計畫前後，北半球的格陵蘭也有鑽探冰芯的研究在進行。科學家於是比較兩地冰芯，發現暖化通常從南極開始，約 1,000 年後才影響到北極 63。

至於冰河期開始，溫度下降後，大氣中二氧化碳濃度隨後才下降 64，所以大氣溫度不論升降都領先二氧化碳濃度升降。這個現象叫做「二氧化碳後至」(CO_2 lag)65，今日已廣為科學界接受。

培遜博士特別強調，最近 1.1 萬年，地球是過去 42 萬年以來最暖的時候 66。而過去 150 年以來，由於人類工業和農牧業活動，使得大氣的二氧化碳和甲烷濃度比過去 42 萬年最高濃度還要各增加 30% 和 300%67——過去 42 萬年，大氣中二氧化碳濃度在 180~280 ppm（百萬分之一）徘徊，1999 年已升到 360 ppm68；到 2011 年 7 月，更超過 390 ppm69（圖 7-10）。顯然今日二氧化碳濃度上升遠超過自然界過去 42 萬年來可達到的上限，這是人為燒碳引起的應無疑義。

但是，過去 42 萬年來，二氧化碳濃度上升並未領先地球溫度上升；而二氧化碳濃度下降也未領先地球溫度下降。

圖 7-10
大氣二氧化碳濃度的變化。空氣中二氧化碳濃度 40 萬年來不斷變化,但是在
1850 年工業革命開始以後便持續上升,在 1980 年之後增長尤其快速。圖中橫
軸由左邊 40 萬年前至右邊 0 為公元 1950 年,更右邊為 2000 年。垂直軸為空氣
中二氧化碳濃度,以百萬分之一為單位。橫切全圖的紅色斷續線表示過去 65 萬
年以來,大氣二氧化碳濃度從未高過的限度,即 **300ppm**。而 2000 年後已超過
380ppm,凸顯最近數十年二氧化碳濃度戲劇化的攀高。

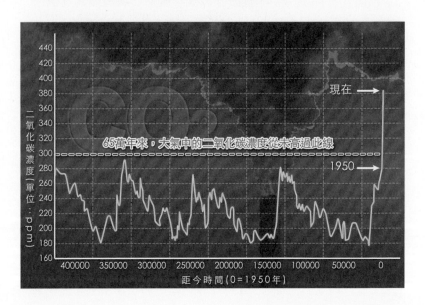

小結

綜合以上的資料,可以得到 5 項觀察:

■在自然循環裡,太陽先行影響地球大氣溫度升降,大氣二氧
化碳濃度隨後起伏。

■近 30 年來全球加速暖化,有太陽因素的基礎和人為因素的
強化作用。1850 年後,人類大量排放溫室氣體,1980 年後
暖化效應更明顯;但同時太陽活動開始下降。

■全球暖化可能在太陽活動及人為燒碳外另有來源。推測是地幔下岩漿活動通過海底裂隙燒熱深海海水，再傳播到大氣，進而導致全球暖化。

■即使小冰河期來臨，如果人類不減少排放溫室氣體，大氣中二氧化碳濃度仍會繼續升高，甚至遠超過以往數十萬年之上限，威脅全球生靈。

■太陽活動的確影響地球溫度升降，但效果卻是延後出現。有人質問為何最近太陽黑子活動降低，而 2000~2009 年大氣溫度卻是人類有紀錄以來最高 70 ？答案很簡單，那是因為忽略「延後效應」和「太陽風」的作用（圖 7-3）。

 ## 日本大地震前的太陽磁爆

前面曾列舉了阿留申群島的 6.4 級地震、巴布亞紐幾內亞的 6.4 級和 7.0 級地震、紐西蘭基督城的 6.3 級地震、日本本州東北部外海的 9 級大地震等，前後都出現強烈的太陽閃焰。不禁讓人懷疑：太陽磁爆會引起地震嗎（表 7-3）？

這疑問於是成為一項熱門的議題。雖然科學界目前尚沒有取得共識，然而不乏地球物理學者對此開始嚴肅探索。

最常見的反對理由是：每年 6 級以上的地震有 130 次，平

表 7-3 太陽磁爆與地震		（林中斌 2011.7 製表 71 ）		
「太陽閃焰」 日期 (強度)	「日冕物質拋射」 抵達地球日期	地震		
		日期	地點	強度
2010.8.1(C3.2)	2010.8.3	2010.8.3	巴布亞紐幾內亞	6.4、7.0(2 地震)
		2010.8.4	阿拉斯加阿留申群島	6.4
2011.2.15(X2)	2011.2.18	2011.2.22	紐西蘭基督城	6.3
2011.3.9(X1.5)	2011.3.10	2011.3.11	日本本州	9.0

均 3 天就會出現一次。任何一次太陽磁爆都可以在 3~5 天後，找到一次對應的地震 72。這個說法看來很有道理，但是如果我們把太陽磁爆和地震的強度納入研究中，又把大規模統計結果納入長時間的觀察中，又會如何呢？

1967 年，任職美國固特異航空公司以及美國阿克倫大學的地質學者辛普森 (John F. Simpson) 發表過論文，指出太陽活動是引發地震的機制 73。他說太陽活動扮演觸發 (trigger) 地震重要但並非唯一的角色，地震最頻繁的時候也是太陽活動波動大的時候。太陽磁爆襲擊地球後所引發地球表面的電流才是真正觸發地震的機制。

顯然，辛普森的研究並未受到美國學術界重視，後繼無人，直到 35 年後，才被人貼在網路上流傳。2011 年中，他的研究已被美國太空總署引述在網站上，但仍不為美國學術界普遍接受。

反而東方科學家出現了呼應。任職北京天文臺的中國科學學院教授張桂清 1998 年在《中國地震學報》發表研究成果 74。他發現在太陽活動少的時候，地震頻率反而高；而這時候的地震頻率又和整個太陽 11 年週期中太陽黑子最高的數目有關。也就是說，太陽活動強弱和地震次數多少有關係，但不是馬上見到影響，而需要等上幾年。

2007 年，印度太空部科學家詹恩 (R. Jain) 在美國地球物理學會 (American Geophysical Union, AGU) 發表他所收集從 1991 年 1 月到 2007 年 1 月共 682 次 4 級以上地震的數據，並和 B 級以上的太陽閃焰比較 75，發現每一次地震之前 10~100 小時一定有一次太陽閃焰，但是每一次太陽閃焰之後 10~100 小時，不一定有 4 級以上的地震。而太陽閃焰愈強，之後地震發生的時間就愈快。

同年，俄羅斯科學院教授奧丁索夫 (S. D. Odintsov) 率領保加利亞科學院科學家也發表太陽活動和地震關係的研究 76。他們發現在太陽黑子活動起伏的 11 年週期裡，高峰後第 2 年，地球上地震的能量釋放得最多。也就是說，這時候地震的次數和強度總體而言最多、最大。他們也發現當「太陽風」颳向地球的速度加快時，地震的數目也變多。總而言之，太陽活動和地球地震發生有明顯關連。

骨牌效應多於齒輪帶動

2008 年，奧地利因斯布魯克 (Innsbruck) 的國際科學院副院長哈里洛夫 (Elchin N. Khalilov)（照片 7-9）和羅蒙諾索夫莫斯科國立大學 (Lomonosov Moscow State University) 教授哈恩 (V. E. Khain) 率領保加利亞科學院學者發表一篇重要論文：「關於太陽活動可能對地震及火山的影響：長期預測」77。

他們發現太陽活動和地球上地震及火山活動的確有關連（圖 7-11）。在太陽黑子活動 11 年起伏的週期中，當太陽活躍的時候，地球上板塊活動的壓縮區 (compression zone) 裡，地震和火山活動會增加；而當太陽比較不活躍的期間，在地球上板塊活動的舒解區 (release zone) 裡，地震和火山活動會減

照片 7-9
哈里洛夫是一位蜚聲國際的學者，專研地球動力、地震、板塊活動，是知名國際的地震及火山預測專家。2006 年擔任北約「國際防震建築科技計畫」主任。2007 年當選奧地利因斯布魯克國際科學院副院長和俄羅斯科學院院士。2009 年成立「全球地質環境改變國際委員會」，有 30 多國家參與。

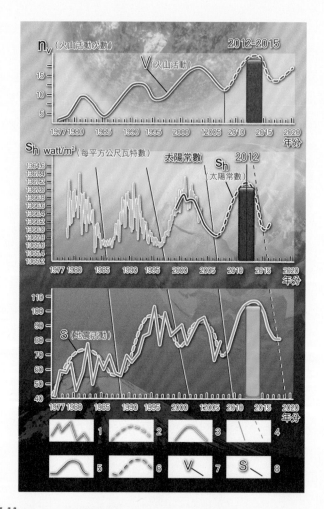

圖 7-11
太陽、地震、火山的活動關係。最上圖是太陽活動週期，中圖是地球板塊壓縮區火山活動週期，最下圖是地球板塊壓縮區地震活動週期。雖然三圖中週期的時間前後有所延宕，但三者週期曲線出奇的類似。此圖也預測 2012 年左右太陽活動高峰比以前週期高峰更高，雖然也可能不會發生，但是無損其 2008 年之前觀察歸納的價值。

少。根據這個研究團隊認為有規律的週期，他們甚至預測到了
2018 年——下一次壓縮區地震和火山活動大幅增加的時候是

2012~2015 年！

地球上板塊活動的壓縮區也就是全球地震最頻繁的「火環」(the ring of fire)：從印尼沿太平洋西邊向北經菲律賓、日本、阿留申群島，向東南到美國加州、南美西側安地斯山脈，向東至義大利、土耳其、伊朗、印度北面。這些地點的分布沿地球繞一圈成為環狀，因此叫「火環」。而地球板塊活動的舒解區主要指大洋中的裂縫。

到目前為止，至少有其他 3 篇科學論文比較了太陽閃焰和地震，但只是點出兩者之間有許多類似之處，尚未明確指出太陽閃焰會引發地震。

之前在 2006 年，以義大利拿波里斯大學 (University of Naples) 阿坎傑理斯 (L. de Arcangelis) 為首的 4 位科學家，比較 1992~2002 年美國南加州地震和太陽閃焰 [78] 的資料，發現兩者在發生的時間、強度的大小、群集發生的傾向、「餘震」的現象等非常類似。關鍵詞叫做「普遍性」(universality)。可以說太陽閃焰相當於太陽上的地震。他們甚至婉轉的說：「驅動兩者的機制可能是同一個來源 (the same driving physical mechanism)。」

2010 年，希臘雅典國家天文臺科學家巴拉希思 (Georgios Balasis) 率領的團隊也發表對太陽閃焰、地磁風暴和地震的研究 [79]。他們發現三者之間發生的型態非常類似，甚至建議可以把這項觀察應用在預測「太空氣象」和地震上。

是否所有研究同樣題目的科學家都同意以上 3 組研究團隊的看法呢？似乎不完全是。但時到如今，持異議的人已成為少數了。

例如：在 2007 年，以法國巴黎地球物理研究所 (Institut de Physique du Globe de Paris) 教授科索波可夫 (Vladimir

Kossobokov) 為首的 3 位科學家，同樣針對太陽閃焰和地震發生型態進行研究 [80]。但他們卻認為兩者之間有相同，但也有不同。所呈現的是「複雜性」(complexity)[81]（圖 7-12）。

其實，「複雜性」的看法已經被後來科學家所強調的「普遍性」所涵蓋了。在圖 7-13，我們可以看到，太陽閃焰週期先行，火山活動週期隨後，地震週期更之後。

也就是說，太陽活動（包括太陽閃焰）和地球上的地震以及火山活動之間所呈現的是「骨牌效應」，而不是如齒輪般的「立即帶動」。用「立即帶動」觀念來看檢驗現象資料的人，一定反對太陽閃焰和地震、火山活動有關係的說法。

另一個角度則認為「觸發」(triggering) 比「造成」(causing) 一詞，更適合描述太陽活動對地震、火山活動的影響——太陽活動是觸發地震以及火山活動的原因之一，而且是不可忽視的原因。

為何這個問題有如此多的爭議？

大家要知道，我們接觸最多的資料或研究成果往往來自美國，但是美國學界對於太陽對地球影響的研究顯然落後俄羅斯、亞塞拜然、保加利亞、希臘、義大利、法國、印度、中國等。（筆者前面說過，前蘇聯是研究太陽對地球影響的開路先鋒，此學術領域在 1990 年前蘇聯解體後才加速向外傳播。）

但有沒有可能是美國太空總署比美國非官方學術界更重視太陽對地球影響，只是從未公開表示呢 [82]？

以上所提的研究告訴我們，太陽活動觸發地震及火山活動的時間差有短期的 10~100 小時和長期的 2~5 年。2011 年 3 月太陽強烈磁爆和隨後的日本大地震相差 2 天，屬於前者。而大規模統計資料所呈現的關係（如圖 7-10、圖 7-12）屬於後者。

至於太陽活動如何觸發地震及火山活動呢？最可能的是，太

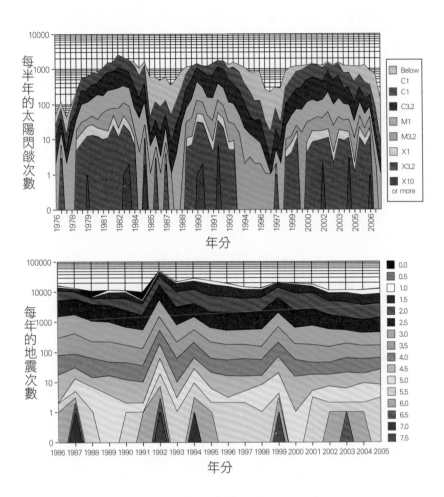

圖 7-12
太陽閃焰與地震。上圖為每半年太陽閃焰的次數 (1976-2006)，下圖為每年地震的次數 (1986-2005)。兩圖起迄時間不同，但是起伏不無關連之處。每 11 年，太陽活動由高峰到低谷，而地震次數和強度也有約 11 年起伏的週期。只是兩組週期並非同步。兩圖中，高強度的太陽閃焰和地震都在下方以紅色或暖色系列表示，低強度的太陽閃焰和地震都在上方以藍紫色或冷色系列表示。

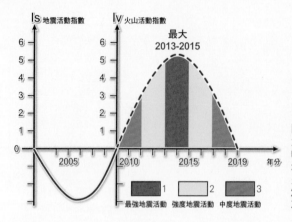

圖 7-13
太陽對地震和火山的影響。哈里洛夫教授根據太陽對地球之影響，預言地震、火山活動頻率與規模將於2011年上升至2015年後再逐漸下降。

陽活動引發地球磁場波動，再觸發地震及火山活動。在 2008 年和 2009 年，由中國地震局地震預測研究所丁鑒海為首的一組中國地震科學家發表 40 年來觀察的結果，發現在地球磁場波動下會產生一種少見的的異常現象叫「低點位移」，「低點位移」出現後 27 天或 41 天前後 4 天就會發生強震。這套模式適用於 2008 年高達 8 級的汶川大地震，和其後 6 級以上的餘震[83]、2008 年 3 月 21 日新疆于田 7.3 級地震、2001 年 11 月 14 日崑崙山口西 8.1 級地震等 108 次強震[84]。

筆者先前曾討論過地球磁場持續弱化和地震、火山活動近年來增加的問題，但這兩者之間是否有關連？科學界目前雖尚無共識，但是誰也無法否認太陽的變化導致地磁弱化，而地磁弱化又導致了地震和火山活動增加的可能性！

太陽和地球災變的關係

綜合以上的檢視和討論，可得到以下的觀察：

■太陽活動對地球的影響巨大而多樣。影響方式有持續的、有突然的、有明顯的，也有不明顯的；影響效應有快速的、也有延緩的。

■太陽磁爆突然發生，對人類社會的衝擊隨科技進步更趨嚴重。但即使太陽活動降低，並不保證強烈太陽磁爆不會發生。

■太陽風持續放送到地球之能量，雖然在太陽極小期——偶發的太陽磁爆減少時——仍然非常可觀。

■過去 1,000 年太陽活動高於以往，20 世紀太陽活動又高於過去數百年。太陽活動是近來全球暖化最基本的原因。

■愈來愈多自然跡象和人為研究指出：未來近百年太陽活動將降低，大氣溫度也將下降。

■未來地球大氣溫度即使下降，大氣二氧化碳濃度依然會升高。原因有二：一是在自然循環中，大氣二氧化碳升降落後於大氣溫度升降約數百年至上千年。二是人類活動持續提高大氣二氧化碳濃度，已遠超過以往 42 萬年紀錄。如果人類不能儘速找到無汙染的替代能源，大氣二氧化碳濃度將無法停止上升。

■大氣二氧化碳濃度持續攀高，是全球生靈面臨最大的生存危機。其威脅超過南北極的融冰問題。

■太陽對氣候作用有延後效應，用「骨牌效應」比喻較「齒輪帶動」恰當，有如太陽對地震和火山活動的可能影響。

■太陽活動是否觸發地球地震及火山活動？科學界仍有爭議，但肯定性的研究結果數目在增加中。肯定性的研究指出太陽活動觸發地震及火山活動可能有快、慢兩種情況：快的只要 10~100 小時，慢的則要 2~5 年。

■各地研究太陽對地球的影響，以俄羅斯領先，東歐巴爾幹半島次之，西歐、印度、中國更次之，美國民間科學界再次之（但我們不能排除美國官方機構隱密進行的可能）。

第 **8** 章
來自天外的原因：
銀河及其他

2009 年 6 月，全球最先進的國家 —— 美國首都華府發生地鐵追撞，造成 9 死 76 傷的慘劇 1，成為華府地鐵從 1975 年開始營運以來最嚴重的事故。據調查，駕駛事發當時的確有緊急煞車，但事後卻被歸為「電子控制異常」事件而原因不明 2（照片 8-1）。

稍早之前在 2009 年 2 月，英、法兩國攜帶大量核子彈頭的核子潛艇，居然在大西洋底相撞 3。英國軍事專家表示此事極不尋常，而且「不可思議」4。次月，美國核子

照片 8-1
2009 年 6 月華府地鐵追撞，造成 9 人死亡。這次事故是自 1975 年地鐵行駛以來最嚴重的事件，但原因不明。

潛艇在波斯灣外和本國兩棲登陸運輸艦相撞 5……

　　在科技如此發達的時代，全球最先進的軍事大國居然掉入如此操作笨拙的窘境，不禁令人懷疑是否以前可靠的電子機件因某種外來因素干擾而導致失常！

燦爛星空，穹蒼無際。

在無光害的夜晚，倒臥空曠草原，仰觀太虛，那種深遠忘我的感覺，對任何人都是熟悉的。這可追溯至百萬年前我們的遠祖露宿野地，入夢前所看到的景象，至今仍沉澱在人類集體記憶的底層。

然而人類近年來對宇宙的的探索突飛猛進，知識快速累積。星空景象雖依然，觀感卻已大不相同。

本章承接先前的論述，進一步延伸到整個太陽系及銀河之外，探討來自宇宙的因素對地球災變的影響。最後附加討論「不明來源的災變」，作為本書最後一章總覽各式災變之準備。

地球磁氣圈破大洞

地球周圍有個大氣泡般的保護膜，稱之為「磁氣圈」(magnetosphere)，是由環繞地球的磁力線所形成。關於地球磁力線，之前我們曾討論過：它從南極發出，繞過赤道上空，在北極重新進入地心。從太陽颳來的太陽風，帶了許多對地球生物有害的帶電粒子以及電磁流，大部分太陽風粒子和電磁流碰到地球的磁氣圈後，會改變方向繞過地球。但有些仍會從地球南北磁極上方漏斗狀的通道進入地球（圖 8-1）。

2007 年 2 月，美國太空總署發射了 5 艘「正義女神」(Themis)太空船探測地球的磁氣圈[6]。那年 6 月 3 日，5 艘太空船很意外的同時穿過磁氣圈的「大洞」，發現大量帶電粒子像瀑布般飛進磁氣圈（圖 8-2）。美國新罕布夏大學太空物理學家雷德 (Jimmy Raeder) 稱述該現象是「洪水決堤」[7]，數量之大（每秒 1027 顆帶電粒子），令他非常意外[8]。

後來研究人員發現，磁氣圈的破洞共有 2 處，分別在北半

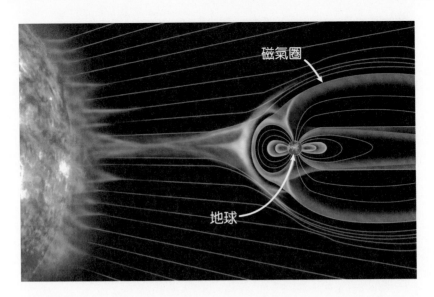

圖 8-1

地球磁氣圈。地球磁力線從南北磁極放出，形成磁氣圈保護地球，減少太陽風之衝擊。左邊紅色火球代表太陽。此圖為了闡明磁氣圈之觀念，誇大地球之體積及兩者間之距離，並略去兩者間其他之行星。

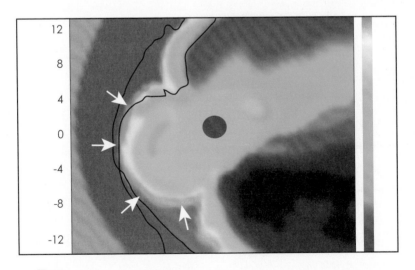

圖 8-2

地球磁氣圈破洞。這是用電腦所模擬 2007 年 6 月 3 日「正義女神」太空船發現的狀況。紅色代表濃度最高的太陽風，藍色球代表地球，白色箭頭所指是磁氣圈被太陽風吹開的破洞。

球和南半球高緯度上方[9]。根據雷德同事李文輝（音譯）研判，破洞的寬度是地球直徑的 4 倍，長度是地球直徑的 7 倍，比原來所知的任何破洞大上 10 倍[10]。這種破洞將使得更多太陽風吹進地球磁氣圈，帶來更多帶電粒子，一旦太陽磁爆襲擊地球時，衝擊恐難以想像[11]。

磁氣圈破洞的發現引發兩方面不同的意見：一是破洞原來就有，只是科學家現在才觀察到。二是地球磁場變弱，磁氣圈已不能像以往一般抵禦太陽風之侵襲。而針對後者我們之前已討論過：地球磁場 2,000 年以來持續減弱，近 150 年愈趨明顯，最近 20 年尤其不穩定[12]。如此看來，地球磁場變弱造成破洞的可能性極大。

太陽圈縮小

就像地球周圍有磁氣圈的保護，太陽周圍也有個橢圓形大氣泡般的保護膜，稱為「太陽圈」(Heliosphere)。它是由太陽風所造成，短軸有 300 光年，長軸則有 1,000 光年[13]，太陽本身和太陽系所有的行星都包括在太陽圈內（圖 8-3）。「太陽圈」能保護太陽系抵禦外來之宇宙射線[14]。

至於太陽圈之外，則是星際間的介質 (interstellar medium)，有來自其他星體的強風、宇宙射線、帶電以及不帶電的粒子和電磁雲等[15]。

在發現地球磁氣圈破洞之後，到了 2008 年 9 月，太空探測船再發現太陽圈在過去 10~15 年間弱化 25%[16]，不僅如此，太陽風強度、太陽磁場強度都下降到過去 50 年來最弱的狀態。美國西南研究所 (Southwest Research Institute) 太空科學家麥克馬斯 (David J. McComas) 博士更認為這種弱化狀態持續的時間也是科學家仔細觀察太陽活動以來最久的紀錄 17。

2010 年 9 月，新的太空探測資料顯示，太陽圈比 6 個月前又再縮小，而縮小程度也令科學家頗為意外 18。不少科學家認為 2009 年宇宙射線深入穿透太陽系內部的分量達到前所未見的程度，也許和 2009 年是太陽極小期有關。但是以往太陽極

光年

1 光年是光旅行 1 年的距離，約為 10 兆公里（9.46x1013 公里），等於太陽到地球來回旅行 3.3 萬次的距離。光從太陽到地球才不過 8 分鐘。

圖 8-3
太陽圈是由太陽發放的帶電粒子碰撞到星際來的粒子，將後者 90% 彈回後所形成保護太陽系的橢圓形氣泡，形狀如風向袋。

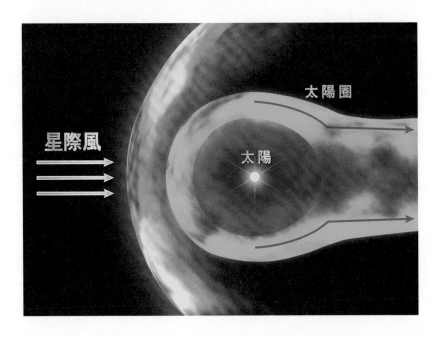

小期時，宇宙射線進入太陽系仍有一定的分量，而這次遠超過以前的紀錄 19。

因此自從 2008 年以來，太空科學家就憂心忡忡，因為太陽圈變弱，宇宙射線進入太陽系增加，可能會影響地球人體免疫系統 20。如果人類受影響，其他地球生靈如何能例外？甚至地球生態系統有無受影響？這些問題也許尚無確切答案，但是值得提出讓科學家探討。

伴隨太陽圈的弱化縮小，地球磁氣圈破洞，太陽系整體近來可說已出現異常現象。筆者在前一章曾提過，不止地球有暖化現象，火星、木星、冥王星、海王星及其月亮都有暖化現象。此外，水星、天王星和海王星亮度增加，海王星磁場強度也增加，木星磁場甚至增強超過一倍 21。這些現象不正告訴我們太陽系已不同往常了嗎？

面對這種種現象，最有可能的解釋是：太陽系在天體運行軌道上逐漸進入「特別」的位置，因而受到更多來自銀河系力量的影響！

太陽系的波浪運行

讓我們先認識太陽系以外的宇宙。

太陽是銀河系的一顆恆星，環繞銀河系中心旋轉。

銀河系像是個大而扁的圓盤。銀河系圓盤（銀盤）的半徑長 5 萬光年，厚度有 3,000 光年 22。銀盤包括銀河系的中心以及圍繞中心運轉的所有星體、灰塵和氣體。太陽系約在半徑中點而稍偏外，離銀河系中心 2.7 萬光年 23（圖 8-4）。

太陽系繞銀河中心旋轉的速度是每秒 250 公里（地球繞太陽公轉速度則是每秒 30 公里），完成一圈要 2.5 億年 24（表

8-1）。而從恐龍時代（約 2.3 億年到 0.65 億年前）到今天，
太陽繞銀河運行尚未完成一圈。

圖 8-4
上方為銀河系俯視圖，下方為銀河系側視圖。太陽在離銀河系中心 2.7 萬光年的
軌道上繞銀河系中心運行，繞行一周要 2.5 億年。

表 8-1 天體運行速度	（林中斌 2011.8 製表 25）
天體運動與運動基準點	Km/s(每秒公里數)
1　地球繞太陽公轉	30
2　太陽（系）繞銀河系中心	250
3　銀河系本身繞本星系群質量中心回轉	50
4　銀河系星系群向處女座超星系群 (Virgo Supercluster of Galaxies) 方向運動	200
5　處女座超星系群奔向寶瓶座 (Aquarius)	400

根據曾任英國皇家學會會長的天文學家里 (Martin Rees) 爵士 2005 年所編的《宇宙》一書，銀河系中像太陽般的恆星至少有 1,000 億 (1×10^{11}) 顆[26]。而整個宇宙中像銀河系般的「星系」(galaxies) 約至少有 1,700 億個[27]。這些數字與臺灣教科書略有不同[28]。科學家發現，天體運行的軌道大致都是呈圓形或橢圓形，卻又不是沿簡單的直線進行。天體運行的方式幾乎都是「渦旋式」(vortex)，像步槍槍管裡的膛線[29]，側面看是波浪式，有點像海豚飛出海面又潛入水中前進的方式（圖 8-5）。

太陽亦是如此。太陽系環繞銀河系中心運行的軌道也呈波浪型，甚至大波浪還內含小波浪。而大波浪的週期約是 6,400 萬年左右[30]。

銀河系也有它的赤道面，簡稱「銀盤」，在銀河系 3,000 光年厚度的中間。太陽系環繞銀河系中心運行，上下於銀河系的赤道面，如海豚上下於海面。

在 6,400 萬年週期的大波浪中，前半（3,200 萬年）是在銀盤之上或北方，後半則在銀盤之下或南方。而現在太陽系在銀

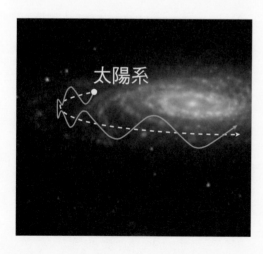

圖 8-5
太陽系繞行銀河系中心成波浪行運行。

盤上方約 26 光年的位置 31——26 光年相較於銀盤上方 1,500 光年的厚度不到 2%——可以說，太陽系仍在銀盤附近。

2005 年美國加州柏克萊大學物理系教授柔德 (Robert A. Rohde) 和穆勒 (Richard A. Muller) 整理 5 億多年前的化石，發現生物絕滅是有週期性的——約為 6,200 萬年加減 300 萬年，即 5,900 萬年至 6,500 萬年之間 32。穆勒本人更直覺的認為，「大絕滅」的真正原因來自於外太空 33——巧的是，離今日 6,500 萬年前正是恐龍絕滅的時代。

而根據美國堪薩斯大學教授梅德維傑夫 (Mikhail V. Medvedev) 及米羅特 (Adrian L. Melott) 在 2007 年發表的研究，每 6,400 萬年左右，太陽系從銀盤下方或南方上升至銀盤上方或北方時，來自銀河系北方處女座星系團 (Virgo Cluster) 的強烈宇宙射線會更具殺傷力，造成生物大絕滅的後果 34。

 # 太陽系運行遭遇強烈磁場

近幾年，人類向太空的探索又有了一些新發現。

2009 年 10 月，美國太空總署發射「星際邊界探索者」(Interstellar Boundary Explorer, IBEX) 太空船全方位的對太空照相，發現在太空運行的太陽系所遭遇的帶狀粒子雲，是由「帶能量的中性原子」(energetic neutral particles) 所組成 35。這帶狀能量粒子雲分布範圍相當窄，望過去其寬不過占全視角 180 度中的幾度而已，位置就在太陽圈之外，與銀河系磁場垂直。科學理論家正在忙於解釋這項發現。但顯然，太陽圈（太陽系外沿）正撞到一個高密度的磁場。

同年 12 月，美國太空總署又公布了飛行 30 多年的「航行者」(Voyager) 太空船在太陽系邊緣的新發現：在天體中運行的太陽系，正經過一團帶強烈磁性的星際雲 (interstellar cloud)[36]（圖 8-6）。這片星際雲寬 30 光年，小太陽圈很多，內含氫與氦原子，溫度高達攝氏 6,000 度，還帶著強烈的磁性（4 至 5 微高斯，約為人腦波強度的 400 至 5,000 倍）。美國太空總署認為，太陽系在環繞銀河系運行中所遭遇到的強烈磁場，會壓縮太陽圈，讓更多宇宙射線進入太陽系，影響到地球的氣候等[37]。

　　總而言之，太陽系在銀河系中運行進入某個特殊位置，受到比以往更強烈能量的影響，連帶影響到地球的整體環境——這是目前最能解釋全球災變頻率與規模上升原因的論述。

　　筆者也相信，隨著人類向太空不斷的探索，將來一定會有更全面、更周全的解釋。

圖 8-6
太陽圈遭遇高能量星際雲。2009 年美國航行者號到達太陽系邊緣，發現帶磁性的星際雲就在保護太陽系的太陽圈之外。圖中比例並非實際大小比例。

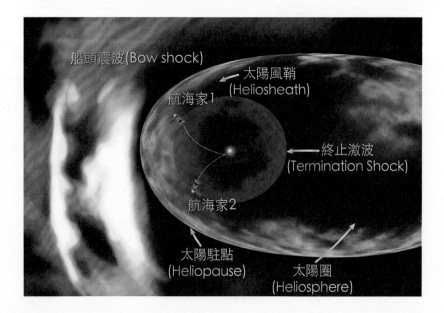

宇宙射線氣象理論抬頭

宇宙射線影響地球氣候的理論，長期被人排斥。2011 年 8 月備受國際敬重的「歐洲核子研究組織」(European Organization for Nuclear Research, CERN) 發表 2009 年以來的研究成果：宇宙射線經由地球雲層的形成而影響地球氣候[38]。也就是說，宇宙射線和太陽活動是地球溫度升降重要的原因。但是不幸的，2007 年「聯合國跨政府間氣候變化委員會」(IPCC) 報告強調人為成因為主，並不太重視這看法[39]。雖然，IPCC 也從未否認太陽活動影響全球氣候變遷，只是著重點在人為成因。 正如之前所討論的，上世紀初太陽活動旺盛，太陽風強，太陽圈大，把宇宙射線反射回去，穿透大氣層的宇宙射線少，提供造雲的粒子少，雲層少，太陽照射地面多，地表溫度上升，於是地球暖化。

同理類推，因為近年來太陽圈變小，未來地表溫度將下降，增加小冰河期來臨的可能。

由於「歐洲核子研究組織」崇高的科學地位，這個新發現將無法被氣候學者所忽視。同時，這個發現提醒我們地球災變來自宇宙的影響不可排除。

 # 不明來源的災變

　　針對近年來愈趨頻仍的全球災變，本書各章已分別檢視了來自「地下」、「地面」、「太空」等 3 大類的災變，但仍有一類「來源不明」者尚未討論。對於後者，目前雖然尚無令人滿意的解釋，但不宜忽略。以下敘述的作用在於提醒世人，並非解答其原因。對於該類災變仍需要進一步收集資料，以待科學家更全面的研究分析。

■ 意外事故 (accidents)

包括交通事故和機械事故等。

　　除了本章一開始所提及的美國華府地鐵事故、核子潛艇撞船事故等陸上或海裡的例子之外，空中交通也不乏意外發生。2009 年 6 月初，飛安紀錄良好的法國航空公司在大西洋失事，是 A-330-200 機型首次的意外事故，機上 200 多人罹難 [40]。6 月中，在 24 小時內，法航在全球陸續發生 5 起擋風玻璃破裂、駕駛艙起火等危險事故 [41]。6 月底，法航空中巴士於印度洋墜海，100 多人死亡 [42]。7 月下旬，短短 10 日內，俄製客機在伊朗 2 次失事，喪生總人數近 200 人 [43]。全球彷彿鬧起「機瘟」！

　　有海運從業人員初步比較了 2009 年 12 月和 2010 年 12 月同月的海上撞船事件，發現後期頻率增加了 47%（圖 8-7、照片 8-2）。這項研究雖稱不上全面，但是所凸顯的問題值得進一步探討。

　　2010 年 4 月，墨西哥灣鑽油井爆炸失事，釀成國際海洋石

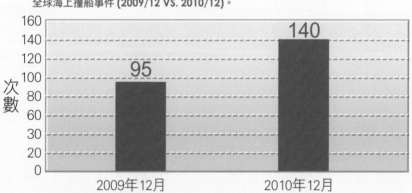

圖 8-7
全球海上撞船事件 (2009/12 VS. 2010/12)。

油工業 50 年以來最嚴重的公安意外 44（照片 8-3），500 萬噸的原油在 3 個月內噴洩入海，汙染了 510 公里長的海岸線，總計 210 平方公里的海面成為「死亡區」(kill zone)，造成海洋環境及生物的莫大浩劫 45。

意外事故（或機械事故）愈趨頻繁而嚴重，除了人為疏失以外，是否有其他原因？如果是人為疏失所造成，為何人會變得容易失神？這些都值得未來研究探討。

照片 8-2
海上撞船事故。2009 年 11 月 25 日，喬治亞籍的貨船與非洲葛摩籍的貨船在黑海東北的亞速海 (Azov Sea)，於濃霧中相撞，前者被撞沉。

照片 8-3
墨西哥灣漏油事件。2010 年 4 月英國石油公司在墨西哥灣鑽油設備爆炸，引起有史以來最嚴重的漏油汙染事件。

■ 鳥魚群猝死

2011 年初，世界各地此起彼落出現困惑大眾的神祕事件——鳥群突然自空中跌落死亡（照片 8-4）、魚群（包括螃蟹 [46] 等）突然死亡浮出海面。例如：瑞典街頭跌下 50 隻寒鴉屍體，巴西海面浮出 100 噸沙丁魚屍體 [47]。

《歐盟時報》整理各地從 2011 年 1 月 6 日至 3 月 9 日鳥魚群猝死的 115 則報導，發現事件分布在全球 40 個國家，可說遍布世界各地（冰天雪地的南極洲除外），無處倖免；而其中美國就有 20 州名列其中 [48]（圖 8-8）。

臺灣自然也不例外！同年 1 月初，臺中某處果園出現上百隻死鳥 [49]。這些野鳥大部分是紅嘴黑鵯，另外還有白頭翁、白耳畫眉、五色鳥和 1 隻樹雀 [50]。此外，近年來盛行在巴士海峽附近賽鴿，如遇上鋒面（冷暖氣團交界），短短 10 分鐘內，鴿子紛紛暴斃，往往 1 萬隻鴿子出發回來竟不到 500 隻。臺灣「氣象達人」彭啟明教授說：「這和 2011 年初各地發生的異象有很高的相同之處 [51]。」

對於鳥魚群猝死的神祕事件，有人用環境汙染來加以解釋——但純淨的水域和天空依然有類似事件發生。至於出現大量死鳥的美國阿肯色州，官員則解釋為過年期間煙火的噪音驚嚇鳥群致死，請大家安心 [52]——但是煙火又如何「震死」海中魚群？

照片 8-4
上百飛鳥猝死。2011 年 1 月 4 日，美國路易西安那州公路上突然自空中掉下約 500 隻紅翅黑鳥 (red-winged blackbirds) 及八哥鳥 (starlings) 屍體，原因不明。數日前，鄰近阿肯色州也有 5,000 隻黑鳥屍體自空中墜下，及 8 萬隻已死鼓魚 (drum fish) 浮出河面事件。

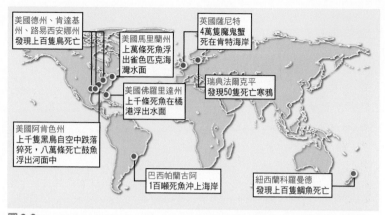

美國德州、肯達基州、路易西安娜州
發現上百隻鳥死亡

美國馬里蘭州
上萬條死魚浮出雀色匹克海灣水面

英國薩尼特
4萬隻魔鬼蟹死在肯特海岸

美國佛羅里達州
上千條死魚在橘港浮出水面

瑞典法蘭克平
發現50隻死亡寒鴉

美國阿肯色州
上千隻黑鳥自空中跌落猝死，八萬條死亡鼓魚浮出河面中

巴西帕蘭古阿
1百噸死魚沖上海岸

紐西蘭科羅曼德
發現上百隻鯛魚死亡

圖 8-8

鳥魚群猝死事件遍布全球。2011 年初，各式鳥魚成群猝死的事件在全球四處發生。此圖為英國《每日郵報》1 月 6 日所整理，顯示至少美國（6 州）、英國、瑞典、巴西、紐西蘭都有此類事件。到 1 月底，此類事件分布更為廣闊，世界各大洲（除南極洲以外）主要國家無一例外。

　　美國地質調查所照例以典型官方安定民心的態度，指出類似事件在 1996 年以後便曾陸續發生，有的是汙染所致，有的是病毒引起，要民眾以平常心對待即可 53；也有教授解釋為因網路傳遞訊息快速，而媒體偏好驚悚新聞所致，其實歷年都有類似事件，無足為奇 54——但問題是 2009 年及 2010 年網路早已發達，何以未聞此類消息？

　　也有人歸罪於美國的「高頻主動式極光研究計劃」(High Frequency Active Auroral Research Program) 干擾了生物——但是此設備位在阿拉斯加，如何延伸其威力至巴西 55？總之，各種輕描淡寫的說法都不足以讓人充分釋懷接受。

　　2011 年 3 月初，美國加州洛杉磯的國王港 (King Harbor) 突然浮出數百萬隻死魚（照片 8-5），以沙丁魚為主，也間雜有鯖魚，它們沒有任何受傷或中毒跡象，初步鑑定為缺氧所致 56。同年 4 月中，臺灣新店溪發現 5,000~8,000 隻暴斃的烏魚。研判它們是在漲潮時游入淡水河，因缺氧而亡（烏魚需要每公升水中溶有 2 毫克的氧 (2mg/L)，但新店溪當時只有 1.1mg/L57）。同年 10

照片 8-5
洛杉磯港的數百萬隻死魚。2011 年 3 月初，美國加州洛杉磯港突然浮出數百萬隻死魚，調查發現沒有任何受傷或中毒跡象，初步鑑定為缺氧所致。但令人驚訝的是死魚長時間都未腐爛。

月中，社子島基隆河畔發現 500 多條烏仔魚因缺氧暴斃[58]。

這 2 件各發生於東西方的案例提供了一個可能適用大部分鳥魚群猝死事件的的解釋：大氣中二氧化碳過高，造成空氣中出現局部缺氧的「氣團」。當鳥群飛入時，會因缺氧而昏厥死亡；海水河水中也形成局部缺氧的「水團」，當魚群或螃蟹群游入時，也因而喪命。

飛鳥和游魚都因不斷運動而耗氧，所以一旦缺氧，容易致命。

為何以前沒有大量此類事件發生呢？很有可能是因為目前大氣中二氧化碳濃度是 4,000 萬年以來最高所導致──而這是人類活動所造成的後果。

順便一提，大氣中過高的二氧化碳含量已經嚴重破壞全球生態：酸雨破壞森林，酸海破壞珊瑚；以前是魚的海洋，現在漸漸成為水母的世界。此外，大氣中二氧化碳含量過高會導致人體出現「高碳酸血症」(hypercapnia)，也會形成使人類容易得到慢性病的環境[59]。一位長期關注此現象的醫生指出，過去 10 年來他的病人罹患肺癌比例「直線上升」，認為是大氣二氧化碳含量攀升的結果[60]。因此，如果人類不能找到新的、無汙染的能源，大氣中二氧化碳持續上升，將是全球生靈的大劫難！

■ 天坑

2010 年下半年，世界各地陸續發生地陷的現象。地點包括中美洲的瓜地馬拉 61，南美洲的巴西 62，北美洲的美國 63 和加拿大 64，歐洲的德國 65，亞洲的中國（成都、太原、武漢、南京、濟南、南昌等地）66。

在廣西桂林一帶的石灰岩地區，常見有「岩溶漏斗」(sinkhole)，是地下水長期一點一滴侵蝕石灰岩的結果。「岩溶漏斗」和上述所說的「天坑」相似，但是前者不會發生在石灰岩以外的地區，也不會如此密集的在世界各地接連出現。

例如：2010 年 5 月底，瓜地馬拉首都在颶風過後突然地陷，形成直徑 18 公尺、深 30 公尺（相當於 10 層樓高度）的大坑。但是當地地質並非石灰岩，而是火山噴發的火山碎屑所組成，包括富含氣泡的「海浮石」(pumice)（照片 8-6）。

照片 8-6
瓜地馬拉天坑。2010 年 5 月底，瓜地馬拉首都在颶風過後突然出現直徑 18 公尺、深 30 公尺的大坑。不同於一般出現溶洞的石灰岩地質，此地屬火山岩浮石 (pumice)。

2010 年所出現的天坑還好幾次發生在都市和住宅區（照片 8-7、8-8、8-9）。這種情況極不尋常，因為都市和住宅區向來都是選在地質穩定之處，否則之前的居民不會在此安頓發展。此外，2010 年的天坑還有另一個特色，就是幾乎呈完美的正圓形，坑壁垂直。但是進入 2011 年，原先全球媒體屢屢報導的天坑新聞便不明所以的不再出現。

　　至今 2010 年全球天坑頻頻出現的問題尚無科學上令人滿意的解釋。

　　近年來，不明來源的災變頻頻出現。作為客觀的觀察者，只有陸續收集資料，力求探討可能的原因，不宜因無法解釋便不予重視。

　　地球日益上升的災變最終原因是否就是來自太陽系在宇宙的運行狀態？目前誰也無法給出答案，但是這個可能性卻不能排除 —— 人類的科學不就是在已知、未知、觀察、假設互相激盪中而進步的嗎？

照片 8-7
德國天坑。2010 年 11 月 1 日清晨，在德國中部城市施馬爾卡爾登 (Schmalkalden) 住宅區街道突然地陷，一輛車落入坑中，另一輛車懸在邊緣。天坑 30 公尺寬、20 公尺深。負責環保與地質的官員表示原因不明。

照片 8-8、8-9
太原市天坑。2010 年 8 月 12 日，中國山西省人民醫院門前的人行便道一側發現
兩個「大坑」。隨後，醫院東側大樓發生坍塌。

第 9 章
趨勢總覽：
災劫與曙光

近年來全球災變愈趨頻仍已是不爭的事實。本書之前數章從地球內部探索到太陽以外，從新聞時事引述到科學研究，儘量涵蓋多方有關層面。最後這一章，在總體回顧之後，浮現了以下的思考：從災變分類的性質探討，可獲何種觀察？若將眼光放遠，站高一點看，又可獲何種心得？曙光誕生在黑暗之中，我們能否看到災變過後的希望？面對災變，個人和國家如何因應？整個世界未來的趨勢又將如何？

依據災變表面的來源，筆者將全球各式災變略分為 4 大類：
來自地下、來自地面、來自太空、來源不明。

所有災變又可再細分為 12 小類：來自地下的災變，有地震、
火山爆發、海嘯。來自地面的災變分為氣候現象、生物現象和
人為現象。氣候現象即「氣候極端化」，包括全球暖化、寒冬、
旱災、水災、風災。風災又分為颱風（或颶風、氣旋）、龍捲
風、沙塵暴等。生物現象則有傳染病、生物失衡、生物迷途。
人為現象即「人心浮躁、行為乖張」，包括親子相殘、持械濫
殺、奔踏致命、對峙示威等。至於來自太空的災變，主要是太
陽風暴，包括地磁風暴、無線電斷訊、輻射風暴等。而來源不
明的災變，則有意外事故、鳥魚群猝死、天坑等。

這 4 大類中只有「部分」來自地面的災變（氣候現象和部
分生物現象）可以用全球暖化來加以解釋。但某些來自地面的
災變（部分生物現象如生物迷途和人為現象如人心浮躁行為乖
張）用全球暖化來解釋雖也可以，但有些勉強。進一步說，全
球暖化「不易」解釋來自地下的災變。全球暖化更「不能」解
釋來自太空的災變。就算是來源不明的災變想用全球暖化解釋
也是不易。

若區分得更清楚些，這 4 大類下 12 小類中有 10 小類可以
用太陽活動解釋，7 小類可以用全球磁變解釋，5 小類可用人
為活動解釋。

但所有的 4 大類 12 小類都可以用來自太陽系以外的因素解
釋，然而道理雖說得通，卻受限於目前太空探討的範圍，無法
證實（表 9-1）。

表 9-1 災變分類：近年全球愈趨頻仍的災變之類別和原因　　　　（林中斌 2011.10 製表）

災變來源——表面	災變種類			全球暖化可否解釋此類災變？	災變來源——深層	災變來源——更深層
A. 地下	1. 地震 2. 火山爆發 3. 海嘯			不易	*全球磁變／太陽活動	可能是太陽系以外的因素：在銀河系運行的太陽系進入特殊位置而受到某種來自宇宙他方力量的影響。
B. 地 面	氣候現象	4. 氣候極端化	a. 熱浪／氣候暖化	可	太陽活動為基礎因素／*人為活動為添加因素	
			b. 寒冬			
			c. 旱災			
			d. 水災			
			e. 風災　①颱風／颶風／氣旋 ②龍捲風 ③沙塵暴			
	生物現象	5. 傳染病				
		6. 生物失衡				
		7. 生物迷途			全球磁變／太陽活動／*人為海洋活動	
	人為現象	8. 人心浮躁、行為乖張	a. 親子相殘	不易	全球磁變／太陽活動	
			b. 持械濫殺			
			c. 奔踏致命			
			d. 對峙示威			
C. 太空	9. 太陽風暴	a. 地磁風暴　　大停電		否	太陽活動	
		b. 無線電斷訊				
		c. 輻射風暴				
D. 不明	10. 意外事故	a. 交通事故		不易	全球磁變／太陽活動？	
		b. 機械事故　　海灣大漏油				
	11 鳥魚群猝死			可	人為活動？	
	12. 天坑			不易	全球磁變？	

*全球磁變包括：地球磁極偏移、地球磁場弱化、南大西洋異常區出現和擴大。

*人為活動：增加大氣溫室效應氣體（二氧化碳、甲烷等）的活動，如燃燒石油、煤、天然氣、伐林（產生二氧化碳）、大規模畜牧業（產生甲烷）等。儲存在森林的碳佔碳循環 20%。

*人為海洋活動：海軍在深海發送聲納信號、探油公司用「空氣槍」(air gun) 等。

整體探討各類災變現象和可能的深層原因之後，我們可以獲得以下結論：

■地球目前面臨的氣候危機是氣候極端化，而全球暖化只是氣候極端化的一部分。暖化之外，氣候極端化還包括愈趨嚴重而性質與全球暖化相反的寒冬，以及與暖化相關的旱災、水災、風災。

■全球暖化不能解釋所有災變。其他災變尚有愈趨嚴重的地震、火山爆發、海嘯、傳染病、生物失衡、生物迷途、人心浮躁行為乖張、太陽風暴，以及原因不明的意外事故、鳥魚群猝死、天坑等。

■全球暖化來源有太陽活動及人為活動。前者為基礎因素，後者為添加因素。20 世紀上半，太陽影響多於人為活動；下半世紀，人為活動效應更趨顯著，超過太陽活動的效應，於是導致大氣中溫室氣體含量增加，引起的暖化愈趨嚴重。

■地球在過去至少 429 萬年中，大氣溫度上升或下降皆領先大氣二氧化碳濃度的上升與下降，時間相差至少數百年以上。這現象稱之為「二氧化碳後至」，是科學家研究南北極冰芯和全球海中化石所得到的觀察，與一般所相信「二氧化碳領導溫度升降」的觀念不符。

■如果人為燒碳不減少，目前已經超高的大氣二氧化碳濃度將來還要持續上升，這才是地球生靈最大的危機。1950 年後，大氣二氧化碳濃度超過過去 42 萬年地球歷史的上限──即 280ppm，是自然界 42 萬年以來前所未有的現象。這確定是人為活動所造成。未來大氣溫度即使下降，大氣二氧化碳濃度（2011 年 7 月已超過 390ppm，至今每年約增加 2ppm）不會隨後滑落，而將持續破壞生態，威脅人類與其他生物的健康與生命。

■長達數十年以上之小冰河期將可能降臨地球。俄羅斯、歐洲及美國天文學家們根據週期性的太陽黑子活動逐漸下降及其他特徵，已先後預言此趨勢。此外，太陽圈自上世紀90年代中期以來持續弱化的現象也指向未來大氣溫度下降的趨勢。

■近年地震及火山活動的頻率與規模的確上升，有別於官方淡化上升現象的說法。

■全球磁變是科學事實，它包括地球磁極加速偏移、地球磁場加速弱化、南大西洋異常區出現和擴大。

■地球南北磁極突然於數日內翻轉極不可能發生。在地球歷史中，磁極翻轉需上百年甚至千年以上才能完成。

■全球磁變所受注意之程度不如全球暖化。

■全球磁變可能和太陽活動的變化有關。

■全球暖化可以勉強解釋地震及火山活動的頻率與規模上升，但以全球磁變及太陽活動來解釋更為周全。

■太陽活動可能觸發地震和火山活動，其時間差有快（10~100小時）有慢（2~5年）。而「觸發」有別於「引發」，前者重輔助性質，後者重主導性質。

■太陽活動觸發地震和火山活動的方式，可能是通過太陽對地磁的影響。

■全球暖化可以解釋氣候極端化、傳染病加劇、生物失衡，但是太陽活動也可以解釋此3種現象。太陽活動作為以上現象原因的解釋，雖尚未獲得科學界整體的認同，但不能完全排除其可能性。

■生物迷途趨勢上升的原因包括地球磁場弱化和人為活動干擾生物環境。

■人心浮躁、行為乖張近年愈趨嚴重。有關現象包括親子相殘、持械濫殺、奔踏致命、對峙示威等等。

■人心浮躁、行為乖張的可能原因為地球磁場弱化。

■全球暖化絕對無法解釋太陽風暴。

■太陽風暴頻率多或少，一般而言與太陽活動上升或下降有
關，但太陽活動低落時仍可能發生單一而極強烈的太陽風
暴。

■以上各類災變終極的源頭不能排除來自太陽系以外的銀河系
和大宇宙。這是科學家近來發現許多現象而引起的合理推
測，但目前尚無法證實（圖 9-1）。

圖 9-1 呈現本書所討論的各類災變和它們可能的因果關係。
從最左邊有關太陽系在銀河系運行開始，向右延展。下方的
「全球磁變」自左方承接了來自太空的影響，向右方影響其
他的現象和災變。此圖所呈現的「天轉地變」範圍超過「全
球磁變」，呈現了天體運轉和地球災變的總體意象。

圖 9-1
探索災變的脈絡。

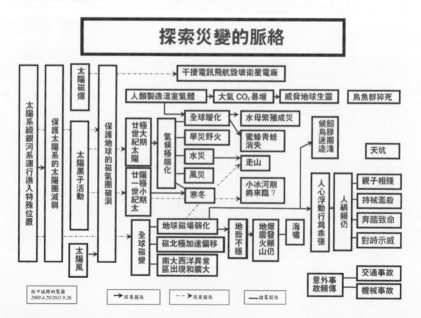

要補充說明的是圖中有 4 個項目獨立於「天轉地變」之外，一是「人類製造溫室氣體」，它有嚴重的後果，但在圖中沒有上游來源（因為是人類本身的行為）。另外 3 項則是來源不明的「鳥魚群猝死」、「意外事故頻傳」和「天坑」。

 站高一點看

上述是仔細檢驗各種災變之後的重點觀察條列。如果我們站高一點看，綜觀全局，當可獲致以下 7 項結論：

1. 全球災變多樣化、強烈化、頻繁化、複雜化。

近年來，各地災變每日不斷衝擊大眾視聽。世界各地的災變種類愈來愈多、強度愈來愈高、時間相隔愈來愈短、多元災變愈來愈會重疊發生——災變匯聚成為新的趨勢。這也是 2011 年 3 月日本福島地震、海嘯、核災重疊並發的「複合式災難」或美國國防部所稱的「複雜式災難」(complex catastrophies)[1] 所帶給人們的考驗。

圖 9-2
權威媒體聚焦災變。左圖為 2011 年 3 月 28 日《新聞週刊》封面，右圖為 2011 年夏季《國際經濟》期刊封面。媒體的態度與淡化災變上升現實的官方機構形成強烈對比。

2011 年 3 月 28 日，美國《新聞週刊》便以災變匯聚為主題，封面標題是：「末日已到：海嘯、地震、核災、革命，之後又會有何惡訊？」[2] 同年 8 月，美國《國際經濟》期刊以自然災變為主題請教專家：「自然災害是否可以刺激經濟成長？」[3] 雖然官方機構傾向於淡化災變之威脅，但是連權威性報導和專業討論期刊都聚焦於此課題（圖 9-2），表示全球災變的異常上升已經是很難否認的現實。

2. 既有的科學理論不足以解釋愈來愈升高的災變頻率與規模，但科學態度和方法絕不可放棄。

隨著科學儀器的發達，人類在地下、地面及太空有日益增多的新發現；但是愈來愈多的新現象和新種類災變同時浮出，想用以前的觀念去解釋它們，愈發困難。因此，承認目前科學的不足，保留懷疑和結論，維持開放的心胸，繼續收集資料，比勉強抹殺無法解釋的新現象，並呵斥為不重要的枝微末節，更符合科學的精神。

科學發展的歷史一再告訴我們每個時代都有其局限和突破。每個時代的主流看法幾乎一定會被某一個後來出現的非主流看法挑戰、修正、甚至推翻。今之視昔，有如後之視今。我們能不謙虛對待新發現和新現象嗎？

但是，完全屏棄科學證據，而依賴無法查證、來源不可考據的訊息，則有極大的風險。即使這些訊息曾經被準確預測過，或有利他和善意的出發點，也不能保證這些訊息永遠可靠。如何重視既有科學，又包容新發現和新觀念，是對人類心胸和智慧的重大考驗。

3. 災變頻率與規模逐漸上升不會戛然而止，倒可能會在達到高峰後逐漸下降。

全球災變頻率與規模大約從 2000 年左右開始升高，11 年後的今天仍未下降。如果相信災變到 2012 年 12 月 21 日 [4] 會突然停止，那不僅是不切實際的，也忽略了自然界變化的法則——自然的趨勢是逐漸升高、逐漸下降。

如果相信 2012 年 12 月 21 日會有前所未知的大災難自外太空突然降臨地球，造成世界末日，也是忽略了自然界變化的法則。太空浩瀚，天體運行的巨變對人類而言是緩慢的。如果 2012 年 12 月 21 日有來自太空的衝擊，人類數年前應已觀察到先兆，而今於 2011 年底，人類尚未獲悉任何跡象。

誠然，日本福島大地震是突來的，但之前全世界強烈地震頻率已上升數年了。太陽磁爆也是突然發生的，但 1989 年「魁北克大斷電」和 2003 年「萬聖節事件」（詳見第 7 章）2 次嚴重事件已令歐、美先進國家積極準備因應。

目前升高的災變較可能是來自太陽系在天體運行時遭遇到的狀況。最近太空探索器已有些新發現，提供初步可能的解釋。未來應會有更多的資料，提供更好的解釋。

4. 已有跡象顯示災變頻率與規模上升的趨勢將下降。

近年來，至少有 5 個可能與災變有關的指標已呈下降趨勢。

第一是磁北極移動速度。在西元 2000 年磁北極移動速度達一年 70 公里高峰後，便降到一年 55~65 公里。這表示全球磁變將可能放緩（參見第 5 章圖 5-5）。

第二是全球地震次數。全球 2~10 級地震總次數在 2008 年到達顛峰後，在 2009 年陡降，再於 2011 年攀升至 2004 年的高度。在 2009 年後，雖然強震次數攀升，但 2~10 級地震總次數增長反而不及 2008 年之前有衝勁。而之前的觀察顯示，低級地震（2~5 級）次數升降會預告來年強震次數的升降（參見第 4 章圖 4-5）。2009 年後，低級地震（2~5 級）次數不及 2009 年之前高，可能表示數年後強震次數將下降。這與哈里洛夫教授根據太陽黑子週期的預測是符合的（參見第 7 章圖 7-13）。

第三是全球火山爆發次數。全球每年火山爆發次數在 2000
年攀登最高峰 78 次後，於 2009 年陡降至 68 次，2010 年 69 次，
2011 年 56 次（參見第 4 章表 4-7）。

第四是太陽黑子數目。在 1990 年太陽黑子「週期 22」之後，
太陽極大期黑子總數便持續下降，「週期 23」和「週期 24」
皆如此（參見第 7 章圖 7-2）。

第五是太陽黑子強度。其強度從 2000 年便直線下滑（參見
第 7 章圖 7-7）。

5. 全球暖化原因的爭議流於政治化，未來氣候和環境變化
的趨勢可能超越爭議的兩端——意味雙方皆各有其貢獻，應屏
除成見，攜手合作。

近年來全球平均溫度快速上升是不爭的事實，主要究竟是
人為的或自然的原因？兩派爭議白熱化，也流於政治化。大多
數爭辯的雙方在論理上不為對方留有餘地，甚至傾向汙衊對方
人格、詆毀對方動機。人為主因派認為自然主因派拿了石油公
司的錢，所以淡化人為燒碳導致溫度上升的責任；自然主因派
則認為對方為爭取研究經費無所不用其極，蓄意挑起恐慌好從
中取利。

更糟糕的是，領導世界的美國國力衰退，政黨惡鬥，陷入
前所未有的困境。暖化原因的爭議政治化，被權力鬥爭所汙
染。民主黨認為是人為主因，共和黨則相反[5]。美國國內政治
化此一科學議題，可惜有向外傳染的不良後果。

不幸的，歷史上學術的爭論有如政治的爭論，往往受打壓
的一方一旦成為當權主流派，便反過來打壓之前的當權派。如
此冤冤相報，循環不已。

以氣候學局外人的筆者看來，雙方都有可敬重的學者，也
都發表了重要的研究。但誠如本書之前所提過的，全球暖化背
後的太陽原因和人為原因都不可忽視，關鍵在於自然界「二氧

化碳後至」的現象並未受到應有的重視 6。

在人類未出現以前，大氣溫度和二氧化碳濃度的關係很清楚：地球大氣溫度攀升是因，而大氣二氧化碳濃度攀升是果。一前一後中間相差了數百年以上。

而近 60 年大氣二氧化碳濃度超過至少過去 42 萬年以來的上限，應該是人類活動所造成。

未來如果小冰河期降臨，北極重新結冰，而大氣二氧化碳濃度繼續升高，其發展必超越上述兩派爭辯不休的論述，將為雙方所未料及。因此，兩派應及早認識對方的價值，停止鬥爭，為全人類攜手合作。

6. 人類無法推卸大量排碳和其他破壞環境的責任。即使小冰河期來臨，環保低碳生活仍須積極加強，並盡速尋找綠色能源替代化石燃料，將此技術推廣與世界各國共享，才是維護人類及其他生靈存續最迫切的任務。

大氣二氧化碳濃度持續而快速的攀升可能是全球生靈最大的危機，它所威脅的包括所有生物和人類自己。人類因傲慢、貪婪，大量製造溫室氣體，肆意破壞自然平衡，責任是無從推卸的。

實際經驗已顯示只靠節能減碳的效果不彰，而且緩不濟急。發展中國家（大部分以人均收入計算都屬窮國）認為此作法不公平——已發展國家過去經濟起飛為何沒有此限制？而若沒有發展中國家支持，想要以節能減碳降低大氣二氧化碳濃度不會成功。

何況，2011 年底，已發展國家加拿大，居然退出 1997 年國際為管制排碳而簽署的「京都議定書」7。而且加拿大是在剛參加完在南非舉行的聯合國氣候變遷會議後即做出上述宣布，對國際減碳努力為莫大的諷刺。

因此，人類必須尋找替代燒碳、無汙染的綠色能源才是治本之道。這個大方向的轉變已經在美國總統歐巴馬 2011 年初的國情咨文演講中提到：「到 2035 年，美國 80% 的電力將來自乾淨能源。」8 可惜這個新方向的急迫性目前尚不明顯。等到大氣二氧化碳濃度超過 400ppm 時（照目前大氣增碳速度來看，時間約為 2016 年），人類健康和其他動物生存亮紅燈時，大家才會警覺。

各先進國已研究相關技術多時，突破點料想不遠。關鍵是：新技術必須各國共享，才能自救救人！

7. 對災變抱持「末日情結」與「否定闢謠」之外，更應務實準備，樂觀前瞻。

部分人們對全球災變的上升產生兩種極端的反應。一是臺大物理系孫維新教授 2011 年 3 月中非常傳神的稱之為「末日情結」：「人們似乎有一種自己嚇自己的傾向，不斷地尋找下一個世界末日。」9 隨後，彷彿要印證他所說的一般，2011 年春，國內外果然皆出現媒體熱烈報導的末日預言者：號稱世界將於 5 月 11 日毀滅的王老師 10，或高倡 5 月 21 日世界毀滅的美國牧師堪屏 (Harold Camping) 11。只可憐許多無知青年在這種氣氛下走上絕望之路，例如：小女生認為世界將毀滅，因此憂鬱成疾，住進醫院；小男生認為反正要死了，於是吸毒、飆車、無所不為。

另一個反應則是「否定闢謠」。有些人認為災變上升是危言聳聽，也是千百年來宗教人士一直未能兌現的說法 12。為了「安定民心」，官方機構常傾向於淡化各式災變的嚴重性。但是官方「否定闢謠」有其風險，2011 年 9 月義大利有關「阿奎拉地震」官員「失職」的審判便是實例（詳見第 4 章）。

其實，與其在「末日情結」下癱瘓墮落，或在「否定闢謠」下一無所為，應該採取第三種態度：務實準備，樂觀前瞻。負責任的政府尤其應該如此。以美、英為例，美國國防部在

2011年指派國土安全部助理部長史塔克頓(Paul Stockton)專責籌畫因應各式自然災變[13]。美國總統科技顧問何德仁(John Holdren)及英國首相首席科學顧問貝丁頓(John Beddington)聯手推動兩國交換太空訊息的合作,邀請全球專家研擬對策,也在《紐約時報》聯名呼籲各國積極因應即將來臨的嚴重太陽磁爆(詳見第7章)。

災變上升,傷亡嚴重。但我們仍然可以保持樂觀的根據是──人類在災後崛起的歷史經驗。

1923年9月,日本發生7.9級的「關東大地震」,死亡人數14.5萬人是日本歷史上最慘重的災情[14]。相較之下,2011年3月9級的「福島大地震」死亡1.5萬多人[15]。關東大地震時,東京60%被燒毀,卻激發了日本人將首都建設為世界級現代化都市的決心;12年後,1935年東京已建起日本第一座地下鐵路捷運系統、羽田機場及其他現代化港口,人口增為600多萬,比美紐約和倫敦[16]。災後重建的成績何等耀眼!

美國北卡羅萊納大學教授特德西(Richard Tedeschi)針對在越戰中遭受酷刑的美國戰俘進行研究,發現其中罹患創傷後症候群(post-traumatic stress disorder)的只有4%[17],大部分人在戰後生活更為美好,就是因為苦難使得他們堅強,更懂得做人,更快樂。

上一次地球南北磁極翻轉是78萬年前。當時地殼不穩定,地震、火山爆發、宇宙射線侵襲等等災難衝擊地球的生靈。但180萬年前的人類遠祖「直立人」顯然並未因此絕滅;不止如此,人類還加速進化,16萬年前遂有人類近祖「智人」的出現。

11~15世紀歐洲正處於災變戰亂頻傳的時代:黑死病蔓延,超過1/3以上數千萬人口消失[18]、十字軍東征、蒙古人入侵、教庭分裂引發各國宗教鬥爭和殘殺……。但是就是在如此黑暗絕望的背景下,文藝復興萌芽,為歐洲帶來光明的希望和蓬勃

的生命 [19]。後來，文藝復興的光芒甚至照耀全世界。

災變上升下的曙光

想要在災變衝擊後重生，最重要的是人類想法的改變，也就是新價值的誕生。今日世界新思維有兩個來源：科學的研究以及痛苦下的反省。以下讓我們分 4 類探討已經萌芽的人類新價值。

■樂觀的重要

美國杜克大學的經濟學者們發現，樂觀的人工作時間比別人久，賺錢比別人多，存款也比別人多；更不大會離婚，萬一喪偶，也比較容易再婚 [20]。而醫學家則發現，一樣是有心臟病的人，較為樂觀者會更注意飲食、運動、補充維他命，所以比悲觀者活得更久 [21]。

倫敦大學學院神經病學研究所 (Institute of Neurology, University College London) 博士莎若德 (Tali Sharod)（照片9-1）和同仁研究大腦功能，發現大腦「額葉皮質」(frontal cortex) 會自動讓人們從樂觀的角度想像將來 [22]。大腦這部分是人類進化的最後階段才產生的，比其他動物的質量都大。這發現說明了樂觀是人類的本能，它提升人的進化，使人類超越了其他動物。莎若德的團隊也發現，考試前被誇聰明的學生比被罵愚笨的學生成績要好 [23]。所以她認為樂觀是在困境災難裡生存的法寶，也是快樂的鑰匙 [24]。

照片 9-1
形象清新又慣於推崇同僚成就的莎若德，著有《樂觀的偏見：一覽我們非理性正面的大腦》(The Optimism Bias: A Tour of Inationally Brain)。

■助人的快樂

　　研究人類神經的美國國立衛生研究院 (National Institutes of Health) 博士莫爾 (Jorge Moll) 在 2007 年發現，人們在捐錢助人後，大腦中某區域會亮起來，那通常是負責吃、喝、情欲、享樂的部分 [25]。而更早在 2003 年，美國埃默里大學 (Emory University) 神經病學學者日里 (James Rilley) 和資深教授波恩司 (Gregory Berns) 也有類似發現 [26]。每年幫助上萬兔唇小孩獲得完美笑容的帥哥富翁穆拉尼 (Brian Mullaney) 甚至說：「你所能作最自私的事就是助人 [27]。」（照片 9-2）美國維吉尼亞大學心理系教授海特 (Jonathan Haidt) 在統計大量數據後，發現做義工、捐血、有宗教信仰的人，通常比沒有做義工、捐血、信仰宗教的人快樂 [28]。

　　依此，我們可以了解在 2010 年 1 月海地大地震後，為何美國全國一半的人紛紛捐款給海地 [29] 又為何美國前往海地的旅客人數在災後迅速增加。其實，這些旅客不是去享樂，而是去做義工清理災區的，甚至許多人還得在美國國內排隊等上一段時間才輪得到去海地服務 [30]。

　　2011 年底，美國科學家發表研究報告：老鼠會將自己有限的食物分給受困的同類 [31]。

照片 9-2
帥哥富翁穆拉尼與一位即將動手術縫癒兔唇的海地小孩，時為 2009 年 2 月。

■人類進化靠合作

　　「物競天擇，適者生存。」自從達爾文研究動物演化提出以上的進化論看法之後，人類社會普遍相信：弱者被打敗、被消滅，無法傳衍後代；強者打贏了，於是生存下來。強者把「弱肉強食」的基因傳給後代。所以進化的人類其基本性格是侵略的、霸凌的。

最近愈來愈多科學家發現事實並非完全如此。人之有別於其他動物，在於「群體演化」(group selection)，而非「個體演化」。前者重利他的精神，後者重自私的精神。譬如說，兩個部落競爭，勝利而生存下來的部落整體戰鬥力強，這是因為族人比較團結、合作、有為整體犧牲的精神；落敗而被消滅的部落戰鬥力弱，其族人便傾向於內鬥、猜疑、忌妒、自私自利。世代遺傳下來，人的基因裡除了競爭的天性以外，還有很強烈的合作精神。這是人有別於其他動物之處。這些致力於研究人類「群體演化」的科學家包括：諾貝爾獎得主哈佛大學生物學教授威爾遜 (Edward O. Wilson) [32]（照片9-3）、前述的維吉尼亞大學心理系教授海特 [33]，賓漢姆頓大學 (Binghamton University) 生物及人類學教授威爾遜 (David Sloan Wilson) [34] 等。

德國萊比錫的馬克斯－普朗克演化人類學研究院 (Max-Planck Institute for Evolutionary Anthropology) 博士托瑪賽勒 (Michael Tomasello) 也指出，若在 2 歲小孩面前掉了東西，他會很自然為你撿起，而 2 歲黑猩猩則不會如此做 [35]；嬰兒自然會跟陌生人共享食物，但成年黑猩猩卻不會 [36]。合作是人的天性，在這一點上人有別於其他的動物。

照片 9-3
威爾遜是當今美國生物學翹楚，榮獲 2010 年諾貝爾自然科學獎，創立「生物社會學」。他認為人的進化不止靠競爭還有合作。此觀念在 1970 年代提出時曾引起爭議，但進入 21 世紀後受到更多新科學研究的支持。

■資本主義的反思

西方先進國家的人常引述資本主義的先知亞當‧史密斯 (Adam Smith) 的話：每個人盡可自私的為自己利益打拚，有隻「看不見的手」(an invisible hand) 會在無形中照顧全體共同的利益

37。但是 2008 年全球金融危機下，西方社會人民慘兮兮，看不見的手依然看不見。於是，原來主張資本主義的學者在各式會議中都斂首低眉不敢發言。

附帶一提，規模前所未有的全球金融危機是少數人過分貪婪所造成的，我們雖然無法證明這種近乎瘋狂的利己損人行為和地球磁場弱化、不穩定是否有關係，但卻也不能排除這種可能性。

危機之後，人類開始反思：「無止境的為自己謀求財富好嗎？」「美國華爾街只從事票面上運作買進賣出就賺大錢的肥佬是對的嗎？」

加拿大多倫多大學商學院院長馬丁 (Roger Martin) 是幾個大公司的董事和顧問，於 2011 年 5 月出書批判資本主義。他尤其指責金融危機的禍首「對沖基金」(hedge funds) 和一些大企業的老闆（如通用公司的威爾許 Jack Welch）38。馬丁教授說：「資本主義有責任為社會整體謀福利。」

英國金融界領袖特納爾 (Adair Turner) 男爵在 2009 年 8 月主持圓桌論壇說：「2008 年金融危機下，原來的經濟學和財務學基本理論像火車出軌般翻車。其理論的中心思想就是『自由競爭愈多愈好』39。因為自由競爭使得富者愈富，貧者愈貧，但這種思想顯然出了問題。」（照片 9-4）

照片 9-4
特納爾男爵同時是金融服務管理局和氣候變遷委員會主席，在金融危機後他成為西方資本主義的良心反省代表人物。

資本主義內部開始反省，西方這種金融界領袖公開的自我檢討此起彼落。最值得注意的是美國聯邦銀行前任主席沃爾克 (Paul Volcker)。他在 2009 年 11 月參加《華爾街日報》會議說：「我但願有人能找出即便是一絲的證據也好，告訴我 20 年金融業的『創新發明』給國家經濟帶來任何好處 40 ！」金融業的「創新發明」就是指引發全球金融危機的那套金錢遊戲「模式」。

除了上述對資本主義的反思已經在進行之外，人類對各種原來認為理所當然的觀念也都已進行檢討。

 ## 災變上升下個人的因應

冬天來臨，人們無法改變溫度，但是注意保暖，可以安度。同樣的，大環境的災變來臨，無法避免，但是個人如果做最好的準備，可以減少傷害，增加存活率，不止自助，還可助人。維持個人身心最佳狀態，操之在己。最要注意的是「靜心」和「護身」。災變臨頭，靜心的人會作出最好的判斷；懂得注意護身的人，免疫力強，在不利的環境下更可以存活。

■靜心

值得再次強調的是，地球磁場弱化，人心有浮躁的傾向，易發怒，易患憂鬱症。個人要特別約束內心的敵人。如果每個人都能把心安寧下來，集少成多，社會和世界會更安寧。

使心安寧下來最容易的是經由行善獲得快樂。

想到別人的痛苦，自己會感恩知足。

默默為他人祈福，自己也會更平靜。

其他尚有許多能讓自己靜心的事，例如：看好書、聽美樂、習繪畫、捏陶藝、作園藝、賞日落、觀海、登山、入林、靜坐

如何兼顧作戰及救災？

國軍有作戰和救災雙重任務，缺一不可。應詳實研究最佳分配，勿揣摩上意，任意偏廢作戰需求。作戰目的在於嚇阻（而非戰略攻擊，如飛彈攻擊三峽大壩或住有臺商之上海市等）。作戰方法在於昂貴高科技與廉價低科技嚇阻能力之配套，在於發揮不對稱戰力。如此作戰觀念，與之前以昂貴武器與敵死拚者不同。在新的作戰觀念下，資源可以節省下來兼顧救災。

調息等等。

■護身

　大環境遭受汙染，我們更要努力注意健康，增加抵抗力。清淡飲食、適當運動、充分休息都不可忽略。

 ## 災變上升下臺灣的因應

　臺灣值此全球大環境變動下，如何因應？筆者 2008 年春天之後不斷公開提出各種建議，有些已被採用，其他仍有可加強落實之處。此處尚有些建議為首次提出，與以前提出之各項一併歸整如下：

■國安

　召集專家官員探討各類可能災變，預擬災禍應變計畫。主導災變因應最好提升至總統府國家安全會議階層，由行政院執行。這是因為國防部、外交部、陸委會等皆屬總統職權，由行政院指揮應變可能力有未逮。

■國防

　加強非戰爭軍事行動能量。改變觀念、調整裝備、加強訓練、進行演習。以前軍人認為救災非其任務的觀念必須改變，西方先進國家早已作此調整，共軍也走在國軍之前。因此國軍的裝備、訓練、演習也該依此方向調整。此外，國軍應向有豐富經驗的民間救難組織學習。

臺灣網路救災隊

臺灣幾個年輕人組成了「網路救災平臺」，在八八水災時，做出口碑，名聞國際，讓有同樣需要的東亞各國主動找上門。日本、印尼、俄羅斯還指明合作，希望把「網路救災」系統引進該國國內。影響所及，香港、越南、日本、泰國和臺灣將組成「東亞網路救災聯盟」。

■內政

強化政府各部門對災變之橫向聯繫。國軍救災，地方政府善後，須規範雙方之協調交接。

■財政

規劃救災應變預算。

■外交

加強救災外交，如：臺灣網路救災隊。組織地震救難專家，成立救難狗部隊，以應不時之需。政府主動協助民間國際救難組織，發揮「愛心外交」的功能。氣象局專家則須加強與各國及國際相關機構聯繫，即時互通資訊。

■社會

實施防災教育，提升對災變之認知。

■兩岸

救災互助。

■科技

加強監測系統設置，提升危機管理研究。

■農業

積極準備，因應糧食危機。

■衛生

加強國際合作及提高國內因應瘟疫、傳染病的能力 [41]。

 災變上升下的世界趨勢

全球災變上升是確定的現象，但每個人看待這個問題不免有主觀取捨的成分。例如：原因何在？災變間有無關連？未來災變情況會下降嗎？如果會，又是何時下降？人類受到的衝擊會有多少？⋯⋯

綜合以上所有客觀的探討作為基礎，加上筆者個人的判斷，全球災變上升對人類社會未來 10 年左右可能帶來的影響如下：

■人類乖張暴戾的行為增加。

■國家內部社會群體衝突增加。

■大國大戰的機率下降。大國之間「多贏」(win-win) 觀念會取代「零和」(zero sum) 的觀念。

■小型戰爭難免除，大型戰爭難爆發。除了大國軍隊將忙於救災，國際間經濟互相依賴程度不斷上升，傷人會自傷；資訊更為透明，發動軍事突襲困難。這些都是大型戰爭難以爆發的原因。

■非戰爭的軍事行動重要性持續上升。軍隊將負責更多打仗以外的任務，例如：救災搶險、維持和平、人道援助（如醫療）、反恐護航、敦睦外交等。

■國界觀念不再神聖，主權觀念不再絕對。天災不認國界，提醒世人國界只是做為地球過客的人類自我主觀的認定，並非天經地義。連帶的，不到 500 年歷史的現代國家主權觀念 (sovereignty)，在全球人類共度災變、謀求生存時，甚至將逐漸弱化。

■大國合作環保救災，世界政府雛形將浮現。主要大國為了自救，必須救人，因為環境汙染超越國界，災變的衝擊也會超越國界。因此由少數行動力強的國家成立組織（有別於缺乏行動力的聯合國），功能性的世界政府將應運而生。

■人類進行反思，心靈文明起飛。

■自私自利之極端資本主義進行修正。

■精神文明為主之新價值觀逐漸建立。

■環保企業（綠色企業）／文化企業／心靈企業蓬勃發展。

■之後，人類歷史的新紀元 (the New Age) 將在災變餘燼中浴火誕生，精神和物質文明達到新的平衡，這可能是人類歷史上最美好的時光！

注釋

第 1 章

1. Judah Cohen, "Bundle up, it's global warming" *New York Times* December 26, 2010.
2. Judah Cohen, "Bundle up, it's global warming".
3.「暴風雪侵襲 美東 6 州進入緊急狀態」**自由時報** 2010 年 12 月 28 日 AA2。
4.「魔鬼暴雪襲美東 陸空交通全癱」**聯合報** 2010 年 12 月 28 日 A17。
5.「魔鬼暴雪襲美東 陸空交通全癱」。
6.「進退不得 黑龍江大雪」**中國時報** 2010 年 12 月 29 日 A11。
7.「新年暴雪襲日 壓沉 370 漁船」**聯合報** 2011 年 1 月 4 日。
8. Lester Brown, "The Story Behind the Warmest Decade in History" *Treehugger* January 21, 2011 http://www.treehugger.com/files/2011/01/the-story-behind-the-warmest-decade-in-history.php accessed October 18, 2011.
9. "Past Decade Warmest on Record According to Scientists in 48 Countries Earth has been growing warmer for more than fifty years" *NOAA* July 28, 2010 http://www.noaanews.noaa.gov/stories2010/20100728_stateoftheclimate.html accessed October 18, 2011;「美國家海洋和大氣總署」即 NOAA：U.S. National Oceanic & Atmospheric Administration.
10.「全球暖化」原來是指大氣溫度上升的現象,也指「人為因素」造成大氣溫度上升的觀念。
11. Gautam Naik, "Quakes Echo World-Wide" *Wall Street Journal* March 28, 2011 http://online.wsj.com/article/SB10001424052748703696704576223190440090846.html accessed October 9, 2011.http://www.cuyoo.com/home/portal.php?mod=view_both&aid=6138
12. 統計圖請見本書第 4 章「暖化難解釋的地面災變」。
13. U.S. National Research Council, *Severe Space Weather Events: Understanding Societal and Economic Impacts* (Washington D.C.: The National Academy Press, 2008)；CENTRA Technology, Inc. (on behalf of U.S. Department of Homeland Security), "Geomagnetic Storms" Future Global Shocks January 14, 2011.
14. 此話不排除是記者筆誤,或政府機構避免引起民眾恐慌發言受限制。「太陽黑子解析／表面活動劇烈地球恐陷災難」**聯合報** 2010 年 7 月 12 日 http://mag.udn.com/mag/campus/storypage.jsp?f_ART_ID=259186 accessed October 19, 2011。
15. 1971 年,比利時魯文大學流行病學教授 Michel Lechat 啟動研究災難地區衛生問題之計畫。2 年後,成立「災難流行病研究中心」(Centre for Research on the Epidemiology of Disasters, CRED),1980 年後成為與世界衛生組織合作的機構。http://www.cred.be/about accessed March 16, 2010.
16. http://www.emdat.be/disaster-trends.
17. 這裡所說的「平均」(mean) 其實是「中位數」(median)。用「平均」是因為它比「中位數」較口語化。
18. 這個組織的原文名是「國際災害減低策略」,是一個協調各國政府、民間團體,從事防災、救災為目的的組織。「辦公室」是筆者所加以求語意明白,因為「策略」在中文不是行政單位用詞。
19. "Millennium in Maps: Physical Earth" Supplement to *National Geography* May 1998.

第 2 章

1. 氣候高峰會議全名是「2009 年聯合國氣候變化大會」(United Nations Climate Change Conference 2009),時間是 2009 年 12 月 7 日 -12 月 18 日,即《聯合國氣候變化綱要公約》締約方第 15 次會議」,縮寫為「COP15」(The 15th Conference of the Parties)。同時,它還是《京都議定書》簽字國第 5 次會議。
2. 中央大學教授李河清(參與會議學者),2009 年 12 月 13 日,筆者個人訪問。她提供資料來源如下：COP15:more than 40,000 http://www.iisd.ca/download/pdf/enb12459e.pdf; COP14:over 9250 http://www.iisd.ca/download/pdf/enb12395e.pdf; COP13:over 10800 http://www.iisd.ca/download/pdf/enb12354e.pdf。
3. 兩位科學家是 Bette Otto-Bliesner & Jonathan Overpeck. Mark Henderson, "London 'under water by 2100' as Antartica crumbles into the sea" *The Times* March 24, 2006. http://www.timesonline.co.uk/tol/news/uk/article694819.ece accessed February 11, 2010.
4. "Maldives cabinet makes a splash" *BBC* October 17, 2009 http://news.bbc.co.uk/2/hi/8311838.stm February 11, 2010.
5. Manesh Shrestha, "Everest hosts Nepal cabinet meeting", *CNN* December 4, 2009 http://www.cnn.com/2009/WORLD/asiapcf/12/04/everest.cabinet.meeting/accessed February 11, 2010.
6. "Copenhagen accord was a disaster, EU ministers meet to rescue climate process" *Reuters* December 23, 2009, http://www.timesofmalta.com/articles/view/20091223/world-news/copenhagen-

accord-was-a-disaster accessed January 10, 2010; David Doniger, "Copenhagen Accord: A Big Step Forward", *The Huffington Post* December 24, 2009, http://www.huffingtonpost.com/david-doniger/the-copenhagen-accord-a-b_b_402299.html accessed January 10, 2010.

7.「華北暴雪 60 年罕見」**聯合報** 2010 年 1 月 5 日 A1。

8.「新疆暴雪圍城 山東冰封漁船」**聯合報** 2010 年 1 月 11 日 A10。

9.「渤海灣 45% 成海冰」**聯合報** 2010 年 1 月 24 日 A15。

10.「惡魔風暴襲美東 癱瘓華府」**自由時報** 2010 年 2 月 7 日 A14。

11.「大雪襲美南 數州傳災情」**聯合報** 2010 年 2 月 14 日 http://udn.com/NEWS/WORLD/WOR6/5426011.shtml accessed November 15, 2011。

12.「紐約降雪量破百年紀錄」**中國時報** 2010 年 2 月 28 日 A12。

13.「全球急凍 酷寒歐洲像南極」**自由時報** 2010 年 1 月 9 日 A6。

14.「北半球酷寒 小冰河期來臨？」**聯合報** 2010 年 1 月 11 日 A11。

15.「罕見十月雪 橫掃美東」**聯合報** 2011 年 10 月 31 日 A 1。

16. Judah Cohen, "Bundle up, it's global warming".

17.「暴雪襲韓 37 年最劇」**蘋果日報** 2005 年 12 月 23 日 AA1。

18.「日本今冬創紀錄大雪 死亡增至 89 人」**中國時報** 2006 年 1 月 15 日 A11。

19.「零下 41°C 凍死鵝喉羚」**聯合報** 2006 年 2 月 10 日 A13。

20.「乳頭溫泉雪崩 10 餘傷 1 死」**聯合報** 2006 年 2 月 11 日 A13。

21.「歐洲 -36°C 77 年來新低」**聯合報** 2006 年 1 月 26 日 A14。

22.「俄市場崩塌 35 死 疑厚重積雪壓垮屋頂」**蘋果日報** 2006 年 2 月 24 日 AA2。

23.「莫斯科積雪壓垮市場 49 死」**聯合報** 2006 年 2 月 16 日 A11。

24.「暴風雪襲全歐 交通大亂 40 死」**中國時報** 2007 年 1 月 20 日 A10。

25. Andrew Revkin, "If globe is warming, why's it so cold?" *International Herald Tribune* March 3, 2008 p.4.

26. Michael Johnson, "Is our planet warming up?" *International Herald Tribune* March 7, 2008 p.9.

27. "Snow falls on Bagdad for the first time in memory" *Reuters* January 11, 2008 http://www.reuters.com/article/idUSL1146182220080111 accessed February 22, 2012.

28.「2008 年中國雪災」**維基百科** http://zh.wikipedia.org/wiki/2008%E5%B9%B4%E4%B8%AD%E5%9B%BD%E9%9B%AA%E7%81%BE 下載 2010.2.22。

29.Kathy Lynn Gray, "Blizzard of 2008: Everyone stuck somewhere as record storm taxes folks' patience" *The Columbus Dispatch* March 9, 2008 http://www.dispatch.com/live/content/local_news/stories/2008/03/09/Snow09.ART_ART_03-09-08_A1_J39JB7Q.htm accessed February 22, 2010.

30. 這些現象請參考 Michael Johnson, "Is our planet warming up?"

31.「美暴風雪 11 死 航空交通大亂」**聯合報** 2008 年 11 月 24 日 AA2。

32.「-31°C 歐冰風暴 10 多人凍死」**自由時報** 2009 年 1 月 8 日 A8。

33.「黃河大凌汛」**聯合報** 2009 年 1 月 19 日 A9。

34.「暴風雪襲美 一百四十萬戶斷電」**中國時報** 2009 年 1 月 30 日 A3。

35.「英國暴風雪肆虐 陸海空交通癱瘓」**中國時報** 2009 年 2 月 7 日 A3。

36.「美東百年大雪 返鄉過耶誕很難」**聯合報** 2009 年 12 月 21 日 A16。

37.「暖冬急凍 防極低溫偷襲」**聯合報** 2009 年 12 月 26 日 A19。

38. Michael Johnson, "Is our planet warming up?"

39. Steve Cole, Alan Buis, "NASA Leads Study Of Unprecedented Arctic Ozone Loss"*NASA* October 2,2011 http://www.nasa.gov/mission_pages/calipso/main/index.html accessed October 9,2011.

40. 2001 至 2009 年之間的 9 年期間，有 7 年特別冷。Judah Cohen, "Bundle up, it's global warming" *International Herald Tribune* December 27, 2010 p.8.

41. 此段以下文字綜合參考「室溫 40°C 全美熱死 29 人」**蘋果日報** 2006 年 7 月 26 日 A16；「加州連 10 天 37 度熱死 56 人」**蘋果日報** 2006 年 7 月 27 日 A16。

42.「室溫 40°C 全美熱死 29 人」**蘋果日報** 2006 年 7 月 26 日 A16。

43.「地球熱化 下世紀前地球人死 60 億」**聯合報** 2006 年 12 月 1 日 A5。

44.「127 年來 去冬最暖」**聯合報** 2007 年 3 月 17 日 A16。

45. 此段以下文字來自「氣象異常 全球化來了！」**聯合報** 2007 年 8 月 19 日 A15。

46. 根據註 45，2007 年為澳洲大旱第 9 年，但根據 Bradsher 文，2007 年為澳洲大旱第 5 年。請見 Keith Bradsher, "Drought in Australia and the world suffers" *International Herald Tribune* April 18, 2008 pp. 1, 7。

47.「長江異常枯 今年鼠患可能更猛」**聯合報** 2008 年 1 月 17 日 A14。

48.「長江異常枯 今年鼠患可能更猛」**聯合報** 2008 年 1 月 17 日 A14。

49. 此段以下文字根據 Bradsher, "Drought in Australia and the world suffers"。

50. 此段以下文字根據「熱浪襲人 南澳 22 人猝死」**自由時報** 2009 年 1 月 31 日 A12。

51.「澳洲 48°C 世紀熱浪奪 28 命」**蘋果日報** 2009 年 2 月 1 日 A23。

52.「澳洲史上最大火 至少 156 人死」**自由時報** 2009 年 2 月 10 日 A10。

53.「澳洲 48°C 世紀熱浪奪 28 命」**蘋果日報** 2009 年 2 月 1 日 A23;「水深火熱 澳洲東南大火北部淹水」**聯合報** 2009 年 2 月 8 日 AA2;「澳洲大火燎原毀村鎮近百死」**中國時報** 2009 年 2 月 9 日 A3;「澳洲史上最大火 至少 156 人死」**自由時報** 2009 年 2 月 10 日 A10。

54.「沙國恐怖沙塵暴」**聯合報** 2009 年 3 月 12 日 AA2。

55.「臺灣受沙塵暴影響」**蘋果日報** 2009 年 9 月 24 日。

56.「火星世界 雪梨 70 年最大沙塵暴」**聯合報** 2009 年 9 月 24 日 A15。

57.「臺灣受沙塵暴影響」。

58.「火熱 野火竄燒地中海」**蘋果日報** 2009 年 7 月 28 日 A19。

59.「加拿大野火燎原」**中國時報** 2009 年 8 月 6 日 A3。

60.「浩劫 希臘 90 處野火 萬人急撤」**蘋果日報** 2009 年 8 月 25 日 A18。

61.「加州野火肆虐 急撤 4 千戶」**蘋果日報** 2009 年 9 月 1 日 A21。

62.「印度百年大旱 民眾搶水送命」**聯合報** 2009 年 7 月 13 日 A14。

63.「河北高溫飆上 39°C」**聯合報** 2009 年 6 月 2 日 A9。

64.「河北高溫飆上 39°C」**聯合報** 2009 年 6 月 2 日 A9。

65.「遼寧乾旱 貧農更貧」**聯合報** 2009 年 12 月 9 日 A11。

66.「熱浪襲陸 南方各地傳乾旱」**聯合報** 2009 年 8 月 26 日 A14。

67.「澳又見冰山 香港兩倍大」**聯合報** 2009 年 12 月 10 日 A17。

68.「南極崩離冰山 擾亂洋流氣候」**中國時報** 2010 年 2 月 27 日 A2。

69. "Climate science…may be the first of the physical science that has become a part of the political process." Christina Larson, Joshua Keating, "The FP Guide to Climate Skeptics" **Foreign Policy** February 26, 2010 p.9.

70. "The Evolution of Eco-prophet" **Newsweek** November 9, 2009; Fred Guterl, "Iceberg Ahead" Newsweek March 1, 2010 p.42.

71. 資料來源:Christina Larson, Joshua Keating, "The FP Guide to Climate Skeptics" **Foreign Policy** February 26, 2010.

72. Richard Lindzen, **Wikipedia, the free encyclopedia**.

73. Jeff Jacoby, "Skepticism on climate change" **International Herald Tribune** December 10, 2008 p.8.

74. "2009: Second Warmest Year on Record; End of Warmest Decade 01.21.10" http://www.nasa.gov/topics/earth/features/temp-analysis-2009.html accessed Jan 28, 2010.

75. Patrick J. Michaels and Robert C. Balling Jr., **Climate of Extremes: Global Warming Science They Don't Want you to Know** (Washington DC: CATO Institute, 2009) p.xii.

76. 這是 Douglas Keenan 所創的詞彙。Christina Larson, Joshua Keating,, "The FP Guide to Climate Skeptics" p.13.

77. 彭啟明博士,「氣象達人」天氣風險管理開發股份有限公司總經理,2010 年 3 月 8 日,筆者電話訪問。

78. 資料來源:NASA, "2009: Second Warmest Year on Record; End of Warmest Decade 01.21.10" http://www.nasa.gov/topics/earth/features/temp-analysis-2009.html accessed Jan 28, 2010.

79. "Richard Muller, global warming skeptic, finds climate change real in his own study" **Huffington Post** November 1, 2011 http://www.huffingtonpost.ca/2011/10/31/richard-muller-global-warming-skeptic-study_n_1066788.html accessed November 1, 2011.

80. Global warming , **Wikipedia**.

81. Richard S. Lindzen, "The Climate Science Isn't Settled: Confident Predictions of Catastrophe Are Unwarranted" **Wall Street Journal** November 30, 2009.

82. Dennis T. Avery, S. Fred Singer, **Unstoppable Global Warming: Every 1500 years** (Lanham, Maryland: Rowman & Littlefield Publishng Group, 2007).

83. Fred Guterl, "Iceberg Ahead " pp.40-43.

84. "the experts have been at war over the issue (of global warming)… trading epithets worthy of the schoolyard" Michael Johnson, "Is our planet warming up?"

85. "Some of them (scientists and economists who question global warming) have even faced death threats" Joseph L Blast, "Opening Remarks: The 2008 International Conference on Climate Change, March 2-4, New York, USA" http://www.heartland.org/events/NewYork08/ accessed March 1, 2010.

86. 波凌教授在書的序言中敘述他及其他質疑暖化的學者受到政治壓力,經費申請也變得困難。Patrick J. Michaels and Robert C. Balling Jr., Climate of Extremes pp.ix-xiii.

87. Andrew Revkin, John Broder, "Skeptics Renew Attack on Science of Warming" **International Herald Tribune** December 8, 2009, pp.1, 7.

88. Elizabeth Rosenthal, "Dire Prediction of Himalayan Melt by '30 Looks Offbase" **International Herald Tribune** January 20, 2010 p.2;「喜馬拉雅冰河 2035 消失? 聯合國跨政府間氣候變化委員會認錯」**中國時報** 2010 年 1 月 21 日 A2。

89. Elizabeth Rosenthal, "Climate Official Is Feeling Some Heat of His Own" *International Herald Tribune* February 10, 2010 pp.1,8.
90. Johnson, "Is our planet warming up?"
91. Guterl, "Iceberg Ahead" p.43.
92. "It is unlikely that we will make good polcy judgments if we follow either side" Christina Larson, Joshua Keating,, "The FP Guide to Climate Skeptics" p.10.
93. Al Gore, "We Can't Wish Away Climate Change" *International Herald Tribune* March 1, 2010 p.8.
94. "The combined global land and ocean average surface temperature for January 2010 was 0.60° C (1.08° F) above the 20th century average of 12.0° C (53.6° F). This is the fourth warmest January on record." State of the Climate,Global Analysis,January 2010, *National Oceanic and Atmospheric Administration*, National Climatic Data Center. http://www.ncdc.noaa.gov/sotc/?report=global accessed March 8, 2010.
95. State of the Climate,Global Analysis,January 2010, *National Oceanic and Atmospheric Administration*.
96. 「127 年 去冬最暖」*聯合報* 2007 年 3 月 17 日 A16。
97. "A New El Nino" *National Geographic Magazine* March 2010, p.28; "New Type of El Nino Could Mean More Hurricanes Make Landfall" *Science Daily* July 3, 2009.
98. 彭啟明博士，2010 年 1 月 5 日筆者電話訪問。
99. 資料來源：1. "A New El Nino" *National Geographic Magazine* March 2010, p.28. 2."New Type of El Nino Could Mean More Hurricanes Make Landfall" *Science Daily* July 3, 2009 http://www.sciencedaily.com/releases/2009/07/090702140835.htm accessed March 27, 2010.

第 3 章

1. "Dying Frogs Sign Of A Biodiversity Crisis" *Science Daily* Aug. 17, 2008 http://www.sciencedaily.com/releases/2008/08/080812135654.htm accessed June 7, 2010.
2. David Strauth, "Frog population declines continue: Amphibian mortality linked to climate change" Oregon State University, 04/04/01 *Melissa Kaplan's Herp Care Collection* http://www.anapsid.org/frogdecline.html accessed June 8,2010.
3. "Decline in amphibian populations" *Wikipedia* http://en.wikipedia.org/wiki/Decline_in_amphibian_populations accessed June 7, 2010.
4. Dan Charles, "Study Traces Frog Population Decline To Weed Killer" *National Public Radio* October 29, 2008 http://www.npr.org/templates/story/story.php?storyId=96282292 accessed June 9, 2010.
5. "Decline in amphibian populations" *Wikipedia*.
6. "Decline in amphibian populations" *Wikipedia*.
7. "Hurricane Katrina" *Wikipedia* http://en.wikipedia.org/wiki/Hurricane_Katrina accessed March 29, 2010.
8. "Deaths of evacuees push toll to 1,577" *New Orleans Times-Picayune*. May 19, 2006. 這紀錄旋即被 2006 年 6 月 5 日卡翠納颶風死亡數字改寫。
9. 資料來源：Lou Dolinar, "Katrina: What the Media Missed" *Real Clear Politics* May 23, 2006 http://www.realclearpolitics.com/articles/2006/05/katrina_what_the_media_missed.html accessed October 17, 2011.
10. Chris Carroll, "In Hot Water" *National Geographic Magazine* August 2005 p.72.
11. Carroll, "In Hot Water" p.72；「佛州無颶風 巴菲特賭贏 74 億」*聯合報* 2008 年 12 月 31 日 AA1。
12. Thomas Hayden, "Super Storms: No End in Sight" *National Geographic Magazine* August 2006 p.6.
13. 「32 年來最大 暴風掃澳 有如原爆」*聯合報* 2005 年 3 月 21 日 A14。
14. 資料來源："Hurricane Katrina" http://en.wikipedia.org/wiki/Hurricane_Katrina accessed March 29, 2010.
15. 資料來源：FAQ: Hurricanes, Typhoons, and Tropical Cyclones http://www.faqs.org/qa/qa-3959.html accessed April 2, 2010; "Tornado" *Wikipedia* http://en.wikipedia.org/wiki/Tornado accessed April 3, 2010; Amitav Ghosh, "Cyclones Past, Present and to Come" *International Herald Tribune* May 12, 2008 p.6 ; "Tornado Records" *Wikipedia* http://en.wikipedia.org/wiki/Tornado_records accessed April 6, 2010.
16. 「暴風襲大連 民宅塌 5 死」*蘋果日報* 2007 年 3 月 7 日 A21。
17. *Armageddon Online- Super Cyclonic Storm Gonu* http://www.armageddononline.org/Super-Cyclonic-Storm-Gonu-Just-Unprecedented.html accessed April 2, 2010.

18. Ajit Tyagi , M. Mohapatra, B. K. Bandyopadhyay, Charan Singh and Naresh Kumar "The First Ever Super Cyclonic Storm "GONU" over the Arabian Sea During 1–7 June 2007: A Case Study" India Meteorological Department, Mausam Bhavan, Lodi Road, New Delhi, 110003, India.

19. "Cyclone Gonu" *Wikipedia* http://en.wikipedia.org/wiki/Cyclone_Gonu accessed April 3, 2010.

20. "Cyclone Gonu";「氣象異常全球化來了」**中國時報** 2008 年 8 月 19 日 A15。

21. *Armageddon Online- Super Cyclonic Storm Gonu.*

22. 「氣旋侵緬 專家：5 百年大災難」**自由時報** 2008 年 5 月 10 日 A8。

23. "Cyclone Nargis" *Wikipedia* http://en.wikipedia.org/wiki/Cyclone_Nargis accessed March 30, 2010.

24. 「豪雨斷橋 20 座　莫拉克超過 921 地震」**中央社** 2009 年 8 月 9 日。http://www.epochtimes.com/b5/9/8/9/n2617987. 下載於 2011 年 11 月 18 日。

25. 莫拉克（颱風）斷橋全圖 http://maps.google.com.tw/maps/ms?cd=3&geocode=Fc2FYAEdF5UxBw&ie=UTF8&oe=UTF8&msa =0&msid=109996223466117869132.000470c3425df08afe245 accessed April 5, 2010.

26. 「危橋、斷橋，何時了？」**經濟日報** 2009 年 8 月 20 日 http://eem.pcc.gov.tw/eem/user 下載於 20100405。

27. 「臺灣官方估計高雄小林村 398 人被活埋」**星島環球網** 2009 年 -08 月 14 日 http://www.stnn.cc:82/society_focus/200908/t20090814_1083417.html 下載 20111118

28. 「颱風引發海底土石流 6 海纜中斷」**自由時報** 2008 年 8 月 13 日 A15。

29. 「輕颱挾豪雨　日本重創 13 死」**蘋果日報** 2009 年 8 月 11 日 A20。

30. 「雨颱引洪災 菲 73 死 33 萬人撤離」**自由時報** 2009 年 9 月 28 日 A10；「菲水災肆虐　總統府收容災民」**自由時報** 2009 年 9 月 30 日 A1。

31. Carroll, "In Hot Water" pp.78-79.

32. "Cyclone Gamede" *Wikipedia* http://en.wikipedia.org/wiki/Cyclone_Gamede accessed April 6, 2010.

33. 另死 1 人在附近法屬留尼旺島 (Reunion Island) 島上。"Cyclone Gamede"; Amitav Ghosh, "Cyclones Past, Present and to Come" *International Herald Tribune* May 12, 2008 p.6.

34. "Super Outbreak" http://www.crh.noaa.gov/iwx/program_areas/events/historical/superoutbreak1974/index.php accessed April 7, 2010.

35. "Tornado Records" *Wikipedia* http://en.wikipedia.org/wiki/Tornado_records#cite_note-super_outbreak-3#cite_note-super_outbreak-3 accessed April 7, 2010.

36. Kate King, "2008 Could Set Records for Tornado Deaths" *CNN* May 28, 2008 http://www.cnn.com/2008/TECH/science/05/28/tornado.year/index.html accessed April 6, 2010.

37. 資料來源：Kate King, "2008 could set records for tornado deaths" *CNN* May 28, 2008 http://www.cnn.com/2008/TECH/science/05/28/tornado.year/#cnnSTCOther1 accessed April 7, 2010.

38. 資料來源：Monthly and Annual U.S. Tornado Summaries *NOAA's National Weather Service Storm Prediction Center* http://www.spc.noaa.gov/climo/online/monthly/newm.html accessed April 2, 2010.
http://www.cnn.com/2008/TECH/science/05/28/tornado.year/#cnnSTCOther1 accessed April 7, 2010.

39. Kate King, "2008 could set records for tornado deaths" *CNN* May 28, 2008.

40. 「龍捲風襲美南逾 231 死 40 年最慘」**自由時報** 2011 年 4 月 29 日 A13。

41. "US tornado outbreak was 'biggest ever'" *BBC* May 2, 2011 http://www.bbc.co.uk/news/world-us-canada-13262644 accessed October 2, 2011.

42. "Joplin, Missouri Tornado May 22, 2011: Over 100 Killed" *Now Public* May 23, 2011 http://www.nowpublic.com/environment/joplin-missouri-tornado-may-22-2011-over-100-killed-video-2790867.html accessed October 1, 2011.

43. Daniel McCarthy and Joseph Schaefer, "Tornado Trends Over The Past Thirty Years" *NOAA/NWS/NCEP* http://www.spc.noaa.gov/publications/mccarthy/tor30yrs.pdf accessed April 2, 2010.

44. 最嚴重的水災發生在 1954 年，共 3 萬人喪命。"Flooding in China Summer 1998" http://lwf.ncdc.noaa.gov/oa/reports/chinaflooding/chinaflooding.html accessed April 13, 2010。

45. "Flooding in China Summer 1998".

46. 「非戰爭軍事行動有精兵」**解放軍報** 2009 年 9 月 16 日 p.1。

47. 「暴雨肆虐百萬人　川鐵路出軌」**聯合報** 2008 年 6 月 9 日 A12。

48. 「暴雨襲 10 省　57 死損 456 億」**蘋果日報** 2008 年 6 月 16 日 A16。

49. 「南方洪災」**中國時報** 2009 年 7 月 6 日 A13。

50. 「四川暴雨　188 萬人受災」**聯合報** 2009 年 7 月 19 日 A12。

51. 「29 省洪災　經損逾 3500 億」**聯合報** 2009 年 8 月 26 日 A14。

52. 「美中西部大水患　玉米飆天價」**聯合報** 2008 年 6 月 18 日 AA1；「美中西部潰堤　水淹 3 米高」**蘋果日報** 2008 年 6 月 19 日 A17。

53. 「北達科他州大水　3 萬人恐無家歸」**聯合報** 2009 年 3 月 29 日 AA2。
54. 「60 年大水患　美東南泡水 3 天」**聯合報** 2009 年 9 月 24 日 A15。
55. 「美東連番豪雨　遭 200 年不遇洪災」***Now News*** 2010 年 4 月 1 日。
56. 「英降千年豪雨　洪水肆虐 1 警殉職」**聯合報** 2009 年 11 月 22 日 A21。
57. 「法國也淹水」**聯合報** 2009 年 11 月 28 日 A18。
58. 「搶救兔子」**中國時報** 2010 年 3 月 29 日 A2。
59. 「印度洪澇　200 萬人撤離」**自由時報** 2008 年 8 月 28 日 A6。
60. 「水淹伊斯坦堡　奪 23 命」**聯合報** 2009 年 9 月 24 日 A16。
61. "Mexico: Rain Causes Deadly Flood" ***Time*** February 22, 2010 p.6.
62. 「巴西豪雨　里約癱瘓釀百死」**自由時報** 2010 年 4 月 8 日 A16。
63. "Pakistan Floods of 2010" ***Wikipedia*** http://en.wikipedia.org/wiki/2010_Pakistan_floods accessed
October 3, 2011.
64. "100 crocodiles escape from flood-hit Thailand farm" ***The Asian Age*** October 11, 2011 http://
www.asianage.com/international/100-crocodiles-escape-flood-hit-thailand-farm-076 accessed
October 11, 2011.
65. 「10 超大豪雨 集中近 18 年」**自由時報** 2008 年 8 月 26 日 A8。
66. 「10 超大豪雨 集中近 18 年」。
67. 「10 超大豪雨集中近 18 年」。
68. SARS 的全名是「Severe Acute Respiratory Syndrome」，中文稱為「嚴重急性呼吸道症候群」。
69. 「SARS 事件」**維基百科** http://zh.wikipedia.org/zh-tw/SARS%E4%BA%8B%E4%BB%B6 下載 2010 年 5
月 10 日。
70. 「回顧今年臺灣 SARS 疫情」**大紀元** 2003 年 11 月 24 日 http://www.epochtimes.com/b5/3/12/24/
n435706.htm 下載 2010 年 5 月 11 日。
71. 胡文輝，「臺灣社會的抗煞（SARS）聖戰」http://www.taiwanncf.org.tw/ttforum/22/22-14.pdf 下載
20111119;「邱淑媞」**維基百科**
http://zh.***wikipedia***.org/zh-tw/%E9%82%B1%E6%B7%91%E5%AA%9E 下載 20111119
72. "2009 flu pandemic", Wikipedia http://en.wikipedia.org/wiki/2009_flu_pandemic accessed May 7,
2010.
73. Carl Zimmer, "Rise of the Superbacteria" ***Newsweek*** June 13, 2011 pp.12 & 13;「德奪命大腸桿
菌　首例人傳人」**自由時報** 2011 年 6 月 20 日 A8。
74. Listeria monocytogenes Andri, "The danger of Listeria monocytogenes in cantaloupe"
amazingnotes.com Health October 2, 2011 http://amazingnotes.com/2011/10/02/the-danger-of-
listeria-monocytogenes-in-cantaloupe/ accessed October 4, 2011.
75. 「美國死於李斯特菌感染的人數升至 15 人 84 人染病」**中新網** 2011 年 10 月 1 日 http://www.cdnews.
com.tw accessed October 2, 2011。
76. "A strain of flu never seen before has killed up to 60 people in Mexico and also appeared in
the United States" , ***Reuters*** April 24, 2009 http://www.reuters.com/article/idUSTRE53N22820090424
accessed May 14, 2010; "2009 flu pandemic", ***Wikipedia*** http://en.wikipedia.org/wiki/2009_flu_
pandemic accessed May 7, 2010.
77. 「鏈球菌毒死綠島魚群　全球首例」**中國時報** 2008 年 6 月 9 日 A10。
78. 「港澳驚爆豬農死於不明肺炎」**中國時報** 2006 年 12 月 30 日 A13。
79. 「車臣爆怪病　93 人抽搐病倒」**聯合報** 2006 年 3 月 11 日 A13。
80. 「SARS 事件」**維基百科** http://zh.wikipedia.org/zh-tw/SARS%E4%BA%8B%E4%BB%B6 accessed May
10, 2010。
81. 20100511 "Nipah & Hendra Virus".
82. 「禽流感」**維基百科** http://zh.wikipedia.org/zh-tw/%E7%A6%BD%E6%B5%81%E6%84%9F accessed
May 10, 2010。
83. "Henipavirus", ***Wikipedia*** http://en.wikipedia.org/wiki/Henipavirus accessed May 11, 2010.
84. 陳豪勇，〈漢他病毒感染症〉劉振軒等編印，**簡明人畜共通傳染病**（台北：行政院農業委員會動
植物防疫檢疫局）p.27; "Hantavirus" ***Wikipedia*** http://en.wikipedia.org/wiki/Hantavirus accessed
May 14, 2010; "Chile reports nine hantavirus deaths in 2009" ***Xinhua*** January 4, 2010 Ivan Moreno,
"State's hantavirus deaths highest in 14 years", ***Rocky Mountain News*** July 18, 2007, http://www.
rockymountainnews.com/news/2007/Jul/18/states-hantavirus-deaths-highest-in-14-years/ accessed
ay 24, 2010。
85. "Porcine Reproductive and Respiratory Syndrome Virus", ***Wikipedia*** http://en.wikipedia.org/wiki/
Porcine_Reproductive_and_Respiratory_Syndrome_Virus accessed May 14, 2010; David Barboza,"Virus
Spreading Alarm and Pig Disease in China" New York Times August 16, 2006 http://www.nytimes.
com/2007/08/16/business/worldbusiness/16pigs.html accessed June 4, 2010.

86. 楊嘉慧，〈牛隻為何染上狂牛症？〉**科學人** 2010 年 5 月號，http://sa.ylib.com/saeasylearn/saeasylearnshow.asp?FDocNo=1572&CL=87 accessed May 8, 2010。

87. "An Aids History" http://www.aegis.com/topics/timeline/ accessed June 4, 2010.

88. 「超毒病原襲英致 49 死」**中國時報** 2006 年 10 月 2 日 A14; "Clostridium difficile" Wikipedia http://en.wikipedia.org/wiki/Clostridium_difficile accessed June 4, 2010。

89. 「諾羅病毒襲英　近 300 萬老幼罹病」**中國時報** 2008 年 1 月 13 日 F1；「加拿大爆發困難腸梭菌院內感染事件」**疾病管制局 CDC** 2004 年 6 月 7 日 http://www.cdc.gov.tw/ct.asp?xItem=1292&ctNode=220&mp=1 accessed May 14, 2010。

90. "Virus spreads from provinces to Beijing" **International Herald Tribune** May 15, 2008, p.3; "Hand, foot and mouth disease", Wikipedia http://en.wikipedia.org/wiki/Hand,_foot_and_mouth_disease accessed May 10, 2010.

91. 劉振軒，〈西尼羅病毒感染症〉劉振軒等編印 **簡明人畜共通傳染病** p.70；施秀，〈西尼羅病毒 (West Nile virus) 的感染控制〉**感染控制雜誌** 15 卷 12 期 https://www.nics.org.tw/old_nics/magazine/15/02/15-2-4.htm accessed June 2, 2010; " 西尼羅病毒 (West Nile Virus) 之介紹 " http://vettech.nvri.gov.tw/Articles/colloquium/652.html accessed June 2, 2010; U.S. Center for Disease Control, "Maps of West Nile Virus Activity" http://www.cdc.gov/ncidod/dvbid/westnile/index.htm accessed June 20, 2010。

92. 「豬流感」**維基百科** http://zh.wikipedia.org/zh-tw/%E8%B1%AC%E6%B5%81%E6%84%9F accessed May 14, 2010; "One in three people likely to get swine flu" **OnMedica** May 12, 2009; http://www.onmedica.com/newsArticle.aspx?id=90c8c0b6-3b26-40c1-8633-92847992ae8e accessed May 25, 2010; "1918 flu pandemic" Wikipedia http://en.wikipedia.org/wiki/1918_flu_pandemic accessed June 4, 2010.

93. "Sheep Pox",http://www.defra.gov.uk/foodfarm/farmanimal/diseases/atoz/sheeppox/index.htm#history accessed May 25, 2010;「羊痘症疫情獲控制　已撲殺 5 千隻」**聯合報** 2010 年 5 月 18 日。http://udn.com/NEWS/LIFE/LIF1/5602364.shtml accessed May 25, 2010。

94. Koo D, "Epidemic cholera in Latin America, 1991-1993: implications of case definitions used for public health surveillance", http://www.ncbi.nlm.nih.gov/pubmed/8704754 accessed June 1, 2010; "Cholera" **Wikipedia** http://en.wikipedia.org/wiki/Cholera#Origin_and_spread accessed June 4, 2010.

95. "Dengue fever" **Wikipedia** http://en.wikipedia.org/wiki/Dengue_fever accessed June 2, 2010.

96. "Foot-and-mouth disease" **Wikipedia** http://en.wikipedia.org/wiki/Foot-and-mouth_disease accessed May 10, 2010; Mahy BW, "Introduction and history of foot-and-mouth disease virus" National Center for Infectious Diseases, Centers for Disease Control and Prevention, Atlanta, GA, USA. http://www.ncbi.nlm.nih.gov/pubmed/15648172 accessed June 4, 2010.

97. 「青海驚爆肺鼠疫」**蘋果日報** 2009 年 8 月 5 日 20；"History of Epidemics and Plagues (October 2001)" http://uhavax.hartford.edu/bugl/histepi.htm accessed June 4, 2010。

98. Jeanne Roberts, "Ancient Bacteria, Global Warming and Future Pandemics" June 8, 2008 http://www.thepanelist.net/opinions-culture-10084/1038-ancient-bacteria-global-warming-and-future-pandemics accessed May 11, 2010.

99. Maria Said, "The Chikungunya Question: What effect does climate change have on the spread of disease?" posted Feb. 6, 2008, at 10:52 AM ET, http://www.slate.com/id/2183699 accessed May 11, 2010.

100. 蕭終融，〈西尼羅病毒 (West Nile Virus) 之介紹〉http://vettech.nvri.gov.tw/Articles/colloquium/652.html accessed June 2, 2010。

101. Rachel Shulman, "Climate change increases West Nile Virus outbreaks in the U.S." **The EEB and Flow**, April 5, 2009 http://evol-eco.blogspot.com/2009/04/climate-change-increases-west-nile.html accessed June 2, 2010.

102. Usha Lee McFarling, "Science: The survey lists species hit by outbreaks and suggests that humans are also in peril". **Los Angeles Times** 21 June 2002 http://www.globalhealth.org/news/article/2001 accessed May 11, 2010.

103. Sara Shannon, "An Overview: Hazards Of Low Level Radioactivity" Winter, 1998 http://www.ratical.org/radiation/HoLLR.html accessed October 4, 2011.

104. "Paul Reiter" **Wikipedia** http://en.wikipedia.org/wiki/Paul_Reiter accessed June 1, 2010.

105. Moeller R, Reitz G, Berger T, Okayasu R, Nicholson WL, Horneck G., "Astrobiological aspects of the mutagenesis of cosmic radiation on bacterial spores" **Astrobiology**. 2010 Jun;10(5):509-21；Sorcha Faal, "Pandemic Nears as Cosmic Ray Mutated Virus Unleashes Its Power" http://www.whatdoesitmean.com/index656.htm accessed October 4, 2011.

106. Jeffrey Kluger, "The Buzz on Bees" **Time** Oct. 29, 2006 http://www.time.com/time/magazine/article/0,9171,1552024-1,00.html accessed June 8, 2010.

107. "Colony collapse disorder" *Wikipedia* http://en.wikipedia.org/wiki/Colony_collapse_disorder accessed June 8, 2010.

108. 「全球蜂群神祕失蹤」聯合報 2009 年 06 月 08 日 D2。

109. "Colony collapse disorder" *Wikipedia*.

110. "Survey: Honey Bee Population Sees Decline During Winter Survey Finds Population Drops 34 Percent From October Until April" T*he Pittsburgh Channel* http://www.thepittsburghchannel.com/news/23311740/detail.html accessed June 8, 2010.

111. Paul Molga, "La mort des abeilles met la planète en danger" *Les Echos* 20 August 2007 (French) cited in "Colony collapse disorder" *Wikipedia*.

112. 「慘 老蜂放飛 1/3 失蹤」聯合報 2008 年 5 月 1 日 A6。

113. 「蜂群消失 瓜果減產 蜂蜜漲價」聯合報 2008 年 5 月 1 日 A6。

114. 「蜜蜂消失 謎底揭露」中國時報 2009 年 3 月 7 日。

115. Jeffrey Kluger, "The Buzz on Bees".

116. "Colony collapse disorder" *Wikipedia*.

117. 「餵殺蟲劑 變笨迷路」聯合報 2009 年 6 月 8 日 D2。

118. 「慘 老蜂放飛 1/3 失蹤」。

119. 「蜜蜂消失 謎底揭露」。

120. "Colony collapse disorder" *Wikipedia*.

121. 「餵殺蟲劑 變笨迷路」。

122. Richard Lloyd Parry, "How do you tackle an invasion of giant jellyfish? Try making sushi" *The Times* December 7, 2005 http://www.timesonline.co.uk/tol/news/world/asia/article749446.ece accessed June 12, 2010; 「大水母入侵日海域」聯合報 2005 年 12 月 8 日 A14。

123. "Nomura's jellyfish" *Wikipedia* http://en.wikipedia.org/wiki/Nomura's_jellyfish accessed June 11, 2010.

124. 「巨型水母侵日 愈殺愈多漁民慌」中國時報 2005 年 12 月 8 日 A14。

125. Richard Lloyd Parry, "How do you tackle an invasion of giant jellyfish?" .

126. Richard Lloyd Parry, "How do you tackle an invasion of giant jellyfish?" .

127. Stephan Faris, "A Gelatinous Invasion" *Time* November 2, 2009 pp.39-40.

128. Julian Ryall, "Japanese fishing trawler sunk by giant jellyfish" *Telegraph* November 2, 2009 http://www.telegraph.co.uk/earth/6483758/Japanese-fishing-trawler-sunk-by-giant-jellyfish.html accessed June 12, 2010.

129. Jonathon Marshall, "Japanese Boat Capsized by Huge Jellyfish" http://www.fishingfury.com/categories/saltwater/saltwater-species/jellyfish/ accessed June12, 2010.

130. Elizabeth Rosanthal, "Oceans' alarm: Jellyfish swarms" *International Herald Tribune* August 8, 2008 pp.1 & 8.

131. 「水母遽增 西班牙一天 300 人螫傷」聯合報 2008 年 8 月 4 日 AA1。

132. Elizabeth Rosanthal, "Oceans' alarm".

133. 資料來源:「水母大軍危中日韓海域」蘋果日報 2005 年 12 月 8 日 AA1。

134. 「北愛海岸水母屠殺 10 萬鮭魚」聯合報 2007 年 11 月 23 日 A6。

135. Stephan Faris, "A Gelatinous Invasion", p.39.

136. Richard Black, "Snakes in mysterious global decline" *BBC* June 9, 2010 http://news.bbc.co.uk/2/hi/science/nature/8727863.stm accessed June 15, 2010.

137. 「父肉身擋千蜂 女兒遭百螫亡」蘋果日報 2009 年 9 月 22 日 A1。

138. 「虎頭蜂空襲 螫傷四師生」聯合報 2009 年 10 月 1 日 A7。

139. 「中美洲吸血蝙蝠出沒」中國時報 2009 年 3 月 3 日 A3。

140. 「中美洲吸血蝙蝠出沒」。

141. "Snake populations decline in tropical and temperate climates" *Centre for Ecology and Hydrology* June 9, 2010, http://www.ceh.ac.uk/news/index.html accessed June 15, 2010.

第 4 章

1. Jet Li, "The Tsunami That Changed My Life" *Newsweek* September 27, 2008 http://www.newsweek.com/2008/09/26/the-tsunami-that-changed-my-life.html accessed July 29, 2010.

2. "Jet Li recounts tsunami ordeal" *CBC Arts* January 7, 2005 http://www.tsunami.maldiveisle.com/maldives/tsunami_Maldives_Jet_Li_Recounts_31.htm accessed July 29, 2010.

3. Jet Li, "The Tsunami That Changed My Life"; "Jet Li recounts tsunami ordeal".
4. "2004 Indian Ocean earthquake and tsunami" *Wikipedia*
http://en.wikipedia.org/wiki/2004_Indian_Ocean_earthquake_and_tsunami.
5. "2011 Tohoku Earthquake and Tsunami" *Wikipedia*
http://en.wikipedia.org/wiki/2011_T%C5%8Dhoku_earthquake_and_tsunami accessed October 8, 2011.
6. 「震不停！日最老長頸鹿撐不住了」聯合報 2011 年 5 月 20 日 A17。
7. 「青海 7.1 強震　400 死萬人傷」聯合報 2010 年 4 月 15 日 A1。
8. 「強震、海嘯、火山爆發　三災連環襲　印尼逾 300 死」自由時報 2010 年 10 月 28 日 A10；「印尼海嘯死亡人數破 600」自由時報 2010 年 10 月 28 日 A19。
9. "New Zealand quake death toll hits 160" *The Associated Press* Mar 2, 2011
http://www.cbc.ca/news/world/story/2011/03/02/new-zealand-quake-160.html accessed July 17, 2011.
10. 「印尼 7.1 強震　油槽爆炸燃燒」中央社 2011 年 4 月 4 日
http://www.worldjournal.com/view/full_news/12618566/article-%E5%8D%B0%E5%B0%BC7-1%E5%BC%B7%E9%9C%87-%E6%B2%B9%E6%A7%BD%E7%88%86%E7%82%B8%E7%87%83%E7%87%92?instance=in_bull accessed April 4, 2011。
11. 「印度東北 6.9 強震　至少 63 死」聯合報 2011 年 9 月 20 日 A14。
12. 「美東罕見強震規模 5.8　華府 114 年沒遇過」聯合報 2011 年 8 月 25 日 A1。
13. Gautam Naik, "Quakes Echo World-Wide" *Wall Street Journal* March 28, 2011
http://online.wsj.com/article/SB10001424052748703696704576223190440090846.html accessed October 9, 2011.http://www.cuyoo.com/home/portal.php?mod=view_both&aid=6138
14. "2004 Indian Ocean earthquake and tsunami".
15. Marsha Walton, "Scientists: Sumatra quake longest ever recorded Temblor big enough to 'vibrate the whole planet'" *CNN* May 20, 2005
http://edition.cnn.com/2005/TECH/science/05/19/sumatra.quake/index.html accessed August 4, 2010.
16. "Humanitarian response to the 2004 Indian Ocean earthquake" *Wikipedia*
http://en.wikipedia.org/wiki/Humanitarian_response_to_the_2004_Indian_Ocean_earthquake accessed August 6, 2010.
17. "2005 Kashmir earthquake" *Wikipedia* http://en.wikipedia.org/wiki/2005_Kashmir_earthquake accessed July 30, 2010.
18. Jeffrey Hays, "Sichuan Earthquake In 2008: Facts And Details" *Wikipedia*
http://factsanddetails.com/china.php?itemid=407&catid=10&subcatid=65 accessed July 30, 2010;
"2008 Sichuan earthquake" *Wikipedia*
http://en.wikipedia.org/wiki/2008_Sichuan_earthquake accessed July 26, 2010.
19. 「汶川地震」維基百科
http://zh-yue.wikipedia.org/wiki/%E6%B1%B6%E5%B7%9D%E5%9C%B0%E9%9C%87 accessed July 30, 2010。
20. Jeffrey Hays, "Sichuan Earthquake In 2008: Facts And Details".
21. 「川震物資空運　北京求助日自衛隊」聯合報 2008 年 5 月 29 日 A18。
22. 「俄空軍樹立典範　出動 9 架運輸機幫助中國救災」環球網 2008 年 5 月 29 日。
23. 「韓國空軍三架運輸機運載救援物資抵達四川」朝鮮日報 2008 年 05 月 29 日
http://news.sina.com 17:21 accessed May 30, 2008；「印度空軍展開大規模跨國界救災任務援助中緬」環球時報 2008 年 05 月 30 日。
24. 「調查稱成都九成居民有地震後遺症　常有幻覺」四川新聞網 2008 年 6 月 19 日
http://news.xinhuanet.com/local/2008-06/19/content_8397201.htm accessed July 30, 2010。
25. 阿建，在難中：深度訪談北川鄉鎮書記（北京：人民文學出版社，2009）pp.290-296。
26. 資料來源：1."2008 Sichuan earthquake" Wikipedia；2. 蘋果日報 2008.6.10 A16；3. 中國時報 2008.6.15 A1、International Herald Tribune 2008.7.25 p.3；4. 自由時報 2008.7.24 A6、International Herald Tribune 2008.7.25 p.3；5. 自由時報 2008.7.31 A6；6. 中國時報 2008.9.1 A9；7. 自由時報 2008.9.12 A8；8. 自由時報 2008.9.12 A8；9. 自由時報 2008.9.12 A8；10. 自由時報 2008.9.12 A8；11. 自由時報 2008.9.12 A8；12. 自由時報 2008.9.12 A8；13.*International Herald Tribune* 2008.10.7 p.3；14. 聯合報 2008.10.30 AA2；15."Indonesian Earthquake Kills 2" *Voice of America* 2008.12.17 http://www1.voanews.com/english/news/a-13-2008-11-17-voa8-66796452.html accessed August 2, 2010；16."West Papua Report" http://www.etan.org/issues/wpapua/0901wpap.htm accessed August 2, 2010、聯合報 2009.1.5 AA2；17. 聯合報 2009.1.5 AA2；18. 聯合報 2009.1.5 AA2；19."2009 Costa Rica Earthquake" *Wikipedia* http://en.wikipedia.org/wiki/2009_Costa_Rica_earthquake

accessed August 2, 2010。

27.「印尼規模 7 強震 33 死」**蘋果日報** 2009 年 9 月 3 日。

28. "Panic as Earthquake Hits Indonesia" *International Herald Tribune* September 3, 2009 p.3.

29. "Asia trembles as 'Ring of Fire' sees new deadly quakes" *AFP* Oct 1, 2009 http://www.terradaily.com/reports/Asia_trembles_as_Ring_of_Fire_sees_new_deadly_quakes_999.html accessed July 26, 2010.

30. 資料來源：1."2009 Samoa earthquake" *Wikipedia* http://en.wikipedia.org/wiki/2009_Samoa_earthquake accessed July 26, 2010；2."2009 Sumatra earthquakes" *Wikipedia* http://en.wikipedia.org/wiki/2009_Sumatra_earthquakes accessed July 26, 2010；3. **聯合報** 2009 年 10 月 2 日 A17；4. **中國時報** 2009 年 10 月 2 日 A7; Ben Doherty in Padang and Peter Beaumont, "Second earthquake hits stricken Sumatra" *Guardian* October 1, 2009 http://www.guardian.co.uk/world/2009/oct/01/second-earthquake-sumatra-indonesia accessed August 4, 2010；5. **聯合報** 2009 年 10 月 2 日 A17。http://www.physorg.com/news174481366.html accessed July 26, 2010.

31. Gibson: "There is no known mechanism to connect them…What's happening is perfectly normal... Earthquakes often seem to cluster more than they actually do but that is mainly just a psychological perception because you get a big one and then become more alert to others." 資料來源："Asia trembles as 'Ring of Fire' sees new deadly quakes"。

32. Talek Harris, "Killer earthquakes shake scientific thought" *AFP* October 11, 2009

33. Gibson: "I can no longer keep using the response it's all a big coincidence, can I? But what would the (link) mechanism be? Nobody has come up with a good story." 資料來源：Talek Harris, "Killer earthquakes shake scientific thought"。

34. "2010 Haiti earthquake" *Wikipedia* http://en.wikipedia.org/wiki/2010_Haiti_earthquake accessed July 26, 2010.

35. "2010 Haiti earthquake" *Wikipedia*.

36.「海地政府也垮　震央如臨末日」**聯合報** 2010 年 1 月 18 日 A11。

37.「我大使埋 6 小時獲救 1 台商失聯」**聯合報** 2010 年 1 月 14 日 A13。

38. 資料來源：1."January 2010 Solomon Islands earthquake" *Wikipedia* accessed August 3, 2010；2."6.5 earthquake near Eureka, Calif., snaps power lines and topples televisions" *L. A. Times* January 9, 2010 http://latimesblogs.latimes.com/lanow/2010/01/65-earthquake-in-eureka-calif-area-snaps-power-lines-and-topples-televisions.html accessed August 4, 2010；3." 2010 Haiti earthquake" *Wikipedia* accessed July 26, 2010；4.*L. A.Times* February 4, 2010 http://latimesblogs.latimes.com/lanow/2010/02/60-earthquake-hits-off-the-northern-california-coast-near-eureka.html accessed August 3, 2010；5. **自由時報** 2010 年 2 月 28 日；6."2010 Chile Earthquake" *Wikipedia* http://en.wikipedia.org/wiki/2010_Chile_earthquake accessed August 3, 2010；7. **蘋果日報** 2010 年 3 月 5 日 A1；8. **中國時報** 2010 年 3 月 7 日 A2；9. **中國時報** 2010 年 4 月 6 日 A3；10. **中國時報** 2010 年 4 月 8 日 A3；11. **聯合報** 2010 年 4 月 12 日 A1；12.Shanghaiist http://shanghaiist.com/2010/06/01/qinghai_earthquake_death_toll_2698.php accessed August 4, 2010。

39.「海地政府也垮　震央如臨末日」。

40.「美加派艦馳援　全球搶救海地」**中國時報** 2010 年 1 月 15 日 A3。

41. "2010 Haiti earthquake" *Wikipedia*.

42.「美加派艦馳援　全球搶救海地」**自由時報** 2010 年 1 月 15 日 A15。

43.「23 人 +2 犬 我搜救隊出發」**聯合報** 2010 年 1 月 14 日 A15。

44.「運輸機飛海地救援 我國軍站上國際」**中國時報** 2010 年 1 月 16 日 A3。

45. Ishaan Tharoor "For Taiwan, Helping Haiti Offers Rare Moment on World Stage" *Time* January 21, 2010.

46. 林中斌，「全球磁變 衝擊人心國安」**中國時報** 2008 年 5 月 23 日 A23。

47. "Common Myths about Earthquakes" *USGS*. http://earthquake.usgs.gov/learning/faq.php?categoryID=6&faqID=110 accessed August 14, 2006.

48. 美國地質調查所有兩個説法。一是 1964 年之後，7 級以上地震平均為 17 次。二是 1900 年以後，7-7.9 級地震約 18 次，8 級以上地震約一次。Gautam Naik, "Quakes Echo World-Wide" *Wall Street Journal* March 28, 2011 http://online.wsj.com/article/SB10001424052748703696704576223190440090846.html accessed October 9, 2011http://www.cuyoo.com/home/portal.php?mod=view_both&aid=6138；"Common Myths about Earthquakes" USGS; "Earthquake: Size and frequency of occurrence" Wikipedia http://en.wikipedia.org/wiki/Earthquake accessed July 26, 2010.

49. 2004 海嘯使地球每天自轉縮短 6.8 微秒。「智利強震改變地軸 每天變短了」**自由時報** 2010 年 3 月 3 日 A14。

50. 24 項中 10 項發生在 **2003-2010** 年 "Earthquakes: Deadly Movements of the Planet's Crust" 美國 **CBC** 新聞 2010 年 3 月 1 日更新 http://www.cbc.ca/technology/story/2009/06/23/f-earthquakes-forces-

nature.html accessed July 26, 2010。
51. 美國地質調查所製，2010 年 3 月 29 日更新 http://earthquake.usgs.gov/earthquakes/world/10_largest_world.php accessed July 28, 2010。
52. "2010 eruptions of Eyjafjallajökull" *Wikipedia* http://en.wikipedia.org/wiki/2010_eruptions_of_Eyjafjallaj%C3%B6kull accessed August 13, 2010.
53. 「冰島火山爆發」*自由時報* 2010 年 4 月 17 日 A8。
54. 「冰島火山灰雲衝擊面面觀」*自由時報* 2010 年 4 月 18 日 A3。
55. 「火山灰雲亂了空運　挪德葡領袖飛不回家」*聯合報* 2010 年 4 月 18 日 A1。
56. 「英出動軍艦營救滯海外公民」*中國時報* 2010 年 4 月 20 日 A2。
57. 「冰島火山灰 癱瘓歐洲航班」*聯合報* 2010 年 4 月 16 日 A1。
58. 「萬那杜火山也在噴」*聯合報* 2010 年 4 月 20 日 A6。
59. "Volcano spews sand and ash over Guatemala" *Sidney Morning Herald* April 27,2010 http://news.smh.com.au/breaking-news-world/volcano-spews-sand-ash-over-guatemala-20100427-to84.html accessed August 31, 2010.
60. 「哥國火山大爆發」*自由時報* 2010 年 5 月 26 日 A12。
61. 「大屯火山群去年溫度增 10~20 度」*自由時報* 2006 年 5 月 16 日 A8。
62. 「頻震　大屯山變活火山」*蘋果日報* 2006 年 5 月 16 日 A5。
63. "How Many Active Volcanoes Are There in the World?" *Smithsonian Museum of Natural History* http://www.volcano.si.edu/faq/index.cfm?faq=03 accessed August 13, 2010; "Stromboli volcano" Volcano Discovery http://www.volcanodiscovery.com/en/stromboli.html accessed August 31, 2010.
64. 「菲日印尼火山大爆發」*蘋果日報* 2006 年 6 月 9 日 AA1。
65. 「全球 3 火山噴發撤 3700 人」*蘋果日報* 2006 年 7 月 17 日 AA2。
66. "How Many Active Volcanoes Are There in the World?".
67. "Global Volcanic & Seismic Activity in 2007" http://www.divulgence.net/Volcanic%20Seismic.html accessed August 13, 2010.
68. *Smithsonian National Museum of Natural History: Global Volcanic Program* http://www.volcano.si.edu/world/find_eruptions.cfm accessed August 17, 2010
69. *Phoenix Five Earth Changes Gallery: World Volcanism* http://www.michaelmandeville.com/earthchanges/gallery/Volcanism/ accessed March 20, 2010.
70. "Has Volcanic Activity Been Increasing?" *Global Volcanism Program, Smithsonian National Museum of Natural History* http://www.volcano.si.edu/faq/index.cfm?faq=06 accessed August 19, 2010.
71. "Has Volcanic Activity Been Increasing?"
72. "Has Volcanic Activity Been Increasing?"
73. "Has Volcanic Activity Been Increasing?"
74. 「線性回歸線」可以減少雜亂零星的起伏以呈現大趨勢。
75. "Has Volcanic Activity Been Increasing?"
76. Josh Hill, "Will a Warmer World Trigger More Intense Volcanic Activity?" April 19, 2010 http://www.dailygalaxy.com/my_weblog/2010/04/will-a-warmer-world-trigger-massive-volcanic-acitivity.html accessed August 16, 2010.
77. Alister Doyle, "Ice cap thaw may awaken Icelandic volcanoes" *Reuters* April 16, 2010 http://www.alertnet.org/thenews/newsdesk/LDE63F0QU.htm accessed August 28, 2010.
78. "Retreating Glaciers Spur Alaskan Earthquakes" *Science Daily* August 3, 2004 http://www.sciencedaily.com/releases/2004/08/040803095217.htm accessed October 11, 2011.
79. "Retreating Glaciers Spur Alaskan Earthquakes " *NASA*, August 2, 2004 http://www.nasa.gov/centers/goddard/news/topstory/2004/0715glacierquakes.html accessed August 28, 2010.
80. "Italy scientists on trial over L'Aquila earthquake" *BBC* September 20, 2011 http://www.bbc.co.uk/news/world-europe-14981921 accessed September 23, 2011.
81. "L' Aquila' s earthquake: Scientists in the Dock" *Economist* September 17, 2011 http://www.economist.com/node/21529006 accessed October 10, 2011.
82. Livia Borghese, "Italian scientists on trial over L'Aquila earthquake" *CNN* September 20, 2011 http://articles.cnn.com/2011-09-20/world/world_europe_italy-quake-trial_1_geophysics-and-vulcanology-l-aquila-seismic-activity?_s=PM:EUROPE accessed October 10, 2011.
83. 「強震釀死傷　義怪罪科學家未預警」*中國時報* 2011 年 9 月 19 日 A12。
84. Livia Borghese, "Italian scientists on trial over L' Aquila earthquake" *CNN*.
85. Susan Watts, "Scientists in the dock over L'Aquila earthquake" *BBC* September 16, 2011 http://news.bbc.co.uk/2/hi/programmes/newsnight/9593123.stm accessed October 11, 2011.
86. "L'Aquila's earthquake: Scientists in the Dock" *Economist*.

87. "L'Aquila's earthquake: Scientists in the Dock" *Economist*.
88. "L'Aquila's earthquake: Scientists in the Dock" *Economist*.

第 5 章

1. 樓宇偉博士提供：法國民航局通知 "Airworthiness Directive 2003-270(B), July 23, 2003"。
2. "How far away from the North Pole is the Magnetic Pole?"
http://wiki.answers.com/Q/How_far_away_from_the_North_Pole_is_the_Magnetic_Pole accessed
September 20, 2010.
3. Brian Vastag, "North Magnetic Pole Is Shifting Rapidly Toward Russia" *National Geographic News*
December 15, 2005 http://news.nationalgeographic.com/news/2005/12/1215_051215_north_pole_2.
html accessed January 2, 2010.
4. "Northwest Passage" *Wikipedia* http://en.wikipedia.org/wiki/Northwest_Passage accessed
November 23, 2010.
5. "Tracking the Magnetic North Pole" http://www.extremesteps.com/pole.htm accessed November
23, 2010.
6. Truls Lynne Hansen, "The road to the magnetic north pole" *Ultima Thule* http://www.tgo.uit.no/articl/
roadto.html accessed September 21, 2010.
7. "Tracking the Magnetic North Pole".
8. "The Magnetic North Pole" *Ocean Bottom Magnetology Lab* http://deeptow.whoi.edu/northpole.
html accessed September 21, 2010.
9. "John Ross Arctic Explorer" *Wikipeida* http://en.wikipedia.org/wiki/John_Ross_(Arctic_explorer)
accessed November 22, 2010.
10. 阿蒙森 1904 年在磁北極附近收集許多科學數據，卻到了 1929 年才從這些數據計算出 1904 年磁北極
的準確緯度，那時他已於前一年在北極為了搜救他人而墜機失蹤。Truls Lynne Hansen, "The road to the
magnetic north pole" http://www.tgo.uit.no/articl/roadto.html accessed September 21, 2010。
11. Truls Lynne Hansen, "The road to the magnetic north pole"; "The Magnetic North Pole is Moving to
Siberia", *Destination Isra'el* August 27, 2010 http://destination-yisrael.biblesearchers.com/destination-
yisrael/2010/08/the-magnetic-north-pole-is-moving-to-siberia-.html accessed September 24, 2010.
12. "Geomagnetism: Long Term Movement of the North Magnetic Pole" *Geological Survey of
Canada* http://gsc.nrcan.gc.ca/geomag/nmp/long_mvt_nmp_e.php accessed September 13, 2010.
13. Linda Young, "Earth's Magnetic North Pole Marching Toward Siberia At 37 Miles Per Year" *AHN*
January 15, 2010 http://www.allheadlinenews.com/articles/7017531445 accessed September 13,
2010; " 地核磁場變化致北磁極向俄羅斯方向移動 " http://tw.myblog.yahoo.com/charles_chen8888/
article?mid=1469&sc=1 accessed January 10, 2010; "The Magnetic North Pole is Moving to Siberia",
Destination Isra'el.
14. "Earth's North Magnetic Pole is racing toward Russia", *National Geographic* December 24, 2009.
15. "Movement of North Magnetic Pole is accelerating" *Oregon State University* December 9, 2005
http://www.physorg.com/news8917.html accessed September 20, 2010.
16. "Geomagnetism: Long Term Movement of the North Magnetic Pole".
17. Andrew Jackson1, Art R. T. Jonkers, and Matthew R. Walker, "Four centuries of geomagnetic secular
variation from historical records" *Philosophical Transactions of the Royal Society* (2000) pp.957-990
http://www.phys.uu.nl/~vgent/magdec/images/jjw_2000.pdf accessed January 24, 2011.
18. Stoner: North Pole Is "Moving Really Fast" *Washington's Blog* January 6, 2010 http://
georgewashington2.blogspot.com/2010/01/stoner-north-pole-is-moving-really-fast.html accessed
September 24, 2010; "Movement of North Magnetic Pole is accelerating" *Oregon State University*.
19. "Shift in magnetic north requires runway relabeling " *The Associated Press* January 7, 2011.(http://
www.miamiherald.com/2011/01/07/2005437/shift-in-magnetic-north-requires.html#storylink=fbuser,
accessed January 10, 2010.
20. "The Magnetic North Pole is Moving to Siberia" *Destination Isra'el*.
21. "Geomagnetic reversal" *Wikipedia* http://en.wikipedia.org/wiki/Geomagnetic_reversal accessed
October 15, 2010.
22. Patrick Barry, "Ships' logs give clues to Earth's magnetic decline" *NewScientist* 19:00 11 May 2006
by http://www.newscientist.com/article/dn9148-ships-logs-give-clues-to-earths-magnetic-decline.html
accessed September 18, 2010.
23. Patrick Barry, "Ships' logs give clues to Earth's magnetic decline".
24. Andrew Bridges, " Earth's Magnetic Field Weakens 10 Percent " *Associated Press* 12 December

2003 http://www.space.com/scienceastronomy/earth_magnetic_031212.html accessed September 13, 2010.

25. "Geomagnetic reversal" *Wikipedia*.

26. "Earth's Magnetic Field is Fading" *Kelly Research Report* 10 Volume 1 – Number 1 (2005?) http://www.kellyresearchtech.com/images/krr/krr-1-1-magnetic-field.pdf accessed September 13, 2010.

27. "TV Program Description Original PBS Broadcast Date: November 18, 2003 Magnetic storm" http://www.pbs.org/wgbh/nova/magnetic/about.html accessed September 20, 2010.

28. "Movement of North Magnetic Pole is accelerating" *Oregon State University* December 9, 2005 http://www.physorg.com/news8917.html accessed September 20, 2010.

29. pp.24 & 25 D.R. Fearn, "The Geodynamo" August 19, 2004 http://www.maths.gla.ac.uk/~drf/papers/TheGeodynamo.pdf accessed December 13, 2010.

30. Patrick Barry, "Ship's Logs Give Clues to EARTH'S Magnetic Decline" *NewScientist* May 11,2006 http://www.newscientist.com/article/dn9148-ships-logs-give-clues-to-earths-magnetic-decline.html accessed September 18, 2010;「古代水手揭露地磁奧秘」*知識雜誌* 2006 年 6 月 1 日 pp.36 &37。

31. Belle Dumé, "Ships shed light on geomagnetic field" *IOP* (A website from the Institute of Physics) May 11, 2006 http://physicsworld.com/cws/article/news/24882 accessed November 26, 2010.

32. Belle Dumé, "Ships shed light on geomagnetic field".

33. "Researchers build magnetic observatory in the middle of the Atlantic Ocean" *Science Centric* November 25, 2008 http://www.sciencecentric.com/news/08112586-researchers-build-magnetic-observatory-the-middle-the-atlantic-ocean.html accessed January 21, 2011.

34. Molly Bentley "Earth loses its magnetism" *BBC News* December 31, 2003 http://news.bbc.co.uk/2/hi/sci/tech/3359555.stm accessed September 24, 2010.

35. Bonny Schoonakker, "Magnetic Pole Shift? - Satellites Showing Radiation Damage" *Sunday Times* - New Zealand July 26, 2004 http://www.sundaytimes.co.za/2004/07/18/news/news14.asp accessed October 6, 2010.

36. Gelvam A. Hartmann; Igor G. Pacca, "Time evolution of the South Atlantic Magnetic Anomaly" *Anais da Academia Brasileira de Ciências* June 2009 http://www.scielo.br/scielo.php?pid=S0001-37652009000200010&script=sci_arttext accessed November 30, 2010.

37. Patrick Barry, "Ships' logs give clues to Earth's magnetic decline" *NewScientist* May 11, 2006 http://www.newscientist.com/article/dn9148-ships-logs-give-clues-to-earths-magnetic-decline.html accessed September 18, 2010.

38. "South Atlantic Anomaly" *Wikipedia* http://en.wikipedia.org/wiki/South_Atlantic_Anomaly accessed October 1, 2010.

39. Heirtzler, J. R.. "The Future of the South Atlantic Anomaly And Implications for Radiation Damage in Space" (PDF). Laboratory for Terrestrial Physics, *NASA/Goddard Space Flight Center* http://ntrs.nasa.gov/archive/nasa/casi.ntrs.nasa.gov/20000085550_2000122978.pdf accessed October 4, 2010.

40. "The South Atlantic Anomaly "Paranormal-Encyclopedia.com http://www.paranormal-encyclopedia.com/s/south-atlantic-anomaly/ accessed November 30, 2010.

41. "South Atlantic Anomaly" *Wikipedia*.

42. "Van Allen Radiation Belt" *Wikipedia* http://en.wikipedia.org/wiki/Van_Allen_Belts accessed October 1, 2010; "The South Atlantic Anomaly" Paranormal-Encyclopedia.com.

43. Andrew Bridges, "Earth's Magnetic Field Weakens 10 Percent".

44. Bonny Schoonakker, "Magnetic Pole Shift? - Satellites Showing Radiation Damage".

45. Andrew Bridges, "Earth's Magnetic Field Weakens 10 Percent".

46. Patrick Barry, "Ships' logs give clues to Earth's magnetic decline".

47. Hartmann and Pacca, "Time evolution of the South Atlantic Magnetic Anomaly".

48.「最外面和最裡面是硬的,中間兩層是軟的」的道理是普通常識,但其文字來自王東鎮,〈地幔異常與地磁「漂移」〉*法治論壇* 2010.12.21 http://bbs.chinacourt.org/index.php?showtopic=411137 accessed December 26, 2010。

49. "Millennium in Maps: Physical Earth" *Supplement to National Geography* May 1998.

50. "Structure of Earth" *Wikipedia* http://en.wikipedia.org/wiki/Structure_of_the_Earth accessed December 9, 2010.

51. David H. Green, Trevor J. Falloon, Stephen M. Eggins And Gregory M. Yaxley, "Primary agmasm and mantle temperatures" *European Journal of Mineralogy* May, June 2001 pp. 437-452 http://eurjmin.geoscienceworld.org/cgi/content/abstract/13/3/437 accessed August 30, 2010.

52. "Structure of Earth" Wikipedia.

53. 更準確的說,地幔電阻比地核高。也就是說,地幔導電能力沒有地核高,是程度上的差別,不能用絕對導電和絕對不導電來做分別,此外,地幔內物質並不均勻,有些像磨菇般升起的特殊部分導電能力可能比較大。

54. 王東鎮，〈地幔異常與地磁「漂移」〉。

55. "Inner Core" *Wikipedia* http://en.wikipedia.org/wiki/Inner_core accessed December 11, 2010.

56. Glenn Elert, "Temperature at the Center of the Earth" *The Physics Factbook* http://hypertextbook.com/facts/1999/PhillipChan.shtml accessed December 9, 2010.

57. "Structure of Earth" *Wikipedia*.

58. D.R. Fearn, "The Geodynamo".

59. 在外核裡融化鐵漿的流動方式有：像開電扇的屋子裡冷熱空氣的對流 (convection)；像地面空氣受地球由西向東自轉而引起的彎流（北半球向右彎，南半球向左彎），也叫科氏力 (Coriolis force)；像牽牛花藤絲或彈簧一般的螺旋流動 (vortex)。

60. 這是約翰霍普金斯大學地球物理系教授奧森 (Peter L. Olson) 所說。Molly Bentley, "Earth loses its magnetism".

61. "Earth's Inconstant Magnetic Field" *Science at NASA* December 29, 2003 http://science.nasa.gov/science-news/science-at-nasa/2003/29dec_magneticfield/ accessed September 3, 2010.

62. Lisa Grossman, "Earth's Magnetic Field Is 3.5 Billion Years Old" *Wire Science* March 5, 2010 http://www.wired.com/wiredscience/2010/03/earths-magnetic-field-is-35-billion-years-old/ accessed October 4, 2010; "Geodynamo" McGraw-Hill *Science & Technology Dictionary* http://www.answers.com/topic/geodynamo accessed December 13, 2010.

63. Tim Thompson, "Geodynamo Theory: And the Matter of the Electric Universe Hypothesis" May 14, 1998 http://www.tim-thompson.com/geodynamo.html accessed December 16, 2010.

64. D. R. Fearn, "The Geodynamo" pp. 6 & 7.

65. Tim Stephens, "Computer simulations reveal the workings of the dynamo behind Earth's magnetic field" UC Santa Cruz Currents Online February 21, 2000 http://currents.ucsc.edu/99-00/02-21/glatz.html accessed December 17, 2010; "Earth's Inconstant Magnetic Field" *Science at NASA*.

66. "Earth's Inconstant Magnetic Field" *Science at NASA*.

67. John Easterman, John Eastman ,"Dr. Dan Lathrop: The study of the Earth's magnetic field" *Black and White* July 3rd, 2008 http://blackandwhiteprogram.com/interview/dr-dan-lathrop-the-study-of-the-earths-magnetic-field accessed September 20, 2010.

68. Michael Anissimov, "What is Seafloor Spreading?" *Wisegeek* September 8, 2010 http://www.wisegeek.com/what-is-seafloor-spreading.htm accessed December 22, 2010.

69. 也有科學家利用飛機載著地磁儀器從中洋脊上空向兩側飛行，來測量海底地殼玄武岩中磁鐵礦分布的情形。

70. "Geomagnetic reversal" *Wikipedia*.

71. Brian Vastag, "North Magnetic Pole Is Shifting Rapidly Toward Russia"; Birk,G.T.; Lesch,H.; Konz,C, "Solar wind induced magnetic field around the unmagnetized Earth" *Astronomy and Astrophysics*, v.420, p.L15-L18 (2004) http://adsabs.harvard.edu/abs/2004astro.ph..4580B accessed December 24, 2010.

72. "Geomagnetic reversal" *Wikipedia*; "Natural Order – Threat" http://www.google.com.tw/imgres?imgurl=http://naturalorder.info/now/images/earth.jpg&imgrefurl=http://naturalorder.info/now/index.html&usg=__OmAoF6dWg69zUY6uckMmNtKN6Y0=&h=358&w=550&sz=40&hl=zh-TW&start=20&zoom=1&um=1&itbs=1&tbnid=YHako9cU3rzMfM:&tbnh=87&tbnw=133&prev=/images%3Fq%3Dgeomagnetic%2Bfield%26um%3D1%26hl%3Dzh-TW%26sa%3DX%26tbs%3Disch:1 accessed October 25, 2010.

73. "Geomagnetic reversal" *Wikipedia*.

74. Maurice A. Tivey, William W. Sager, Sang-Mook Lee, & Masako Tominaga, "Origin of the Pacific Jurassic Quiet Zone" *Geology* (Geological Society of America) September 2006; v. 34; no. 9; pp. 789–792. http://mggl.snu.ac.kr/~qolt/data/Tivey-et-al-Geology-2006.pdf accessed December 28, 2010.

75. Rory D. Cottrell, John A. Tarduno, and John Roberts "The Kiaman Reversed Polarity Superchron at Kiama: Toward a field strength estimate based on single silicate crystals" *Physics of the Earth and Planetary Interiors* Volume 169, Issues 1-4, August 2008, pp.49-58 http://www.sciencedirect.com/science?_ob=ArticleURL&_udi=B6V6S-4T708BJ-1&_user=10&_coverDate=08%2F31%2F2008&_rdoc=1&_fmt=high&_orig=search&_origin=search&_sort=d&_docanchor=&view=c&_searchStrId=1591255296&_rerunOrigin=google&_acct=C000050221&_version=1&_urlVersion=0&_userid=10&md5=dccc783ad3a1a4a70cd4100540a44315&searchtype=a accessed December 28, 2010.

76. "Geomagnetic reversal" *Wikipedia*.

77. Ian O'Neill, "2012: No Geomagnetic Reversal" *Universe Today* October 3, 2008 http://www.universetoday.com/18977/2012-no-geomagnetic-reversal/ accessed October 18, 2010.

78. "Geomagnetic reversal" *Wikipedia*.

79. Ian O'Neill, "2012: No Geomagnetic Reversal".
80. VADM: virtual axial dipole moments（虛擬雙極磁軸轉動力矩）. 1VADM=1022Am2　Yohan Guyodo & Jean-Pierre Valet, "Global changes in intensity of the Earth's magnetic field during the past 800kyr" *Nature* May 20, 1999 pp.249-262.
81. Molly Bentley, "Earth Loses Its Magnetism".
82. Yohan Guyodo & Jean-Pierre Valet, "Global changes in intensity of the Earth's magnetic field during the past 800kyr".
83. Ian O'Neill, "2012: No Geomagnetic Reversal; Molly Bentley, "Earth Loses Its Magnetism".
84. Molly Bentley, "Earth Loses Its Magnetism".
85. 英文字 virtual 除了「虛擬」也有「其實」和「幾乎」的意思。平常翻譯為「虛擬」，但此處 virtual 應翻譯為「估計」比較恰當。在「地磁飄移」的時代，會出現數對南北磁極。因此當時代表性的磁北極位置要用平均來估算。
86. "Geomagnetic excursion" *Wikipedia* last modified December 1, 2010 http://en.wikipedia.org/wiki/Geomagnetic_excursion accessed December 26, 2010.
87. C. Laj & J. E. T. Channel, "Geomagnetic Excursions" 2007 Elsevier B.V. p.377 http://www.elsevierdirect.com/brochures/geophysics/PDFs/00095.pdf accessed January 2, 2011.
88. "Geomagnetic excursion" *Wikipedia*.
89. "Geomagnetic excursion" *Wikipedia*.
90. Jean-Pierre Valet , Guillaume Plenier and E. Herrero-Bervera, "Geomagnetic excursions reflect an aborted polarity state" *Earth and Planetary Science Letters* (274: 3-4)October 15, 2008, pp. 472-478 accessed January 2, 2011; Dhananjay Ravat "geomagnetism: polarity reversals-geomagnetic excursions", http://science.jrank.org/pages/47642/geomagnetism-polarity-reversals.html accessed January 2, 2011.
91. "Geomagnetic excursion" *Wikipedia*.
92. David Gubbins, "The distinction between geomagnetic excursions and reversals" Geophys. J. Int., Volume: 137 (2002), pp. Fl-F3 http://igitur-archive.library.uu.nl/geo/2002-0221-144010/UUindex.html accessed January 3, 2011.
93. David Gubbins, "The distinction between geomagnetic excursions and reversals".
94. C. Laj & J. E. T. Channel, "Geomagnetic Excursions" p.377; U. Hambach, M. Hark, C. Zeeden, B. Reddersen, L. Zöller, and M. Fuchs, "The Mono Lake geomagnetic excursion recorded in loess: Its application as time marker and implications for its geomagnetic nature" Geophysical Research Abstracts Vol. 11, EGU2009-11453, 2009 EGU General Assembly 2009 http://meetingorganizer.copernicus.org/EGU2009/EGU2009-11453.pdf accessed January 3, 2010.
95. Kenneth L. Verosub, "The absence of the Mono Lake geomagnetic excursion from the paleomagnetic record of Clear Lake, California" *Earth and Planetary Science Letters* Volume 36, Issue 1, August 1977, pp. 219-230.
96. U. Hambach, M. Hark, C. Zeeden, B. Reddersen, L. Zöller, and M. Fuchs, "The Mono Lake geomagnetic excursion recorded in loess: Its application as time marker and implications for its geomagnetic nature" *Geophysical Research Abstracts*, Vol. 11, EGU2009-11453, EGU General Assembly 2009 http://meetingorganizer.copernicus.org/EGU2009/EGU2009-11453.pdf accessed January 24, 2011.
97. "Are there any correlations of vulcanic activity and the strength of the earth magnetic field in earth history?" *Physics Forum* http://www.physicsforums.com/showthread.php?t=290372 accessed October 26, 2011.
98. "Are there any correlations of vulcanic activity and the strength of the earth magnetic field in earth history?"
99. Asheham, "G2 Class Geomagnetic Storm Hits Earth, Volcano Erupts in Chile, 5.2 Earthquake Near Guam" *Path to Well-being* June 5, 2011 http://asheham.wordpress.com/2011/06/05/g2-class-geomagnetic-storm-hits-earth-volcano-erupts-in-chile-5-2-earthquake-near-guam/ accessed October 26, 2011.
100. 「火山灰又來亂　澳 12 萬旅客哀歎」**中國時報** 2011 年 6 月 22 日 A11。
101「智利火山灰又打亂南美航班」**中國時報** 2011 年 10 月 18 日 A14。
102. E. Lagios, A. Tzanis, S. Chailas, "Surveillance of Thera Volcano, Greece: Monitoring of the Geomagnetic Field" Thera and the Aegean World III, Vol.2 Proceedings of the Third International Congress, Santorini, Greece, 3-9 September 1989. (pp.207 - 214) http://www.therafoundation.org/articles/volcanology/monitoringthegeomagneticfield accessed October 26, 2011.
103. A. Kotsarenko1, V. Grimalsky2, R. P'erez Enr'1quez1, C. Valdez-Gonz'alez3, S. Koshevaya2, J. A. L'opez Cruz-Abeyro1,and V. Yutsis, "Volcano Popocatepetl, Mexico: ULF geomagnetic anomalies

observed at Tlamacas station during March–July, 2005" *Natural Hazards and Earth System Sciences* 2007 , pp.103–107.

104. HAARP，全名 High Frequency Active Auroral Research Program。

105. "HAARP Fluxgate Magnetometer, Earthquake Prediction?" *Modernsurvivalblog* May 20, 2011 http://modernsurvivalblog.com/earthquakes/haarp-fluxgate-magnetometer-earthquake-prediction/ accessed October 25, 2011.

106. G. W. Moore, (1964), "Magnetic disturbances preceding the 1964 Alaska earthquake" , *Nature*, 203(1964), pp.508–509.

107. "Anticipating Earthquakes" *Science at NASA* August 11, 2003 http://science.nasa.gov/science-news/science-at-nasa/2003/11aug_earthquakes/ accessed October 2011.

108. Antony C. Fraser-Smith, "Ultralow-Frequency Magnetic Fields Preceding Large Earthquakes" Eos, Vol. 89, No. 23, 3 June 2008 http://soe.stanford.edu/pubs/Published%20Eos_1445.pdf accessed October 25, 2011.

109. M. M. Pogrebnikov; N. I. Komarovski; Y. A. Kopytenko; A. P. Pushel, "Statistical relationship of strong earthquakes with planetary geomagnetic field activity" Geomagnetizmi Aeronomiya (Moscow), v. 24, no. 2, Mar. - Apr. 1984 pp. 339-340 *The Smithsonian/NASA Astrophysics Data System* http://adsabs.harvard.edu/abs/1984RpESc.......97P accessed October 26, 2011.

110. Antony C. Fraser-Smith; A. Bernardi; P. R. McGill; M. E. Ladd; R. A. Helliwell; O. G. Villard, Jr.,. "Low-Frequency Magnetic Field Measurements Near the Epicenter of the Ms 7.1 Loma Prieta Earthquake" G*eophysical Research Letters* (Washington, D.C.: American Geophysical Union) 17 (9) August 1990: pp.1465–1468. http://ee.stanford.edu/~acfs/LomaPrietaPaper.pdf Retrieved December 18, 2010.

111. Antony C. Fraser-Smith; A. Bernardi; P. R. McGill; M. E. Ladd; R. A. Helliwell; O. G. Villard, Jr.,. "Low-Frequency Magnetic Field Measurements Near the Epicenter of the Ms 7.1 Loma Prieta Earthquake" *Geophysical Research Letters* (Washington, D.C.: American Geophysical Union) 17 (9) August 1990: pp.1465–1468. http://ee.stanford.edu/~acfs/LomaPrietaPaper.pdf. Retrieved December 18, 2010.

112. "Anticipating Earthquakes" .

113. "Spacecraft Saw ULF Radio Emissions over Haiti before January Quake" *Technology Review MIT* December 9, 2010 http://www.technologyreview.com/blog/arxiv/26114/ accessed October 26, 2011.

114. "Anticipating Earthquakes" .

115. "Magnetic monster: Geomagnetic field reveals increasing danger of 'continent killing' quakes" *ATS.com* March 16, 2011 http://www.abovetopsecret.com/forum/thread677719/pg1 accessed October 26, 2011.

116. "Homo ergaster" *Wikipedia* http://en.wikipedia.org/wiki/Homo_ergaster accessed January 26, 2011.

117. "Homo erectus" *Wikipedia* http://en.wikipedia.org/wiki/Homo_erectus accessed January 26, 2011.

第 6 章

1. Sabine Begall, Jaroslav ervený, Julia Neef, Old ich Vojt ch, and Hynek Burda "Magnetic alignment in grazing and resting cattle and deer" *Proceedings of the National Academy of Sciences* August 25, 2009; "Geomagnetic Cows" Earth-Pages http://earth-pages.co.uk/category/geophysics/ accessed March 29, 2011.

2. "Animal Magnetism: Do Cows Have A Compass? Satellite Photos Show Cattle Seem To Know How To Find North And South, Researchers Say" *AP* Washington, Aug. 26, 2008 http://www.cbsnews.com/stories/2008/08/26/tech/main438 6460.shtml accessed March 29, 2011.

3. 與 Sabine Begall 電郵通信 2011 年 4 月 3 日。

4. Jaroslav Cerveny, Sabine Begall, Petr Koubek,Petra Nova'kova'and Hynek Burda, "Directional preference may enhance hunting accuracy in foraging foxes" *Royal Society Biology Letters* 12 January 2011.

5. "Animal Magnetism: Do Cows Have A Compass? Satellite Photos Show Cattle Seem To Know How To Find North And South, Researchers Say" *AP* Washington, Aug. 26, 2008 http://www.cbsnews.com/stories/2008/08/26/tech/main438 6460.shtml accessed March 29, 2011; J. Hert, L. Jelinek, L. Pekarek, A. Pavlicek, "No alignment of cattle along geomagnetic field lines found" http://arxiv.org/abs/1101.5263 accessed March 29, 2011.

6. W.T. Keeton, "Magnets interfere with pigeon homing" *Proceedings of the National Academy of*

Science 68 1971 pp.102-106.

7. James Owen, "Magnetic Beaks Help Birds Navigate, Study Says".

8. Heyers, Dominik; Martina Manns, Harald Luksch, Onur Güntürkün, *Henrik Mouritsen* (September 2007). "A visual pathway links brain structures active during magnetic compass orientation in migratory birds". *PLoS ONE* 2 (9) September 2007: e937.

9. Le-Qing Wu and J. David Dickman, "Magnetoreception in an Avian Brain in Part Mediated by Inner Ear Lagena" *Current Biology* Vol. 21 Issue 4, Feb. 24, 2011.

10. "Homing in on magnetoreception".

11. Robert C. Beason, Joan E Nichols, "Magnetic orientation and magnetically sensitive material in a transequatorial migratory bird" *Nature* (May 10,1984) 309 : pp.151-153.

12. Richard A. Holland, Ivailo Borissov, and Björn M. Siemers, "A nocturnal mammal, the greater mouse-eared bat, calibrates a magnetic compass by the sun" *Proceedings of National Academy of Sciences* March 9, 2010.

13. Nathan F. Putman, Courtney S. Endres, Catherine M.F. Lohmann, and Kenneth J. Lohmann, "Longitude Perception and Bicoordinate Magnetic Maps in Sea Turtles." *Current Biology* Vol. 21 Issue 4, Feb. 24, 2011; James L. Gould, "Animal Navigation: Longitude at last." *Current Biology* Vol. 21 Issue 4, Feb. 24, 2011.

14. James Owen, "Magnetic Beaks Help Birds Navigate, Study Says" *National Geographic News* November 24, 2004 http://news.nationalgeographic.com/news/2004/11/1124_041124_magnetic_birds_2.html accessed April 4, 2011.

15. George Antunes, "Florida tests using magnets to repel crocodiles: Wildlife managers trying to disrupt the animal's 'homing' ability" *Reuters* February 25, 2009 http://www.msnbc.msn.com/id/29387470/ accessed April 8, 2011.

16. Brian Handwerk, "Lobsters Navigate by Magnetism, Study Says" *National Geographic News* January 6, 2003 http://news.nationalgeographic.com/news/2003/01/0106_030106_lobster_2.html accessed April 4, 2011.

17. Taishi Yoshii; Margaret Ahmad; Charlotte Helfrich-Förster, "Cryptochrome mediates light-dependent magnetosensitivity of Drosophila's circadian clock" *PLoS Biology* April 2009.

18. J. L. Gould, "The Case for Magnetic Sensitivity in Birds and Bees (such as it is)" *American Scientist* 1980 Vol.68 No. 3 pp.1026-1028.

19. "Monarch Butterflies Reveal a Novel Way in Which Animals Sense Earth's Magnetic Field" *Scienc eDaily* Jan. 27, 2010 http://www.sciencedaily.com/releases/2010/01/100125094645.htm accessed April 12, 2011.

20. "Cockroaches use earth's magnetic field to steer" *Wired* October 19, 2009 http://www.wired.com/wiredscience/tag/magnetoreception/ accessed April 12, 2011.

21. H. Schilf and G. Canal, "The magnetic and electric fields induced by superparamagnetic magnetite in honeybees Magnetoperception: an associative learning?" *Biological Cybernetics* Vol 69 No 1, 1993 pp.7-17.

22. "Monarch Butterflies Reveal a Novel Way in Which Animals Sense Earth's Magnetic Field".

23. "Homing in on magnetoreception" *Neuropholiosphy* February 16 ,2010 http://neurophilosophy.wordpress.com/2007/02/16/homing-in-on-magnetoreception/ accessed November 8, 2010.

24. Ashley Yeager, "Molecule makes magnetic sense: cryptochrome could help explain animal orientation" *CBS* News August 16, 2008 http://findarticles.com/p/articles/mi_m1200/is_4_174/ai_n28031227/ accessed July 1, 2011.

25. Jason Palmer, "Human eye protein senses Earth's magnetism" *BBC* News June 21, 2011

26. Dirk Schüler, "Magnetoreception and Magnetosomes in Bacteria" in *Microbiology Monographs* edited by Alexander Steinbüchel (Berlin: Springer 2007).

27. Afarensis, "More on Magnetic Bacteria" Posted on: January 24, 2006 9:35 PM, http://scienceblogs.com/afarensis/2006/01/24/more_on_magnetic_bacteria/ accessed May 15, 2011; 李金華、潘永信、劉青松等，「趨磁細菌 Magnetospirillum magneticum AMB-1 全細胞和純化磁小體的磁學比較研究」*科學通報* (2009) 54: pp.3345~3351 。

28. James Owen, "Magnetic Beaks Help Birds Navigate, Study Says".

29. "Homing in on magnetoreception".

30. Robin Baker, Human navigation and magnetoreception. (Manchester University Press, 1989).

31. Iona Miller, "Is Earth Driving Us Crazy? Flipping Out Over Geomagnetism Geomagnetic Field Effects, Paranormal Potential & the Biophysics of Anomalous Experiences" http://neurotheology.50megs.com/whats_new_10.html accessed April 22, 2011.

32. R. Robin Baker, Human Navigation and the Sixth Sense (New York: Simon and Schuster, 1981); ---

-, H*uman Navigation and Magnetoreception* (Manchester University Press, 1989); Harry Magnet, "Can Humans Perceive the Geomagnetic Field and Utilize it for Navigation? A Review of 'Human Navigation and the Sixth Sense' by Robin Baker" *Harry Magnet Blog* April 13, 2011 http://harrymagnet.blogspot.com/2011/04/can-humans-perceive-geomagnetic-field.html accessed April 22, 2011.

33. Srivastava, B. J., Saxena, S., 1980. *Indian Journal of Radio and Space Physics* (1980), 9, p.121.

34. A. Kuritzky, Y. Zoldan, R .Hering, E. Stoupel, "Geomagnetic Activity and the Magraine Attack" *The Journal of Head and Face Pain* (1987)Volume27 Issue 2, pp.87-89.

35. Walter Randall and Steffani Randall "The Solar Wind and Hallucinations – A Possible Relation Due to Magnetic Disturbances" *Bioelectromagnetics* (1991)12 pp. 67-70.

36. http://en.wikipedia.org/wiki/Alexander_Chizhevsky accessed May 6, 2011; Elchin S. Babayev, Norma B. Crosby, Vladimir N. Obrido and Michael J. Rycroft, "Potential effects of solar and geomagnetic variability on terrestrial biological systems" 2010 helios.izmiran.rssi.ru/hellab/Obridko/377.doc accessed May 4, 2011.

37. Ronald W. Kay, "Geomagnetic storms: association with incidence of depression as measured by hospital admission" *The British Journal of Psychiatry* (1994)164: pp.403-409.

38. V. M. Chibrikin, EG Samovichev , E. G. Kashinskaia, N. V. Udal'tsova , "Dynamics of social processes and geomagnetic activity. 1. Periodic components of variations in the number of recorded crimes in Moscow" *Biofizika* 1995 Sep-Oct;40(5): pp. 1050-3.

39. Charmaine Gordon and Michael Berk, "The effect of geomagnetic storms on suicide" *South Africna Psychiatry Review* (2003) 6, pp.24-27.

40. Oleg I. Shumilov, E. A. Kasatkina, A. V. Enykeev, A. V .Chramov, "Study of geomagnetic activity influence on a fetal state using cardiotocography" (2003) *Biophysics* 48(2): pp.355–360.

41. Michael Berk, Seetal Dodd, Margaret Henry, "Do ambient electromagnetic fields affect behaviour? A demonstration of the relationship between geomagnetic storm activity and suicide" *Bioelectromagnetics* Volume 27, Issue 2 (February 2006) pp. 151–155.

42. Svetla Dimitrova; Irina Stoilova; Toni Yanev; Ilia Cholakov, "Effect of Local and Global Geomagnetic Activity on Human Cardiovascular Homeostasis" *Archives of Environmental Health* Volume 59, Issue 2, 2006, pp. 84 – 90.

43. S. J. Palmer, M. J. Rycroft, A M. Cermack, "Solar and geomagnetic activity, extremely low frequency magnetic and electric fields and human health at the Earth's surface" *Surveys in Geophysics* (2006) 27:557–595 DOI 10.1007/s10712-006-9010-7 Published online: 2 August 2006.

44. S. Carrubba, C. Frilot 2nd, A.L. Chesson Jr, A.A. Marino, "Evidence of a nonlinear human magnetic sense" *Neuroscience* January 5, 2007 pp. 356-6.

45. Iagodinskii, V. N., Aleksandrov, Lu. V. 1966, Zh. Mikrobiol. Epidemiol. Immunobiol., 43(10), 125. (In Russian); Hope-Simpson, R.E. 1978, *Nature*, 275, 86.; Zhilova, G. P., Orlov, V. A. 1991, Zh. Mikrobiol. Epidemiol. Immunobio., May(5), 27. (In Russian); Ertel, S. 1994, *Naturwissenschaften*, 81(7), 308.; Babayev, E. S., Salman-Zadeh, R. Kh., Sadykhova, F. E., Shykhaliyeva Sh., T. 2002, Observations Solaires, Maris, G., and Messerotti, M. (Eds.), Editions de L' Academie Roumanie, Bucharest, 37.; Babayev, E.S., Salman-Zadeh, R. Kh., Sadykhova, F. E., Shykhaliyeva, Sh. T. 2002, ESA SP-477, 539; Yeung, J. W. K. 2006, *Medical Hypotheses*, 67(5), 1016;. Vaquero, J. M., Gallego, M. C. 2007, *Medical Hypotheses*, 68(5), 1189.

46. Elchin S. Babayev, Norma B. Crosby, Vladimir N. Obridko and Michael J. Rycroft, "Potential effects of solar and geomagnetic variability on terrestrial biological systems" (2010) p.20 helios.izmiran.rssi.ru/hellab/Obridko/377.doc accessed May 4, 2011.

47. A. L. Chizhevsky, Zemnoe Ekho Solnechnykh Bur (*"Terrestrial Echo of Solar Storms"*), Moscow, "Mysl' " Press 1976. (In Russian). (俄文版最早於 1936 出版：*А.Л. Чижевский. Земное эхо солнечных бурь*)

48. Elchin S. Babayev, Norma B. Crosby, Vladimir N. Obridko and Michael J. Rycroft, "Potential effects of solar and geomagnetic variability" .

49. Elchin S. Babayev, "Solar and Geomagnetic Activities and Related Effects on the Human physiological and Cardio-Health State: Some Results of Azerbaijani and Collaborative Studies" First Middle East and Africa IAU-Regional Meeting Proceedings MEARIM No. 1, 2008, 2008 International Astronomical Union DOI: 10.10107/977403330200154.

50. Mitch Battros, "New Scientific Study Shows Solar Activity Affects Humans Physical and Mental State" *Earth Changes Media* December 12, 2008 http://sunlightenment.com/solar-activity-affects-humans-physical-and-mental-state-2/ accessed April 26, 2011

51. A. Weydahl, R. Sothern, G. Cornélissen, L. Wetterberg, "Geomagnetic activity influences the

melatonin secretion at latitude 70°N" *Biomedecine & Pharmacotherapy*, Volume 55, Issue null, (2009)pp. 57-62.

52. Catherine Brahic, "Does the Earth's magnetic field cause suicides?" *New Scientist* 13:39 April 24, 2008 http://www.newscientist.com/article/dn13769-does-the-earths-magnetic-field-cause-suicides. html?DCMP=ILC-hmts&nsref=news9_head_dn13769 accessed April 26, 2011

53. M. Stanley and G.M. Brown, "Melatonin levels are reduced in the pineal glands of suicide victims" *Psychopharmacology Bulletin*(1988) 24:484-B.

53. Robin. Baker, Janice G Mather, and John H Kennaugh, "Magnetic bones in human sinuses"*Nature* January 6, 1983 pp. 79-80.

55. Joseph L. Kirschvink, Atsuko Kobayashi-Kirschvink, and Barbara J Woodford, "Magnetite biomineralization in the human brain" *Proceedings of National Academy of Science* (August 15, 1992) 89(16) pp. 7683–7687.

56. http://www.heritagehealthcenter.com/6955.html?*session*id*key*=*session*id*val* accessed May 6, 2011.

57. 部分參考 S. J. Palmer, Michael. J. Rycroft, A M. Cermac, "Solar and geomagnetic activity, extremely low frequency magnetic and electric fields and human health at the Earth's surface" *Surveys in Geophysics* (2006) 27:557–595 DOI 10.1007/s10712-006-9010-7；Elchin S. Babayev, Norma B. Crosby, Vladimir N. Obridko and Michael J. Rycroft, "Potential effects of solar and geomagnetic variability"。

58. 「注意候鳥的異常遷徙」**聯合報** 2006 年 1 月 12 日 A15。

59. 「威鯨闖倫敦 游入泰晤士河」**中國時報** 2006 年 1 月 21 日 A10。

60. Shiona Tregaskis, "Humpback whale found dead in Thames"*Guardian* September 14, 2009 http://www.guardian.co.uk/environment/2009/sep/14/dead-humpback-whale-in-thames accessed March 1, 2011.

61. 「臺南運河出現鯨鯊」**自由時報** 2009 年 3 月 3 日 A12。

62. Klaus Heinrich Vanselow, Klaus Ricklefs and Franciscus Colijn & "Solar Driven Geomagnetic Anomalies and Sperm Whale (Physeter macrocephalus) Strandings Around the North Sea: An Analysis of Long Term Datasets"*The Open Marine Biology Journal*, 2009, 3, p. 89.

63. David Hewitt, "Major increase in numbers of whales and dolphins stranded on UK beaches, figures show"*EarthTimes* Decembe 9, 2010 http://www.earthtimes.org/nature/major-increase-number-whales-dolphins-stranded-uk/111/# accessed March 1, 2011

64. David Hewitt, "Major increase in numbers of whales and dolphins stranded".

65. "Type Animals Strandings by Year (1975-2000" Center Marine Mammals Stranding Center Brigantine, NJ,USA http://www.marinemammalstrandingcenter.org/stranstats.htm accessed March 1, 2011.

66. Praveen Sequeira, "Direction Not Distance, Lead Migratory Birds Astray" *About MyPlanet* April 24th, 2008 http://www.aboutmyplanet.com/environment/direction-distance/ accessed March 8, 2011.

67. Sequeira, "Direction Not Distance, Lead Migratory Birds Astray".

68. "River Thames Whale"*Wikipedia* updated February 6, 2011, accessed March 1, 2011.

69. Klaus Heinrich Vanselow, Klaus Ricklefs1 and Franciscus Colijn, "Solar Driven Geomagnetic Anomalies and Sperm Whale (Physeter macrocephalus) Strandings Around the North Sea: An Analysis of Long Term Datasets"*The Open Marine Biology Journal*, March 2009, pp.89-94 89.

70. M. Klinowska, (1985): "Cetacean live stranding sites relate to geomagnetic topography"*Aquatic Mammals* 11(1),1985: pp. 27-32.

71. Joseph Kirschvink, Andrew Dizon, and James Westphal, "Evidence from Strandings for Geomagnetic Sensitivity in Cetaceans"*Journal of Experimental Biology* August 1986, pp. 1-24.

72. Leslie Allen, "Drifting in Static" *National Geographic* January 2011.

73. 「遭猩猩攻擊毀容 美婦成功移植全臉」**中國時報** 2011 年 6 月 12 日 A10。

74. "Travis(chimpanzee)" *Wikipedia* accessed June 30, 2011.

75. 「倫敦驚魂 狐狸侵宅咬傷女嬰」**中國時報** 2010 年 6 月 8 日 A11。

76. "How common are fox attacks on humans?" *BBC* News June 7, 2010 http://news.bbc.co.uk/2/hi/uk_new 新近 s/magazine/8726282.stm accessed June 30, 2011.

77. Andrew Hough, "Twin girls in hospital after fox attack at London home" *The Telegraph* June 6, 2011 http://www.telegraph.co.uk/news/uknews/7807232/Twin-girls-in-hospital-after-fox-attack-at-London-home.html accessed June 30, 2011

78. Andrew Hough, "Twin girls in hospital after fox attack at London home".

79. "Indian man crushed to death in elephant rampage" *Herald Sun* June 9, 2011 http://www.heraldsun.com.au/news/breaking-news/indian-man-crushed-to-death-in-elephant-rampage/story-e6frf7jx-1226072056954 accessed June 30, 2011.

80. 「大象發狂殺人」**中國時報** 2011 年 6 月 9 日 A12。
81. 「弒父母事件簿」**蘋果日報** 2009 年 6 月 20 日 A1。
82. 「弒父母事件簿」。
83. 「子女弒父母案例」**蘋果日報** 2009 年 9 月 16 日 A2。
84. 「子女弒父母案例」。
85. 「殺婆殺夫狠婦還殺親媽」**聯合報** 2010 年 1 月 28 日 A1。
86. 「狠父毒打　童渾身瘀血腦死」**蘋果日報** 2010 年 1 月 31 日 A29。
87. 「角頭殺五歲女兒　灌水泥埋屍」**自由時報** 2010 年 4 月 14 日 A1。
88. 「嫌蛋不夠熟　莽漢殺妻女鄰居」**自由時報** 2010 年 9 月 13 日 A10。
89. 「南韓媽迷電玩　殺死 3 歲兒」**聯合報** 2010 年 12 月 23 日 A19。
90. 「產後憂鬱媽媽毒殺三幼子後自焚」**中國時報** 2011 年 3 月 5 日 A1。
91. 「男友孽女劫殺外婆」**蘋果日報** 2009 年 8 月 30 日 A26。
92. 「乳癌嬤失控狠砍 11 月大男嬰斷頭」**聯合報** 2010 年 8 月 24 日 A3。
93. 「指塞喉繩勒頸狠母 6 年殺 6 嬰」**聯合報** 2010 年 3 月 17 日 A13。
94. 「見肚不見嬰　荷蘭殺 4 子藏閣樓」**聯合報** 2010 年 8 月 8 日 A16。
95. 「殺人魔媽媽悶死 8 名親生兒」**中國時報** 2010 年 7 月 30 日 A10。
96. 「殺人魔媽媽悶死 8 名親生兒」。
97. Bruce Crumley, "French Baby Killings: Was it Mental Illness or Murder?" **Time** July 30, 2010.
98. 「管教太嚴美 10 歲男童槍殺爹地」**自由時報** 2009 年 9 月 2 日 A14。
99. 「管教太嚴美 10 歲男童槍殺爹地」。
100. "The Baffling Case of a New Nazi" **International Herald Tribune** May 12, 2011 p.2.
101. 「父潑油燒妻兒　護母孝子命危」**蘋果日報** 2009 年 10 月 4 日 A1。
102. 「感恩節餐後美男餵家人子彈」**聯合報** 2009 年 11 月 29 日 A17。
103. 「當著員警面他砍下 5 歲妹妹的頭」**聯合報** 2009 年 3 月 31 日 A2。
104. 1. **自由時報** 2011 年 6 月 23 日 A10；2. **聯合報** 2010 年 8 月 8 日 A16；3. **蘋果日報** 2011 年 6 月 29 日 A1；4. **自由時報** 2011 年 6 月 23 日 A10；5. **蘋果日報** 2009 年 8 月 30 日 A26；6. **中國時報** 2010 年 7 月 30 日 A10；7. **蘋果日報** 2011 年 6 月 29 日 A1；8. **蘋果日報** 2011 年 6 月 29 日 A1；9. **蘋果日報** 2009 年 6 月 20 日 A1；10. **自由時報** 2011 年 6 月 23 日 A10；11. **蘋果日報** 2009 年 8 月 30 日 A26；12. **蘋果日報** 2009 年 6 月 20 日 A1；13. **蘋果日報** 2010 年 1 月 21 日 A29；14. **蘋果日報** 2009 年 9 月 16 日 A2；15. **蘋果日報** 2009 年 6 月 20 日 A1；16. **蘋果日報** 2009 年 6 月 20 日 A1；17. **聯合報** 2010 年 3 月 17 日 A13；**中國時報** 2010 年 7 月 30 日 A10；18. **蘋果日報** 2010 年 1 月 21 日 A29；19. **蘋果日報** 2009 年 6 月 20 日 A1；20. **蘋果日報** 2009 年 9 月 16 日 A2；21. **蘋果日報** 2009 年 9 月 16 日 A2；22. **蘋果日報** 2009 年 6 月 20 日 A1；23. **蘋果日報** 2010 年 1 月 21 日 A29；24. **中國時報** 2010 年 2 月 27 日 A2；25. **聯合報** 2011 年 7 月 7 日 A10；26. **自由時報** 2009 年 9 月 2 日 A14；27. **聯合報** 2010 年 1 月 28 日 A1；28. **蘋果日報** 2009 年 8 月 30 日 A26；29. **蘋果日報** 2010 年 1 月 21 日 A29；30. **蘋果日報** 2009 年 8 月 30 日 A26；31 **蘋果日報** 2009 年 4 月 22 日 A3；32 **蘋果日報** 2009 年 9 月 16 日 A2；33. **蘋果日報** 2009 年 6 月 20 日 A1；34. **蘋果日報** 2009 年 9 月 16 日 A2；**聯合報** 2010 年 4 月 24 日 A18；35. **蘋果日報** 2009 年 6 月 26 日 A1；36. **蘋果日報** 2009 年 7 月 22 日 A1；37. **自由時報** 2009 年 9 月 2 日 A14；38. **蘋果日報** 2009 年 9 月 29 日 A1；39. **蘋果日報** 2009 年 10 月 4 日 A1；40. **自由時報** 2010 年 4 月 14 日 A1；41. **中國時報** 2009 年 10 月 24 日 A10；42. **聯合報** 2009 年 11 月 14 日 A14；43. **聯合報** 2009 年 11 月 29 日 A17；44. **蘋果日報** 2010 年 1 月 31 日 A29；45. **聯合報** 2010 年 2 月 13 日 A11；46. **蘋果日報** 2010 年 3 月 24 日 A1；47. **自由時報** 2010 年 5 月 12 日 A1；48. **中國時報** 2010 年 6 月 10 日 A8；49. **中國時報** 2010 年 10 月 27 日 A11；50. **自由時報** 2010 年 7 月 24 日 A14；51. **聯合報** 2010 年 7 月 30 日 A20；52. **聯合報** 2010 年 7 月 30 日 A20；53. **聯合報** 2010 年 8 月 8 日 A16；54. **聯合報** 2010 年 8 月 21 日 A1；55. **聯合報** 2010 年 8 月 24 日 A3；56. **自由時報** 2010 年 9 月 13 日 A10；57. **中國時報** 2010 年 9 月 15 日 A13；**蘋果日報** 2011 年 6 月 29 日 A1；58. **中國時報** 2010 年 9 月 29 日 A1；59. **聯合報** 2010 年 12 月 6 日 A14；60. **聯合報** 2010 年 12 月 23 日 A19；61. **自由時報** 2011 年 1 月 9 日 B1；62. **自由時報** 2011 年 1 月 3 日 B1；63. **中國時報** 2011 年 2 月 9 日 A8；64. **自由時報** 2011 年 1 月 9 日 B1；65. **自由時報** 2011 年 2 月 14 日 A10；66. **中國時報** 2011 年 3 月 5 日 A1；67. **自由時報** 2011 年 6 月 23 日 A10；68**International Herald Tribune**, May 5, 2011, p.2；69. **蘋果日報** 2011 年 6 月 29 日 A1。
105. "Virginia Tech Massacre" **Wikipedia** accessed June 1, 2011.
106. "Experts Say Mass Murders Are Rare but on Rise" **New York Times** January 3, 1988.
107. 1. **自由時報** 2010 年 9 月 30 日 A6；2. **中國時報** 2011 年 1 月 10 日 A1；3. **中國時報** 2011 年 12 月 21 日 A2；4. **中國時報** 2010 年 6 月 3 日 A20；5. **中國時報** 2010 年 6 月 3 日 A20；6. **自由時報** 2011 年 4 月 10 日 A13；7. **蘋果日報** 2009 妹年 4 月 20 日 A14；8. **中國時報** 2010 年 12 月 21 日 A2；9. **聯合報** 2009 年 3 月 12 日 AA1；**蘋果日報** 2009 年 4 月 20 日 A14；10. **中國時報** 2011 年 12 月 21 日 A2；11. **自由時報** 2011 年 4 月 10 日 A13；12. **聯合報** 2009 年 3 月 12 日 AA1；13. **中國時報** 2011 年 12 月 21 日 A2；14. **聯合報** 2009 年 3 月 12 日 AA1；**蘋果日報** 2009 年 4 月 20 日 A14；15. **蘋果日報** 2009 年 4 月 20 日 A14；

16. 蘋果日報 2009 年 4 月 20 日 A14；17. 聯合報 2009 年 3 月 12 日 AA1。18. 中國時報 2011 年 12 月 21 日 A2；19. 聯合報 2010 年 6 月 23 日 A14；20. 自由時報 2008 年 8 月 2 日 A6；21. 聯合報 2009 年 3 月 12 日 AA1；蘋果日報 2009 年 4 月 20 日 A14；22. 中國時報 2009 年 1 月 24 日 A3；23. 中國時報 2009 年 1 月 24 日 A3；24. 聯合報 2009 年 3 月 12 日 AA1；25. 聯合報 2009 年 3 月 12 日 AA1；26. 聯合報 2009 年 8 月 6 日 A17；27. 聯合報 2009 年 3 月 12 日 AA1；28. 聯合報 2009 年 8 月 6 日 A17；29. 聯合報 2009 年 8 月 6 日 A17；30. 聯合報 2009 年 4 月 5 日 AA1；自由時報 2009 年 4 月 6 日 A7；31. 自由時報 2009 年 4 月 6 日 A7；32. 聯合報 2009 年 5 月 1 日 A16；33. 聯合報 2009 年 8 月 6 日 A17；34. 聯合報 2009 年 8 月 6 日 A17；35. 蘋果日報 2009 年 8 月 19 日 A21；36. 中國時報 2011 年 12 月 21 日 A2；37. 自由時報 2009 年 9 月 15 日 B1；38. 中國時報 2009 年 11 月 7 日 A2；39. 中國時報 2009 年 11 月 8 日 A2；40. 中國時報 2009 年 11 月 21 日 A2；41. 聯合報 2010 年 1 月 9 日 A21；42. 中國時報 2010 年 2 月 25 日 A17；43. 自由時報 2011 年 1 月 10 日 A3；44. 中國時報 2010 年 5 月 13 日 A22；中國時報 2010 年 12 月 21 日 A2；45. 聯合報 2010 年 4 月 1 日 A18；46. 中國時報 2010 年 5 月 13 日 A22；47. 中國時報 2010 年 5 月 13 日 A22；48. 中國時報 2010 年 5 月 13 日 A22；中國時報 2010 年 12 月 21 日 A2；49. 聯合報 2010 年 5 月 1 日 A21；50. 中國時報 2010 年 5 月 13 日 A22；51. 聯合報 2010 年 5 月 13 日 A14；52. 中國時報 2010 年 12 月 21 日 A2；53. 聯合報 2010 年 6 月 2 日 A13；54. 中國時報 2010 年 6 月 3 日 A20；55. 聯合報 2010 年 6 月 23 日 A14；56. 聯合報 2010 年 8 月 24 日 A1；57. 聯合報 2010 年 8 月 31 日 A13；58. 自由時報 2010 年 9 月 30 日 A6；59. 中國時報 2010 年 11 月 12 日 A8；60. 中國時報 2010 年 12 月 17 日 A16；61. 中國時報 2011 年 1 月 10 日 A1；62. 自由時報 2011 年 2 月 14 日；63. 自由時報 2011 年 4 月 8 日 A18；64. 聯合報 2011 年 4 月 10 日 A10；65. 自由時報 2011 年 4 月 10 日 A13；中國時報 2011 年 4 月 10 日 A10；66. 聯合報，2011 年 7 月 9 日 A29。

108. 「怪退休金亂搞　美工人掃射自轟」聯合報 2010 年 1 月 9 日 A21。
109. 「日巴士喋血　菜工男亂砍 14 人受傷」中國時報 2010 年 12 月 18 日 A16。
110. 「荷蘭血案　槍客掃射購物中心 6 死 13 傷」自由時報 2011 年 4 月 10 日 A13。
111. 「荷蘭血案　槍客掃射購物中心 6 死 13 傷」。
112. 「嫌音響太吵衝下樓 10 幾刀砍死鄰居」自由時報 2009 年 9 月 15 日 B1。
113. 「失業男設局報案穿防彈衣殺警」自由時報 2009 年 4 月 6 日 A7。
114. 「17 歲美少女 2 年殺 30 男」蘋果日報 2009 年 8 月 19 日 A21。
115. A. Frei, B. Völlm, M. Graf, and V. Dittman, "Female serial killing: review and case report" *Criminal Behavior and Mental Health* 2006;16(3):pp.167-76.
116. Steve A. Egger, *The Killers Among Us: Examination of Serial Murder and Its Investigations* (Pearson Education Ltd, 2002).
117. 「分析：富士康深圳員工自殺和生命尊嚴」聯合早報 2010 年 5 月 28 日 http://www.zaobao.com/wencui/2010/05/bbc100528.shtml accessed June 10, 2011。
118. 「名人效應　南韓學生去年自殺數暴增」中國時報 2010 年 8 月 17 日 A11。
119. "19 Days 4 Suicides" *Time* October 18, 2010 p.41.
120. 「日政壇屢傳弊案　農林相任內自殺」中國時報 2009 年 5 月 24 日 A3。
121. 「彗星墜落 南韓前總統 盧武鉉自殺」中國時報 2009 年 5 月 24 日 A1。
122. 「繼盧武鉉之後法國前市長涉貪缺中上吊身亡」今日新聞網 2009 年 5 月 24 日 http://www.nownews.com/2009/05/24/334-2455552.htm accessed June 21, 2011。
123. 「情傷？韓主播宋智善跳樓亡」中國時報 2011 年 5 月 24 日 A11。
124. "International Suicide Statistics" *World Health Organization* http://www.suicide.org/international-suicide-statistics.html accessed June 10 ,2011.
125. 「日本自殺連 13 年破 3 萬人」中國時報 2011 年 6 月 11 日 A16。
126. Paul Gallagher, "One Japanese suicide every 15 minutes" *Guardian* February 24, 2008 http://www.guardian.co.uk/world/2008/feb/24/japan.mentalhealth accessed June 18, 2011.
127. "Suicides due to hardships in life, job loss up sharply in 2009" *Japan Economic Newswire* May 13, 2010.
128. 「遭記者鞋襲沒中　布希超會閃」聯合報 2008 年 12 月 16 日 A5。
129. 「鞋襲布希記者也被丟鞋」中國時報 2009 年 12 月 3 日 A15。
130. "2010 Austin plane crash" *Wikipedia* http://en.wikipedia.org/wiki/2010_Austin_plane_crash accessed June 21, 2011
131. Fareed Zakaria, "The Only Thing We Have to Fear" *Newsweek* August 9, 2008 p.13.
132. 「印度阿富汗西班牙同日連環爆」聯合報 2008 年 10 月 31 日 AA2。
133. "2008 Mumbai Attacks" *Wikipedia* http://en.wikipedia.org/wiki/2008_Mumbai_attacks accessed June 22, 2011
134. 「印度 911 落幕 195 死」聯合報 2008 年 12 月 30 日 AA1。
135. Shashank Bengali, "How Kenya's election was rigged" *McClatchy Newspapers* January 31, 2008 http://www.mcclatchydc.com/226/story/25830.html accessed June22, 2011.

136. "25 Dead In Pakistan Election Rally Bombing" *CBS News* Feb. 9, 2008 http://www.cbsnews.com/stories/2008/02/09/world/main3812150.shtml accessed June 22, 2011.

137.「7 億選民印度大選　血腥揭幕 16 死」**聯合報** 2009 年 4 月 17 日 AA1。

138.「嗆作票　伊朗兩千人暴動」**蘋果日報** 2009 年 6 月 15 日 A15。

139.「漫畫引發暴亂　奈及利亞 16 死」**聯合報** 2006 年 2 月 20 日 A5。

140. "16 die in cartoon protests in Nigeria" *CNN News* February 19, 2006 http://edition.cnn.com/2006/WORLD/africa/02/18/cartoon.roundup/index.html accessed June 22, 2011.

141.「埃及阿國足球恩怨變國仇」**中國時報** 2009 年 11 月 23 日 A3。

142. "French riots after Algeria-Egypt match" *AFP* Nov 19, 2009 http://www.google.com/hostednews/afp/article/ALeqM5i6d0BTi9sZE7gTHyddwWg2whZc0Q accessed June 29, 2011.

143. 喪命的奔踢，從 1991 年 1 月 13 日南非足球賽到 2000 年 6 月 30 日丹麥音樂節，共 9 次；從 2001 年 4 月 11 日南非足球賽到 2011 年 1 月 15 日印度廟會，共 30 次。 "Stampede" *Wikipdedia* http://en.wikipedia.org/wiki/Stampede accessed June 23, 2011。

144. 1. 聯合報 2006 年 2 月 6 日 A14；2. 中國時報 2009 年 03 月 31 日 A3；3.*International Herald Tribune* October 1, 2008, p.4; *International Herald Tribune* March 5, 2010, p.3; 自由時報，2011 年 1 月 16 日 A14；4. 中國時報，2009 年 03 月 31 日 A3；5.*International Herald Tribune* October 1, 2008, p.4；6. 聯合報 2008 年 11 月 30 日 AA2；7. 中國時報 2009 年 03 月 31 日 A3；8. 聯合報，2009 年 12 月 9 日 A11；9.*International Herald Tribune* March 5, 2010, p.3；10. 中國時報，2010 年 7 月 25 日 A9；中國時報，2010 年 7 月 26 日 A12；11. 聯合報，2010 年 11 月 24 日 A17；12. 自由時報，2011 年 1 月 16 日 A14。

145. Robert d. Mcfadden and Angela Macropoulos, "Wal-Mart Employee Trampled to Death" *New York Times* November 28, 2008.

146.「湖南貴族中學踩死 8 人」**聯合報** 2009 年 12 月 9 日 A13。

147. David McNeill, "Red Shirt v Yellow Shirt: Thailand's political struggle The supporters of ousted Prime Minister Thaksin Shinawatra are massing again" *The Independent* August 20, 2010 http://www.independent.co.uk/news/world/asia/red-shirt-v-yellow-shirt-thailands-political-struggle-2057293.html accessed June 23, 2011.

第 7 章

1. Armand Vervaeck and James Daniell, "Japan Tohoku tsunami and earthquake: The death toll reduces to 20,721!!!" *CATDAD* July 14, 2011 http://earthquake-report.com/2011/07/13/japan-tsunami-following-up-the-aftermath-part-16-june/ accessed July 17, 2011.

2. Benjamin Fulford, "Japan Earthquake And Tsunami Caused By Solar Flare" *Update* http://www.ufo-blogger.com/2011/03/japan-earthquake-tsunami-caused-by.html accessed July 7, 2011.

3. "C3-class solar flare - August 1st, 2010 - SDO AIA 304" http://www.youtube.com/watch?v=gKpp_jQIDbA accessed July 15, 2011.

4. Ahrcanum, "Solar Storm Hit, Earthquakes Slam Alaska" August 4, 2010 http://globalrumblings.blogspot.com/2010/08/solar-storm-hit-earthquakes-slam-alaska.html accessed July 7, 2011.

5. "Earthquakes in 2010" *Wikipedia* http://en.wikipedia.org/wiki/Earthquakes_in_2010 accessed July 17, 2011.

6. 太陽的質量是太陽系所有恆星總質量的 1,000 倍，更是地球的 33 萬倍。西瓜子重量約 1/6 公克，20 公斤的西瓜是西瓜子重量的 12 萬倍。 "The Sun" *BBC Solar System* http://www.bbc.co.uk/science/space/solarsystem/sun_and_planets/sun accessed July 26, 2011; "Watermelon" *Wikipedia*; "How much does a watermelon seed weight in kilograms?" *WikAnswers* http://wiki.answers.com/Q/How_much_does_a_watermelon_seed_weigh_in_kilograms accessed August 15, 2011.

7. "Solar Cycle Driven by More than Sunspots; Sun Also Bombards Earth with High-Speed Streams of Wind" *UCAR: University Corporation For Atmospheric Research* September 17, 2009 http://www.ucar.edu/news/releases/2009/solarminimum.jsp accessed Sept.18, 2011.

8. "NOAA: Mild Solar Storm Season Predicted, May 8, 2009" *Solcomhouse* http://solcomhouse.com/solarmax.htm accessed July 25, 2011; "Solar variation" "Solar wind" *Wikipedia* accessed July 25, 2011; "Coronal Mass Ejections" *Cosmicopia NASA* http://helios.gsfc.nasa.gov/cme.html accessed July 25, 2011.

9. "Solar Flare" *Wikipedia* http://en.wikipedia.org/wiki/Solar_flare accessed July 18, 2011.

10. "Coronal Mass Ejections" *Cosmicopia NASA* http://helios.gsfc.nasa.gov/cme.html accessed July 25, 2011.

11. (1)Rodney Viereck, (NOAA Space Environment Center, Boulder Colorado) "Space Weather: What is it? How Will it Affect You?" lasp.colorado.edu/~reu/summer-2007/presentations/SW_Intro_Viereck.

ppt accessed August 3, 2011; (2)S. E. Gibson, J. U. Kozyra, G. de Toma, B. A. Emery, T. Onsager, and B. J. Thompson, "If the Sun is so quiet, why is the Earth ringing? A comparison of two solar minimum intervals" *Journal of Geophysical Research - Space Physics* VOL. 114, (17 September 2009) A09105; (3) "What is Solar Wind?" *Space Environment* http://www.qrg.northwestern.edu/projects/vss/docs/space-environment/3-what-is-solar-wind.html accessed August 13, 2011; (4) "Solar Wind" *Nasa's Cosmicopia* July 27, 2011 http://helios.gsfc.nasa.gov/sw.html accessed August 13, 2011.

12. 如 1990 年 1 月 20 日太陽黑子有 236 個。 "Sunspot Numbers" *NOAA: National Geophysical Data Center* http://www.ngdc.noaa.gov/nndc/struts/results?t=102827&s=5&d=8,430,9 accessed July 27.

13. Ahmed Abdel Hady, "Analytical studies of solar cycle 23 and its periodicities" *Planetary and Space Science* Volume 50, Issue 1, January 2002, pp. 89-92.

14. Alfred Lambremont Webre, "2012-13: NOAA predicts solar cycle 24 weakest since 1928 with $1 trillion damages in worst case" *Seattle Exopolitics Examiner* May 9, 2009 http://www.examiner.com/exopolitics-in-seattle/2012-13-noaa-predicts-solar-cycle-24-weakest-since-1928-with-1-trillion-damages-worst-case accessed August 1, 2011.

15. Alfred Lambremont Webre, "2012-13: NOAA predicts solar cycle 24 "weakest since 1928" with $1 trillion damages in worst case" *Seattle Exopolitics Examiner* May 9, 2009 http://www.examiner.com/exopolitics-in-seattle/2012-13-noaa-predicts-solar-cycle-24-weakest-since-1928-with-1-trillion-damages-worst-case accessed August 1, 2011.

16. S. E. Gibson, J. U. Kozyra, G. de Toma, B. A. Emery, T. Onsager, and B. J. Thompson, "If the Sun is so quiet, why is the Earth ringing? A comparison of two solar minimum intervals" *Journal of Geophysical Research - Space Physics* VOL. 114, (17 September 2009) A09105; "Solar Cycle Driven by More than Sunspots; Sun Also Bombards Earth with High-Speed Streams of Wind" .

17. CENTRA Technology, Inc.(on behalf of U.S. Department of Homeland Security), "Geomagnetic Storms" *Future Global Shocks* January 14, 2011, p.8.

18. U.S. National Research Council, Severe Space Weather Events: Understanding Societal and Economic Impacts (Washington D.C.: The National Academy Press, 2008) p.7.

19. CENTRA Technology, Inc., "Geomagnetic Storms" p.13.

20. CENTRA Technology, Inc., "Geomagnetic Storms" p.9.

21. "Timeline: The 1859 Solar Superstorm" *Scientific America* July 29, 2008 http://www.scientificamerican.com/article.cfm?id=timeline-the-1859-solar-superstorm accessed July 28, 2011.

22. 另一位同時發現 1859 年超級太陽磁爆者是哈金森 (Richard Hodgson)。

23. CENTRA Technology, Inc., "Geomagnetic Storms" pp.10.

24. CENTRA Technology, Inc., "Geomagnetic Storms" p.9.

25. CENTRA Technology, Inc., "Geomagnetic Storms" p.9.

26. U.S. National Research Council, Severe Space Weather Events: Understanding Societal and Economic Impacts p.vii.

27. 1998 年國泰 (Cathay Pacific) 航空試飛紐約至香港北極航線成功，之後各航空公司跟進。Michael Stills, United Airlines, "Polar Operations and Space Weather" Presentation to the space weather workshop, May 22,2008 http://www.gwu.edu/~spi/assets/docs/Mike_Stills-UnitedAirlines.pdf accessed August 3, 2011.

28. CENTRA Technology, Inc., "Geomagnetic Storms" p.12.

29. Andrew Hough, "Nasa warns solar flares from 'huge space storm' will cause devastation" June 14, 2010 *Daily Telegraph* http://www.telegraph.co.uk/science/space/7819201/Nasa-warns-solar-flares-from-huge-space-storm-will-cause-devastation.html accessed July30, 2011.

30. U.S. National Research Council, Severe Space Weather Event.

31. CENTRA Technology, Inc., "Geomagnetic Storms" .

32. Warren E. Leary, "Scientists Say Next Solar Cycle Will Be Strong but Delayed" *New York Times* March 7, 2006 http://www.nytimes.com/2006/03/07/science/space/07solar.html accessed August 1, 2011; Dr. Tony Phillips, "Solar Storm Warning" *NASA SCIENCE* http://science.nasa.gov/science-news/science-at-nasa/2006/10mar_stormwarning/ accessed July 2, 2010.

33. Alfred Lambremont Webre, "2012-13: NOAA predicts solar cycle 24 "weakest since 1928"" .

34. "Solar Cycle Driven by More than Sunspots; Sun Also Bombards Earth with High-Speed Streams of Wind" .

35. Alfred Lambremont Webre, "2012-13: NOAA predicts solar cycle 24 "weakest since 1928"" .

36. Kerry Sheridan, "Scientists predict rare solar hibernation" *AFP* June 15, 2011 http://www.abc.net.au/science/articles/2011/06/15/3244234.htm accessed July 10, 2011.

37. "NOAA: Mild Solar Storm Season Predicted" *National Oceanic & Atmospheric Administration* May 8, 2009 http://www.noaanews.noaa.gov/stories2009/20090508_solarstorm.html accessed August

3, 2011.

38. John Holdren & John Beddington, "Celestial Storm Warnings" *New York Times* March 10, 2011.

39. "Sun Down: Several lines of evidence suggest that the sun is about to go quiet" *The Economist* June 16 2011.

40. Richard A. Kerr, "End of the Sunspot Cycle?" *Science* June 14, 2011 http://news.sciencemag. org/sciencenow/2011/06/end-of-the-sunspot-cycle.html.

41. Richard A. Kerr, "End of the Sunspot Cycle?"

42. Haley A. Lovett, "Will the Sun's Decreased Activity Mean Another Little Ice Age?" *FindingDulcinea* http://www.findingdulcinea.com/news/science/2009/may/Will-the-Sun-s-Decreased-Activity-Mean-Another-Little-Ice-Age-.html accessed July 12, 2011.

43. Haley A. Lovett, "Will the Sun's Decreased Activity Mean Another Little Ice Age?" .

44. Boris Komitov and Vladimir Kaftan (2004) "The Sunspot Activity in the Last Two Millenia on the Basis of Indirect and Instrumental Indexes: Time Series Models and Their Extrapolations for the 21st Century" *Proceedings of the International Astronomical Union* 2004, pp. 113-114.

45. "Dalton Minimum" *Wikipedia* http://en.wikipedia.org/wiki/Dalton_Minimum accessed August 2, 2011.

46. Kerry Sheridan, "Scientists predict rare solar hibernation" .

47. Georg Feulner & Stefan Rahmstorf, "On the effect of a new grand minimum of solar activity on the future climate on Earth" *Geophysical Research Letters* Vol. 37, March 10, 2010.

48. Sami K. Solanki & Manfred Schüssler (Max Planck Institute for Solar System Research), "How Strongly Does the Sun Influence the Global Climate?" August 2, 2004 http://www.mpg.de/496690/pressRelease20040802 accessed July 8, 2011.

49. Sami K. Solanki & Manfred Schüssler, "How Strongly Does the Sun Influence the Global Climate?" .

50. Kate Ravilious, "Mars Melt Hints at Solar, Not Human, Cause for Warming, Scientist Says" National *Geographic News* February 28, 2007 http://news.nationalgeographic.com/news/2007/02/070228-mars-warming_2.html accessed July 7, 2011.

51. Ker Than & Andrea Thompson, "Sun Blamed for Warming of Earth and Other Worlds" *LiveScience* 12 March 2007 http://www.livescience.com/1349-sun-blamed-warming-earth-worlds.html accessed July 8, 2011.

52. 火星在 1970 年代到 1990 年代暖化 0.65℃，而地球 20 世紀百年間才暖化 0.6℃。Lori K. Fenton, Paul E. Geissler & Robert M. Haberle, "Global warming and climate forcing by recent albedo changes on Mars" *Nature* 446(5 April 2007) pp.646-649。

53. Ker Than & Andrea Thompson, "Sun Blamed for Warming of Earth and Other Worlds" .

54. Jerome R. Corsi, "New Ice Age 'to begin in 2014 Russian scientist to alarmists: 'Sun heats Earth!'" *World Net Daily* May 17, 2010 http://www.wnd.com/?pageId=155225 accessed February 6, 2011.

55. gpwayne, "What does Neptune's brightening mean for global warming?" *SkepticalScience* September 15, 2011 http://www.skepticalscience.com/global-warming-on-neptune.htm accessed August 9, 2011; Ker Than & Andrea Thompson, "Sun Blamed for Warming of Earth and Other Worlds" .

56. S. Duhau and Cornelius de Jager, "The Forthcoming Grand Minimum of Solar Activity" *Journal of Cosmology* Vol 8,.(June 2010) pp.1983-1999.

57. E. M. Smith, "Solar Max 2014, then Grand Minimum for perhaps 100years" July 4 2011 http://chiefio.wordpress.com/2011/07/04/solar-max-2014-then-grand-minimum-for-perhaps-100-years/.

58. Peter A. Stott, Gareth S. Jones, And John F. B. Mitchell, "Do Models Underestimate the Solar Contribution to Recent Climate Change?" *Journal of Climate* Volume 16 (December 15, 2003) pp.4079-4093.

59. 他們根據南極洲和格陵蘭冰層裡來自外太空的放射性元素鈹 -10(beryllium-10)，推算出從西元 850 年以來太陽黑子數目升降的資料。Sami K. Solanki & Manfred Schüssler, "How Strongly Does the Sun Influence the Global Climate?" 。

60. Terah DeJong "Carbon dioxide did not end the last Ice Age" *EurekAlert!* September 27, 2007 http://www.eurekalert.org/pub_releases/2007-09/uosc-cdd092507.php accessed August 10, 2011.

61. Petit J.R., Jouzel J., Raynaud D., Barkov N.I., Barnola J.M., Basile I., Bender M., Chappellaz J., Davis J. Delaygue G., Delmotte M. Kotlyakov V.M., Legrand M., Lipenkov V.M., Lorius C., Pépin L., Ritz C., Saltzman E., Stievenard M., "Climate and Atmospheric History of the past 420,000 years from the Vostok Ice Core, Antarctica" , *Nature* 399(6735) June 3 1999.pp. 429-36.

62. Anne-Marie Blackburn, "CO2 lags temperature - what does it mean?" *Skeptical Science* January 5, 2011 http://www.skepticalscience.com/co2-lags-temperature.htm accessed August 10, 2011.

63. T. Blunier, J. Chappellaz, J. Schwander, A. DaÈllenbach, B. Stauffer, T. F. Stocker, D. Raynaud,

J. Jouzel,H. B. Clausen, C. U. Hammer & S. J. Johnsen, "Asynchrony of Antarctic and Greenland climate change during the last glacial period" *Nature* Vol.394 (August 20, 1998) pp.739-743; "An interview with: Dr. Jean Robert Petit" *Science Watch* February 2007 http://in-cites.com/papers/Jean-RobertPetit.html accessed August 10, 2011.

64. J. M.Barnola, D. Raynaud, , C. Lorius, & N. I. Barkov, "Historical CO2 record from the Vostok ice core" In Trends: A Compendium of Data on Global Change: Carbon Dioxide Information Analysis Center, Oak Ridge National Laboratory, U.S. Department of Energy, Oak Ridge, Tenn., U.S.A. 2003.

65. Anne-Marie Blackburn, "Understanding the CO2 lag in past climate change" *Skeptical Science* January 5, 2011 http://www.skepticalscience.com/Understanding-the-CO2-lag-in-past-climate-change.html accessed August 11, 2011.

66. Petit J. R. et al. "Climate and Atmospheric History of the past 420,000 years" .

67. "An interview with: Dr. Jean Robert Petit" .

68. Petit J. R. et al. "Climate and Atmospheric History of the past 420,000 years" .

69. 根據美國夏威夷氣象臺的測量，2011 年 7 月大氣二氧化碳含量達 392ppm。CO2Now.Org.http://co2now.org/ accessed August 11, 2011。

70. Rolf Schuttenhelm, "If solar minimum caused Little Ice Age we would have big freeze now" April 14, 2011 http://www.bitsofscience.org/solar-minimum-little-ice-age-1249/ accessed July 8, 2011.

71. (1)Benjamin Fulford, "Japan Earthquake And Tsunami Caused By "Solar Flare" *Update* http://www.ufo-blogger.com/2011/03/japan-earthquake-tsunami-caused-by.html accessed July 7, 2011. (2)Ahrcanum, "Solar Storm Hit, Earthquakes Slam Alaska" August 4, 2010 http://globalrumblings.blogspot.com/2010/08/solar-storm-hit-earthquakes-slam-alaska.html accessed July 7 , 2011. (3)Tony Phillips/Holly Zell (NASA's Goddard Space Flight Center), "Auroras Invade the US" *NASA News* March 11, 2011 http://www.nasa.gov/mission_pages/sunearth/news/News031011-xclass.html accessed July 17, 2011.

72. Gavin Atkins, "Did solar flares trigger the Christchurch earthquake?" Asian Coorespondent.com February 22, 2011 http://asiancorrespondent.com/48869/did-solar-flares-trigger-the-christchurch-earthquake/ accessed July 18, 2011.

73. John F. Simpson, "Solar activity as a triggering mechanism for earthquakes" *Earth and Planetary Science Letters* Volume 3, 1967-1968, Pages 417-425.

74. Gui-Qing Zhang（張桂清）, "Relationship between global seismicity and solar activities" *Acta Seismologica Sinica* Volume 11, Number 4, July 1998, pp. 495-500.

75. R. Jain, "Whether solar flares can trigger earthquakes?" *American Geophysical Union* Spring Meeting 2007, abstract #IN33A-03 http://astroblogger.blogspot.com/2011/03/solar-activity-vs-earthquakes.html accessed July 8, 2011.

76. S. D. Odintsov, G. S. Ivanov-Kholodnyi and K. Georgieva, "Solar activity and global seismicity of the earth" *Journal Bulletin of the Russian Academy of Sciences: Physics Proceedings of the XXIX All-Russia Conference on Cosmic Rays* Volume 71, Number 4 April 4, 2007 pp. 593-595.

77. V. E. Khain & E. N. Khalilov, "About Possible Influence Of Solar Activity Upon Seismic And Volcanic Activities: Long-Term Forecast" *Science* Without Borders Vol.3. 2007/2008, Innsbruck, 2008 ISBN 978-9952-451-01-6 ISSN 2070-0334 http://www.physicsforums.com/showthread.php?t=480786 accessed July 17, 2011.

78. L. de Arcangelis, C. Godano, E. Lippiello, M. Nicodemi, "Universality in solar flare and earthquake occurrence" *Physical Review Letters* 96, 051102 (2006) (Submitted on February 8, 2006) http://arxiv.org/abs/cond-mat/0602208 accessed July 17, 2011.

79. Georgios Balasis, Ioannis A. Daglis, Anastasios Anastasiadis, Constantinos Papadimitriou, Mioara Mandea, Konstantinos Eftaxias, "Universality in solar flare, magnetic storm and earthquake dynamics using Tsallis statistical mechanics" *Elsevier* October 1, 2010.

80. Vladimir Kossobokov, Fabino Lepreti, Vincenzo Carbone, "Similarity and Difference in sequences of solar flares, earthquakes, and starquakes" *IUGG* Powerpoint Presentation July 6, 2007 www.lmd.ens.fr/E2C2/class/IUGG07-US.ppt accessed July 20, 2011.

81. Vladimir Kossobokov, Fabino Lepreti, Vincenzo Carbone, "Complexity in Sequences of sloar fares and Earthquakes" *Pure and Applied Physics* (165) 2008 pp.761-775.

82. 據可靠訊息，美國政府早已進行許多祕密科學研究，包括「反重力」、「自由能源」(free energy based on Tesla technology) 等無汙染能源，因此不能排除美國政府也在進行太陽對地球影響之研究，而民間科學界不知道。Alfred Lambremont Webre, "2012-13: NOAA predicts solar cycle 24 "*weakest since* 1928"" 。

83. 王武星、丁鑒海、余素榮、張永仙，「汶川 Ms 8.0 地震前地磁短臨異常與強震預測探索」 地震學報 2009（22 集 2 冊）pp.135-141。

84. 丁鑒海、余素榮、王亞麗，「地磁『低點位移』現象與強震預測研究」電波科學學報 2008（23 集 6 冊）pp.315-375。

第 8 章

1.「33 年最慘華府地鐵追撞」聯合報 2009 年 6 月 24 日 A11。
2. Lyndsey Layton, Maria Glod and Lena H. Sun, "Metro Crash Investigation Turns Up Electronic Control 'Anomalies'" *Washington Post* June 25, 2009 http://www.washingtonpost.com/wp-dyn/content/article/2009/06/24/AR2009062400815.html accessed August 30, 2011.
3.「海底相撞　英法潛艇攜大量核彈」聯合報 2009 年 2 月 17 日 A3。
4. Rachel Williams, Richard Norton-Taylor, "Nuclear submarines collide in Atlantic" Guardian February 16, 2009 Rachel Williams, Richard Norton-Taylor, "Nuclear submarines collide in Atlantic" *Guardian* February 16, 2009 http://www.guardian.co.uk/uk/2009/feb/16/nuclear-submarines-collide accessed August 30, 2011.
5.「美潛艇撞運輸艦」蘋果日報 2009 年 3 月 22 日 A20。
6. Alex Ansary, "The emerging sunspot cycle 24 and a weakening magnetic field" *Outside The Box* February 25, 2009 http://www.bibliotecapleyades.net/ciencia/ciencia_sol21.htm accessed August 17, 2011.
7. Clare Baldwin, "Holes In Earth's Magnetic Cloak Let The Sun In" *Reuters* December 16, 2008 http://www.reuters.com/article/2008/12/16/us-sun-holes-idUSTRE4BF79220081216
8. Tony Phillips, "Giant Breach in Earth's Magnetic Field Discovered" *Science@NASA* December. 16, 2008 http://science.nasa.gov/science-news/science-at-nasa/2008/16dec_giantbreach/ Accessed August 17, 2011.
9. Bill Steigerwald, "Sun Often 'Tears Out A Wall' In Earth's Solar Storm Shield" *NASA Goddard Space Flight Center* December 16, 2008 http://www.nasa.gov/mission_pages/themis/news/themis_leaky_shield.html accessed August 20, 2011.
10. Tony Phillips, "Giant Breach in Earth's Magnetic Field Discovered" .
11. Bill Steigerwald, "Sun Often 'Tears Out A Wall' In Earth's Solar Storm Shield" .
12. 請見本書第 6 章及 Alex Ansary, "The emerging sunspot cycle 24 and a weakening magnetic field" 。
13. "Sunstorms And Space Weather" http://www.google.com/imgres?imgurl=http://www.tony5m17h.net/solarwnd.gif&imgrefurl=http://www.tony5m17h.net/13Mar89.html&usg=__d437ZybJYdnkkrXXPd8Kltrxn5Q=&h=363&w=466&sz=78&hl=en&start=94&zoom=1&tbnid=qlzj0nQMKtcUhM:&tbnh=100&tbnw=128&ei=GgVTTpy3BqLUmAWxh8maDg&prev=/search%3Fq%3Dheliosphere%26start%3D84%26hl%3Den%26safe%3Dactive%26sa%3DN%26biw%3D1243%26bih%3D904%26gbv%3D2%26tbm%3Disch&its=1 accessed August 23, 2011.
14. Thomas H. Maugh II, "Solar system's shield may be leaking" *Los Angeles Times* October 1, 2010 http://www.latimes.com/news/science/la-sci-cosmic-rays-20101001,0,4642721.story?track=rss&utm_source=feedburner&utm_medium=feed&utm_campaign=Feed2Fnews28L.A.+Times+-+Science%29 accessed August 23, 2011.
15. Jorge Salazar, "David McComas investigates heliosphere surrounding our solar system" *Earthsky* January 4, 2010 http://earthsky.org/space/david-mccomas-investigates-heliosphere-surrounding-our-solar-system accessed August 17, 2011.
16. Richard Gray, "Sun's protective 'bubble' is shrinking" *How to Survive* 2012 October 19, 2008 http://www.howtosurvive2012.com/htm_night/sun_08.htm accessed August 17, 2011.
17. Anne Minard, "Sun's Power Hits New Low, May Endanger Earth?" *National Geographic News* September 24, 2008 http://news.nationalgeographic.com/news/2008/09/080924-solar-wind.html accessed August 18, 2011.
18. Graeme Stemp-Morlock, "Surprise: Solar System "Force Field" Shrinks Fast: NASA craft reveals unexpected unpredictability of our protective bubble" *National Geographic News* September 30, 2010 http://news.nationalgeographic.com/news/2010/09/100930-ibex-heliosphere-solar-system-space-science-knot/ accessed August 16, 2011.
19. Tudor Vieru, "Record Levels of Cosmic Rays Hit Earth in 2009" *Softpedia* Octobeer 20, 2010 http://news.softpedia.com/news/Record-Levels-of-Cosmic-Rays-Hit-Earth-in-2009-161985.shtml accessed

August 23, 2011.
20. Anne Minard, "Sun's Power Hits New Low, May Endanger Earth?" ；Graeme Stemp-Morlock, " Surprise: Solar System "Force Field" Shrinks Fast"；Thomas H. Maugh II, "Solar system's shield may be leaking".
21. Alex Ansary, "The emerging sunspot cycle 24 and a weakening magnetic field".
22. 宋健,**航天縱橫**（北京：高等教育出版社，2007 年）p.241；銀河系圓盤的厚度也有稱 2,300~2,600 光年，甚至 1.2 萬光年。分別見："The Milky Way" *Encyclopedia of Science* http://www.daviddarling.info/encyclopedia/G/Galaxy.html accessed August 24, 2011；John Pickre, "Milky Way is much bigger than we thought" *Comos Online* February 20, 2008 http://www.cosmosmagazine.com/news/1857/milky-way-much-bigger-we-thought accessed August 24, 2011.
23. 宋健,**航天縱橫** p.241。
24. 宋健,**航天縱橫** p.245。
25. 宋健,**航天縱橫** p.245。
26. Martin Rees, ed. Universe (New York: Dorling Kindersley Publishing, 2005)pp.26,226. 另有一說：銀河系有 4,000 億顆星星，是根據 Hartmut Frommert & Christine Kronberg, "The Milky Way Galaxy" August 25, 2005 http://www.seds.org/messier/more/mw.html accessed August 24, 2011.
27. Gott III, J. R.; et al. (2005). "A Map of the Universe" *Astrophysical Journal* 624 (2): 463–484. arXiv:astro-ph/0310571. Bibcode 2005ApJ...624..463G. doi:10.1086/428890
28. 臺灣課堂上教的數字前者是 2,000 億 ~3,000 億，後者是 500 億至 1,000 億。
29. P. Keshava Bhat, *Helical Helix: Solar System a Dynamic Process* (Yey yadi, Mangalore, India: Codeword Process & Printers 2008).
30. Mikhail V. Medvedev and Adrian L. Melott, "Do Extragalactic Cosmic Rays Induce Cycles in Fossil Diversity?" *The Astrophysical Journal* 2007 August pp.879-889.
31. 宋健,**航天縱橫** p.241。
32. 週期為 6,200 萬年加減 300 萬年，我們用「約 6,400 萬年」代表。Robert A. Rohde & Richard A. Muller, "Cycles in Fossil Diversity" *Nature* 434 (March 10, 2005) pp.208-210。
33. John Roach, "Mystery Undersea Extinction Cycle Discovered" *National Geographic News* March 9, 2005 http://news.nationalgeographic.com/news/2005/03/0309_050309_extinctions.html accessed July 12, 2011.
34. Medvedev and Melott, "Do Extragalactic Cosmic Rays Induce Cycles in Fossil Diversity?".
35. "Giant Ribbon Discovered at the Edge of the Solar System" *Science NASA* October 15, 2009 http://science.nasa.gov/science-news/science-at-nasa/2009/15oct_ibex/ accessed October 29, 2011.
36. M. Opher, F. Alouani Bibi, G. Toth, J. D. Richardson, V. V. Izmodenov & T. I. Gombosi, "A strong, highly-tilted interstellar magnetic field near the Solar System" *Nature* 462, (December 24,2009).
37. "Voyager Makes an Interstellar Discovery" *Science NASA* December 23, 2009 http://science.nasa.gov/science-news/science-at-nasa/2009/23dec_voyager/ accessed October 29, 2011.
38. Anne Jolis, "The Other Climate Theory" *Wall Street Journal* September 9-11, 2011 p.12.
39. Anne Jolis, "The Other Climate Theory".
40. 「法航如失事　A330 的第一次」聯合報 2009 年 6 月 2 日 A3。
41. 「空巴鬧機瘟　24 小時 5 起驚魂」聯合報 2009 年 6 月 12 日 A17。
42. 「葉門空難　1 男童生還」聯合報 2009 年 7 月 1 日 A13。
43. 「伊朗空難　10 日內第二起」自由時報 2010 年 7 月 25 日 A14。
44. 「墨灣鑽油平台爆炸撼動油市」中國時報 2010 年 4 月 23 日 A2。
45. "Deepwater Horizon Oil Spill" *Wikipedia* http://en.wikipedia.org/wiki/Deepwater_Horizon_oil_spill accessed September 1, 2011.
46. Wil Longbottom, "It's the Aflockalypse: More mass animal deaths see thousands of fish found floating in Florida and 200 birds dead on Texas bridge" *Daily Mail* January 6, 2011 http://www.dailymail.co.uk/news/article-1344345/Animal-death-mystery-Jackdaws-Sweden-fish-Brazil-New-Zealand-crabs-England.html accessed September 1, 2011.
47. Wil Longbottom, "It's the Aflockalypse: More mass animal deaths".
48. "Birds and Fish are now Dying all Around the World" *EU Times* January 6, 2011(updated March 9, 2011) http://www.eutimes.net/2011/01/birds-and-fish-are-now-dying-all-around-the-world/ accessed September 1, 2011.
49. 「台中果園出現上百隻死鳥　天堂變墳場」鳳凰衛視 2011 年 1 月 8 日 http://news.ifeng.com/taiwan/video/detail_2011_01/08/4127512_0.shtml accessed September 2, 2011。
50. 「鳥屍遍地台中也有！破百民眾驚」**168 網站** 2011 年 1 月 7 日 http://tw.news.yahoo.com/article/url/d/a/110107/142/2kfs4.html accessed September 2, 2011。

51. 彭啟明電函筆者，2011 年 10 月 8 日。

52. 「斥末日論　全球生物集體暴斃非異象」**自由時報** 2011 年 1 月 8 日 A16。

53. Seth Borenstein, "Fact Check: Mass bird, fish deaths occur regularly" **AP** January 6, 2011 http://www.physorg.com/news/2011-01-fact-mass-bird-fish-deaths.html accessed September 2, 2011.

54. Seth Borenstein, "Fact Check: Mass bird, fish deaths occur regularly".

55. "Birds and Fish are now Dying all Around the World" **EU Times** January 6, 2011(updated March 9, 2011) http://www.eutimes.net/2011/01/birds-and-fish-are-now-dying-all-around-the-world/ accessed September 1, 2011.

56. Andrew Blankstein, "Millions of dead fish at King Harbor in Redondo Beach [Updated]" **Los Angeles Time** March 8, 2011 http://latimesblogs.latimes.com/lanow/2011/03/redondo-beach-authorities-report-large-fish-kill-at-king-harbor.html accessed September 1, 2011.

57. 「缺氧？新店溪出現大量死魚」**聯合晚報** 2011 年 4 月 18 日 http://udn.com/NEWS/DOMESTIC/DOM2/6280390.shtml accessed September 2, 2011。

58. 「社子島基隆河畔魚群暴斃」**聯合報** 2011 年 10 月 14 日 B1。

59. "Carbon Dioxide in Blood" Buzzle.com http://www.buzzle.com/articles/carbon-dioxide-in-blood.html accessed September 2, 2011.

60. 2011 年 9 月 6 日訪問台北市 Dr. C。他認為病人中恍神的愈來愈多，也與大氣二氧化碳含量攀升和有關。

61. Sara Miller Llana, "Tropical Storm Agatha floods kill 150, cause giant sinkhole in Guatemala City" **Christian Science Monitor** June 1, 2011 http://www.csmonitor.com/World/Americas/2010/0601/Tropical-Storm-Agatha-floods-kill-150-cause-giant-sinkhole-in-Guatemala-City accessed September 7, 2011.

62. "An amazing landslide video from Manaus in Brazil" **American Geophysical Union Bogsphere** October 29, 2010 http://blogs.agu.org/landslideblog/2010/10/29/an-amazing-landslide-video-from-manaus-in-brazil/ accessed September 6, 2011.

63. "Florida Sinkholes" **Christian Science Monitor** July 13, 2010 http://www.csmonitor.com/CSM-Photo-Galleries/In-Pictures/Florida-sinkholes accessed September 6, 2011.

64. "Family of four found dead in Quebec sinkhole Bodies located in basement of home swallowed by 'pretty gigantic crater' " **MSNBC** May 11, 2010 http://www.msnbc.msn.com/id/37085694/ns/world_news-americas/t/family-four-found-dead-quebec-sinkhole/ accessed September 6, 2011.

65. Nick Pisa, "Massive crater opens up in road through German town swallowing up car" **Daily Mail** November 2, 2010 http://www.dailymail.co.uk/news/article-1325638/Large-crater-opens-beneath-German-village-swallowing-car.html#ixzz14BQFF82x accessed November 4, 2010.

66. 「多地天坑頻現　天災還是人禍？」**鳳凰牛視** 2010 年 8 月 12 日 http://v.ifeng.com/v/tkpx/index.shtml#f81fa3c3-94b0-47bd-b66d-fe75c6930efa accessed September 6, 2011。

第 9 章

1. Christopher Dickey, "Time to Brace for the Next 9/11" **Newsweek** September 12, 2011 p.6.

2. "Apocalypse Now: Tsunamis. Earthquakes. Nuclear Meltdowns. Revolutions. What the #@%! is Next?" **Newsweek** March 28, 2011 front cover.

3. "Are Natural Disasters Stimulative?" **International Economy** Summer 2011 front cover.

4. 馬雅人遺留的天曆算到 2012 年 12 月 21 日為止。

5. Sharon Begley, "Red Mind, Blue Mind" **Newsweek** December 21, 2009 p.16.

6. 許多重要科學家竟然忽視南極和格陵蘭冰蕊所得「二氧化碳後至」的研究成果，仍然認為溫度是果，二氧化碳是因。Thomas Lovejoy, "The Earth is crying out for help" **International Herald Tribune** December 9, 2009 p.8.

7. 「加國退出京都議定書」**聯合報** 2011 年 12 月 14 日 A14

8. 歐巴馬還說：「2015 年美國將要有 100 萬輛電力車……並將裁減之前政府給石油公司的美金數十億款項。」"Obama State of Union Speech January 25, 2011" **Huff Post** October 31, 2011 http://www.huffingtonpost.com/2011/01/25/obama-state-of-the-union-_1_n_813478.html accessed October 31, 2011。

9. 請見國立自然科學博物館長孫維新評論。孫維新，「太陽風暴　超級月亮　世界末日情結」**聯合報** 2011 年 3 月 14 日。

10. 「瘋狂預言末日 511　王老師：沒蟲惑買貨櫃屋」**自由電子報** 2011 年 4 月 2 日 http://www.libertytimes.com.tw/2011/new/apr/27/today-life4.htm accessed October 30, 2011。

11. Guy Adams, "US preacher warns end of the world is nigh: 21 May, around 6pm, to be precise(But he has been wrong before)" **The Independent** March 27, 2011 http://www.independent.co.uk/

news/world/americas/us-preacher-warns-end-of-the-world-is-nigh-21-may-around-6pm-to-be-precise-2254139.html accessed October 30 2011.

12. Denis Dutton, "It's always the end of the world as we know it" *International Herald Tribune* January 2-3, 2011 p.6.

13. Christopher Dickey, "Time to Brace for the Next 9/11" 。

14. Joshua Hammer, "In deadly earthquake, echoes of 1923" *International Herald Tribune* March 16, 2011 p.8.

15. "Damage Situation and Police Countermeasures Associated with 2011 Tohoku District off the Pacific Ocean Earthquake" *National Police Agency of Japan* September 16, 2011 http://www.npa. go.jp/archive/keibi/biki/higaijokyo_e.pdf accessed September 17, 2011.

16. "History of Tokyo" *Tokyo Metropolitan Government* http://www.metro.tokyo.jp/ENGLISH/ PROFILE/overview01.htmer accessed September 17, 2011.

17. Peter Fretwell and Taylor Baldwin Kiland, "History Is on Japan's Side" *International Herald Tribune* March 15, 2011.

18. Austin Alchon, Suzanne, A *pest in the land: new world epidemics in a global perspective*. (University of New Mexico Press, 2003)p.21.

19. Parag Khanna, "For a New Renaissance" *Time* January 30, 2011 pp.38-42.

20. Tali Sharod, "The Optimism Bias" *Time* June 6, 2011 p.37.

21. Tali Sharod, "The Optimism Bias" p.36.

22. Tali Sharod, "The Optimism Bias" p.37.

23. Tali Sharod, "The Optimism Bias" p.38.

24. "Science: Tali Sharot: The Positive Side of Optimism" June 28, 2011, http://townhallseattle.org/ science-tali-sharot-the-positive-side-of-optimism/ accessed September 17, 2011.

25. Shankar Vedantam, "If It Feels Good to Be Good, It Might Be Only Natural" *Washington Post* May 28, 2007 http://www.washingtonpost.com/wp-dyn/content/article/2007/05/27/AR2007052701056. html accessed September 26, 2011.

26. Dacher Keltner, "The Compassionate Instinct" *Greater Good* Spring 2004 http://greatergood. berkeley.edu/article/item/the_compassionate_instinct/ accessed September 26, 2011; David Brooks, "Nice Guys Finish First" *International Herald Tribune* May 18, 2011 p.9.

27. Nicholas D. Kristof, "A Basic Human Pleasure" *International Herald Tribune* January 18, 2010 p.13.

28. Nicholas D. Kristof, "A Basic Human Pleasure" .

29. Parag Khanna, "For a New Renaissance" p.42.

30. Isabelle Dupuy, "Haiti's New Tourists" *International Herald Tribune* September 7, 2011 p.8.

31.William Mullen, "U. of C. study finds that rats have a touch of humanity" *Chicago Tribune* December 9, 2011.

32. "Edward O. Wilson changes mind on group selection" *Sunday Time* January 10, 2011 http:// dienekes.blogspot.com/2008/01/edward-o-wilson-changes-mind-on-group.html accessed September 18, 2011.

33. Jonathan Haidt, *"The Righteous Mind: Why good people are divided by politics and religion"* A book to be published in February 2012 by Pantheon Books http://righteousmind.com/ accessed September 18, 2011.

34. "David Sloan Wilson: Truth and Reconciliation for Group Selection" *People and Place* January 3, 2009 http://www.peopleandplace.net/on_the_wire/2009/1/3/david_sloan_wilson_truth_and_ reconciliation_for_group_selection__huffpo accessed September 18, 2011.

35. "Why We Cooperate: Michael Tomasello With Carol Dweck, Joan Silk, Brian Skyrms and Elizabeth Spelke" *The MIT Press* October 2009 http://mitpress.mit.edu/catalog/item/default. asp?ttype=2&tid=11864 accessed September 18, 2011.

36. David Brooks, "Nice Guys Finish First" .

37. 亞當史密斯可能被曲解。他所說的是 "To restrain our selfish, and to indulge our benevolent affections, constitute the perfect human nature." （克制自私之心，發揚慈善的愛心才能締造完美的人性）。他著作裡提到「看不見的手」只有３次。Justin Fox, "What would Adam Smith Say?" *Time* April 5, 2010 p.27.

38. Chrystia Freeland, "Rethinking Capitalism from Inside" *International Herald Tribune* May 13, 2011, 2011 p.2.

39. Michael Elliot and Michael Schuman, "Seeing Light Through the Gloom" *Time* February 1, 2010 pp.35 & 36.

40. Michael Elliot and Michael Schuman, "Seeing Light Through the Gloom" p.36.

41. 感謝汪中和教授於 2011 年 12 月中旬提供科技、農業及衛生之建議。

圖片資料來源

第 1 章

圖 1-1 林中斌製圖 2011 年 10 月 21 日。
圖 1-2 http://www.emdat.be/natural-disasters-trends, accessed October 31,2011.
圖 1-3 http://www.emdat.be/natural-disasters-trends, accessed October 31,2011.
圖 1-4 http://www.emdat.be/natural-disasters-trends, accessed October 31,2011.
圖 1-5 http://unisdr.org/disaster-statistics/occurrence-trends-century.htm, accessed March 23, 2010.

第 2 章

圖 2-1 J.Michaels and Robert C. Balling Jr., Climate of Extremes Washington DC: CATO Institute 2009 p.xii.
圖 2-2 "2009: Second Warmest Year on Record; End of Warmest Decade
01.21.10 ".(http://www.nasa.gov/topics/earth/features/temp-analysis-2009.html, accessed January 28,
2010.)
照片 2-1 達志影像。
照片 2-2 達志影像。
照片 2-3 達志影像。
照片 2-4 達志影像。
照片 2-5 達志影像。
照片 2-6 達志影像。
照片 2-7 達志影像。
照片 2-8 達志影像。
照片 2-9 達志影像。
照片 2-10 達志影像。
照片 2-11 達志影像。
照片 2-12 達志影像。
照片 2-13 達志影像。

第 3 章

圖 3-1 Kate King, "2008 could set records for tornado deaths" *CNN* May 28, 2008.(http://www.cnn.
com/2008/TECH/science/05/28/tornado.year/#cnnSTCOther1, accessed April 7, 2010.)
圖 3-2 **美國海洋暨大氣總署 (NOAA)**。(http://www.crh.noaa.gov/lsx/?n=tro_climatology, accessed
October 31, 2011.)
圖 3-3 「SARS 事件」**維基百科**。(http://zh.wikipedia.org/wiki/SARS%E4%BA%8B%E4%BB%B6, accessed
October 31, 2011.)
照片 3-1 By Forrest Brem.(http://zh.wikipedia.org/wiki/File:Chytridiomycosis.jpg)
照片 3-2 達志影像。
照片 3-3 達志影像。
照片 3-4 http://www.myfreewallpapers.net/nature/pages/tornado-and-lightning.shtml
照片 3-5 達志影像。
照片 3-6 達志影像。
照片 3-7 達志影像。
照片 3-8 Centers for Disease Control and Prevention.(http://zh.wikipedia.org/wiki/File:Aedes-
albopictus.jpg)
照片 3-9 Agricultural Research Service.(http://en.wikipedia.org/wiki/File:Varroa_destructor_on_
honeybee_host.jpg)
照片 3-10 "Largest jellyfish species" .(http://jeyfiles.blogspot.com/2011/04/largest-jellyfish-species.
html)
照片 3-11 達志影像。
照片 3-12 達志影像。

第 4 章

圖 4-1 Geological Survey (USGS).(http://earthquake.esgs.gov/earthquakes/eqarchives/epic_global.
php, Accessed: October 11, 2011.
圖 4-2 **自由時報** 2008 年 9 月 12 日 A8。
圖 4-3 **聯合報** 2009 年 10 月 2 日 A17。
圖 4-4 「今年全球頻傳大地震」**聯合報** 2010 年 4 月 15 日 A3。
圖 4-5 Geological Survey (USGS).(http://earthquake.usgs.gov/earthquakes/eqarchives/epic/epic_
global.php, accessed October 03, 2011.)
圖 4-6 Phoenix Five Earth Changes Gallery: World Volcanism.(http://www.michaelmandeville.com/
earthchanges/gallery/Volcanism/, accessed March 20, 2010.)
圖 4-7 美國國家史密森自然歷史博物館：全球火山研究計劃 (Smithsonian National Museum of Natural
History: Global Volcanic Program)。(http://www.volcano.si.edu/world/find_eruptions.cfm, accessed
August 17, 2010.)
圖 4-8 "Has Volcanic Activity Been Increasing?" Global Volcanism Program, Smithsonian National
Museum of Natural History.(http://www.volcano.si.edu/faq/index.cfm?faq=06, accessed August 19,
2010.)
圖 4-9 "Has Volcanic Activity Been Increasing?" Global Volcanism Program.(http://www.volcano.
si.edu/faq/index.cfm?faq=06, accessed August 19, 2010.)
照片 4-1 達志影像。
照片 4-2 By David Rydevik.(http://en.wikipedia.org/wiki/File:2004-tsunami.jpg)
照片 4-3 By expertinfantry.(http://www.flickr.com/photos/expertinfantry/5423149319/)
照片 4-4 達志影像。
照片 4-5 達志影像。
照片 4-6 達志影像。
照片 4-7 達志影像。
照片 4-8 達志影像。

第 5 章

圖 5-1 www.scifun.ed.ac.uk/card/card-left.html, accessed November 22, 2010.
圖 5-2 http://www.extremesteps.com/pole.htm, accessed November 26, 2010.)
圖 5-3 http://commons.wikimedia.org/wiki/Template:PD-Art/zh-hant?uselang=bg
圖 5-4 "Radio and Space Plasma Physics Group - PhD Opportunities" University of Leicester.(http://
www.ion.le.ac.uk/~ets/phd/RSPP_PhDs.html)
圖 5-5 http://modernsurvivalblog.com/pole-shift-2/alarming-noaa-data-rapid-pole-shift/, accessed
October 26, 2011.
圖 5-6 http://modernsurvivalblog.com/pole-shift-2/alarming-noaa-data-rapid-pole-shift/, accessed
October 26, 2011.
圖 5-7 http://modernsurvivalblog.com/pole-shift-2/alarming-noaa-data-rapid-pole-shift/, accessed
October 26, 2011.
圖 5-8 http://www.sciencecentric.com/news/08112586-researchers-build-magnetic-observatory-the-
middle-the-atlantic-ocean.html, accessed January 21, 2011; http://heasarc.gsfc.nasa.gov/Images/
rosat/display/saa.jpg, accessed November 30, 2010.
圖 5-9 http://www.scielo.br/img/revistas/aabc/v81n2/a10fig05.jpg, accessed November 30, 2010.
圖 5-10 http://www.physics.sjsu.edu/becker/physics51/mag_field.htm, accessed December 3, 2010.
圖 5-11 David Gubbins, "Earth science: geomagnetic reversals" Nature 452 March 13, 2008 PP.165-167.
(www.nature.com/.../n7184/fig_tab/452165a_F1.html, accessed October 31, 2010.)
圖 5-12 左：http://he.wikipedia.org/wiki/%D7%A7%D7%95%D7%91%D7%A5:Geodynamo_Between_
Reversals.gif; 右：http://de.wikipedia.org/w/index.php?title=Datei:Geodynamo_In_Reversal.gif&filetim
estamp=20070224193207
圖 5-13 http://oceansjsu.com/images/exp5_mor_map.gif, accessed October 22, 2010.
圖 5-14 http://geology12-8.wikispaces.com/Unit+2+Internal+Processes+and+Plate+Tectonic+Theory,
accessed December 22, 2010.
圖 5-15 "Earth's Inconstant Magnetic Field" *Science at NASA*.(http://science.nasa.gov/science-news/
science-at-nasa/2003/29dec_magneticfield/, accessed September 3, 2010.)
圖 5-16 (Lowrie 1997) Ian O'Neill, "2012: No Geomagnetic Reversal" *Universe Today*, October 3, 2008.

(http://www.universetoday.com/18977/2012-no-geomagnetic-reversal/, accessed October 18, 2010.)
圖 5-17 Merrill, R.T., McElhinney, et al. The Magnetic Field of the Earth, Paleomagnetism, the Core, and the Deep Mantle Academic Press 1996 in D.R. Fearn, "The Geodynamo" August 19, 2004.(http://www.maths.gla.ac.uk/~drf/papers/TheGeodynamo.pdf, accessed December 13, 2010.)
圖 5-18 http://en.wikipedia.org/wiki/File:Brunhes_geomagnetism_western_US.png, accessed December 24, 2010; Yohan Guyodo & Jean-Pierre Valet, "Global changes in intensity of the Earth's magnetic field during the past 800kyr" *Nature* May 20, 1999 pp.249-262.
圖 5-19 C. Laj & J. E. T. Channel, "Geomagnetic Excursions" 2007 Elsevier B.V. p.377.(http://www.elsevierdirect.com/brochures/geophysics/PDFs/00095.pdf, accessed January 2, 2011.)
圖 5-20 "Geomagnetic Excursions" p.377.
圖 5-21 Brian Vastag, "North Magnetic Pole Is Shifting Rapidly Toward Russia" *National Geographic News* December 15, 2005.(http://news.nationalgeographic.com/news/2005/12/1215_051215_north_pole_2.html, accessed January 2, 2010; http://img59.imageshack.us/f/poleshift.jpg/, accessed November 5, 2010.)
圖 5-22 Truls Lynne Hansen, "The road to the magnetic north pole" *Ultima Thule*.(http://www.tgo.uit.no/articl/roadto.html, accessed September 21, 2010.)
圖 5-23 "HAARP Fluxgate Magnetometer, Earthquake Prediction?" *Modern Survival Blog* May 20, 2011.(http://modernsurvivalblog.com/earthquakes/haarp-fluxgate-magnetometer-earthquake-prediction/, accessed October 25, 2011.)
照片 5-1 http://www.side3.no/article3117904.ece
照片 5-2 Jedlik's dynamo (1861), By Hans De Keulenaer, Published on Thu, 2006-11-16 06:12(http://www.leonardo-energy.org/jedlik%E2%80%99s-dynamo-1861)
照片 5-3 "Three Meter Experiment".(http://complex.umd.edu/dynamo/3m.html)
照片 5-4 達志影像。

第 6 章

圖 6-1 http://www.marinemammalstrandingcenter.org/stranstats.htm, accessed March 1, 2011.
圖 6-2 http://www.bibliotecapleyades.net/, accessed July 5, 2011.
照片 6-1 達志影像。
照片 6-2 達志影像。
照片 6-3 Glendale http://news.bbc.co.uk/2/hi/europe/7912006.stm
照片 6-4 達志影像。
照片 6-5 達志影像。
照片 6-6 UB the NEWS.(http://www.ubthenews.com/images/magsens02.jpg)
照片 6-7 "Alexander Chizhevsky" *Wikipedia*.(http://en.wikipedia.org/wiki/Alexander_Chizhevsky)
照片 6-8 http://www.facebook.com/note.php?note_id=10150094914087557
照片 6-9 達志影像。
照片 6-10 大紀元。(http://images.epochtw.com/20090303/a3-3.jpg)
照片 6-11 達志影像。
照片 6-12 達志影像。
照片 6-13 達志影像。
照片 6-14 Virgina Wheeler and Dean Valler, "Girl aged 17 knifes 30 men to death" *The Sun* (http://www.thesun.co.uk/sol/homepage/news/2592734/Girl-aged-17-knifes-30-men-to-death.html, accessed June 7, 2010.)
照片 6-15 達志影像。
照片 6-16 達志影像。
照片 6-17 達志影像。
照片 6-18 達志影像。
照片 6-19 達志影像。
照片 6-20 達志影像。

第 7 章

圖 7-1 Bob Brown, "HF Propagation tutorial" *Luxorion*.(http://www.astrosurf.com/luxorion/Radio/solar-cycle-19-23.gif, accessed July 27, 2011.)

圖 7-2 "Watts Up With That？" April 7, 2011.(http://wattsupwiththat.com/2011/04/07/update-on-solar-cycle-24/, accessed July 27, 2011.)

圖 7-3 S. E. Gibson, J. U. Kozyra, G. de Toma, B. A. Emery, T. Onsager, and B. J. Thompson, "If the Sun is so quiet, why is the Earth ringing? A comparison of two solar minimum intervals" *Journal of Geophysical Research - Space Physics* VOL. 114 September 17, 2009 A09105.

圖 7-4 http://en.wikipedia.org/wiki/File:Carrington_Richard_sunspots_1859.jpg, accessed August 1, 2011.

圖 7-5 Michael Stills, United Airlines, "Polar Operations and Space Weather" Presentation to the space weather workshop May 22, 2008.(http://www.gwu.edu/~spi/assets/docs/Mike_Stills-UnitedAirlines.pdf, accessed August 3, 2011.)

圖 7-6 Graph courtesy of Space Weather Prediction Center, "Scientists Predict Solar Cycle 24 to Peak in 2013" May 11, 2009.(http://www.arrl.org/news/scientists-predict-solar-cycle-24-to-peak-in-2013, accessed August 1, 2011.)

圖 7-7 Anthony Watts, "All three of these lines of research to point to the familiar sunspot cycle shutting down for a while." June 14, 2011.(http://wattsupwiththat.com/2011/06/14/all-three-of-these-lines-of-research-to-point-to-the-familiar-sunspot-cycle-shutting-down-for-a-while/#comment-681157, accessed August 4, 2011.)

圖 7-8 http://www.globalwarmingart.com/wiki/File:Sunspot_Numbers_png, accessed July 25, 2011.

圖 7-9 "Paleoclimate and CO2:Temperature and CO2 over the Past 400 Thousand years" .(http://www.brighton73.freeserve.co.uk/gw/paleo/400000yrfig.htm, accessed August 10, 2011.)

圖 7-10 Anne-Marie Blackburn, "Understanding the CO2 lag in past climate change" *Skeptical Science* January 5, 2011.(http://www.skepticalscience.com/Understanding-the-CO2-lag-in-past-climate-change.html, accessed ugust 11, 2011.)

圖 7-11 V. E. Khain& E. N. Khalilov, "About Possible Influence Of Solar Activity Upon Seismic And Volcanic Activities: Long-Term Forecast" *Science Without Borders* Vol.3 2007/2008 Innsbruck 2008 (ISBN 978-9952-451-01-6, ISSN 2070-0334) p.237.

圖 7-12 V. Kossobokov, F. Lepreti, V. Carbone, "Similarity and Difference in sequences of solar flares, earthquakes, and starquakes" *IUGG* Powerpoint Presentation July 6, 2007.(www.lmd.ens.fr/E2C2/class/IUGG07-US.ppt, accessed July 20, 2011.)

圖 7-13 E.N. Khalilov, "The schedule of forecasting of essential increase of seismic and volcanic activity" *Geochange Journal* August 12 ,2010.(http://geochangemag.org/index.php?option=com_content&view=article&id=14:new-long-term-forecast-fromgnfe&catid=2:communitynews&Itemid=10, accessed October 18, 2011.)

照片 7-1 http://dailymenews.com/wp-content/uploads/2011/06/XAPP-1273516872-Solar-Flare-and-Prominence.jpg, accessed July 17, 2011.

照片 7-2 www.nustar.caltech.edu/.../science/other-science, accessed July 17, 2011.

照片 7-3 達志影像。

照片 7-4 "Russian scientist predicts 100 years of cooling (Ice Age Now, November 11, 2011)". *Infinite Unknown* accessed December 15, 2011.(http://www.infiniteunknown.net/tag/habibullo-abdussamatov/)

照片 7-5 Nasif Nahle, "Discrepancies on Climate Change" *Biology Cabinet* January 30, 2005.(http://www.biocab.org/Discrepancies.html, accessed August 9, 2011.)

照片 7-6 "Manchas Rojas de Júpiter" *Wikipedia*.(http://commons.wikimedia.org/wiki/File:Manchas_Rojas_de_J%C3%BApiter.jpg?uselang=cs); "Redjunior" Wikipedia.(http://commons.wikimedia.org/wiki/File:Redjunior.jpg?uselang=cs)

照片 7-7 USC Climate Change Research Group.(http://earth.usc.edu/~stott/)

照片 7-8 By Psammophile.(http://en.wikipedia.org/wiki/File:3339f_Croatie_Pag.jpg)

照片 7-9 http://ecocollaps.ru/zemlya/elchin-xalilov-prognoz-zemletryaseniya-v-yaponii-byl-dan-9-marta.html

第 8 章

圖 8-1 Tega Jessa, "Magnetosphere" *Universe Today(NASA)* April 6, 2010.(http://www.universetoday.com/wp-content/uploads/2010/01/solarwind-interaction-magnetosphere410.jpg, accessed August 17, 2011.)

圖 8-2 Tony Phillips, "Giant Breach in Earth's Magnetic Field Discovered" *Science@NASA* December. 16, 2008.(http://science.nasa.gov/science-news/science-at-nasa/2008/16dec_giantbreach/, accessed August 17, 2011.)

圖 8-3 "Heliosphere" *European Space Agency* June 13, 2008.(http://sci.esa.int/science-e/www/object/index.cfm?fobjectid=42898, accessed August 23, 2011.)

圖 8-4 http://upload.wikimedia.org/wikipedia/commons/8/82/Milky_Way_Galaxy.jpg, accessed December 22, 2011; http://lamost.us/legue/images/lamost/Franke.jpg, accessed December 22, 2011.

圖 8-5 Paul Gilster, "Galactic Drift and Mass Extinction" *Centauri Dreams* July 30, 2007.(http://www.centauri-dreams.org/?p=1378, accessed July 12, 2011.)

圖 8-6 "Voyager Makes an Interstellar Discovery" *Science NASA* December 23, 2009.(http://science.nasa.gov/science-news/science-at-nasa/2009/23dec_voyager/, accessed October 29, 2011.)

圖 8-7 資料來源：呂宗緯，傑海運通有限公司業務副理 (Jones Lu /Asst. Sales Manager, JMC GROUP〔Taipei〕)，2010 年 12 月 30 日。

圖 8-8 Wil Longbottom, "It's the Aflockalypse: More mass animal deaths see thousands of fish found floating in Florida and 200 birds dead on Texas bridge" *Daily Mail* January 6, 2011.(http://www.dailymail.co.uk/news/article-1344345/Animal-death-mystery-Jackdaws-Sweden-fish-Brazil-New-Zealand-crabs-England.html, accessed September 1, 2011.)

照片 8-1 達志影像。

照片 8-2 http://www.shipspotting.com/gallery/photo.php?lid=1347863, accessed October 28, 2011.

照片 8-3 達志影像。

照片 8-4 Image: Liz Condo (Associated Press) Paul Harris, "Apocalypse now? Mystery bird deaths hit Louisiana" *Guardian* January 4, 2011.(http://www.guardian.co.uk/environment/2011/jan/04/apocalypse-mystery-bird-deaths-louisiana, accessed September 3, 2011.)

照片 8-5 達志影像。

照片 8-6 達志影像。

照片 8-7 達志影像。

照片 8-8 達志影像。

照片 8-9 達志影像。

第 9 章

圖 9-1 林中斌歸納製圖。

圖 9-2 Newsweek March 28& April 4, 2011;*The INTERNATIONAL ECONOMY* summer 2011.

照片 9-1 http://www.randomhouse.com/acmart/catalog/author.pperl?authorid=97427, accessed September 17, 2011.

照片 9-2 http://harvardmagazine.com/2009/09/smile-trains-brian-mullaney, accessed September 23, 2011.

照片 9-3 By Jim Harrison.(http://en.wikipedia.org/wiki/File:Plos_wilson.jpg, accessed September 23, 2011.)

照片 9-4 By The CIB.(http://en.wikipedia.org/wiki/Adair_Turner,_Baron_Turner_of_Ecchinswell, accessed September 23, 2011.)

圖片授權事宜若有疏漏，煩請與我們聯絡。

Knowledge系列 001

大災變：你必須面對的全球失序真相

作　　　者—林中斌
主　　　編—顏少鵬
責 任 編 輯—李玉霜
美 術 設 計—我我設計工作室 wowo.design@gmail.com
繪　　　圖—洪冠至、賴秀威
校　　　對—蔡忠穎
責 任 企 劃—曾睦涵
發 行 人
董 事 長—孫思照
總 經 理—趙政岷
總 編 輯—李采洪
出 版 者—時報文化出版企業股份有限公司
　　　　　10803 台北市和平西路三段二四○號三樓
　　　　　發 行 專 線—（○二）二三○六六八四二
　　　　　讀者服務專線—（○二）○八○○二三一七○五・（○二）二三○四七一○三
　　　　　讀者服務傳真—（○二）二三○四六八五八
　　　　　郵　　　撥—19344724 時報文化出版公司
　　　　　信　　　箱—台北郵政七九～九九信箱
時報悅讀網—http://www.readingtimes.com.tw
電子郵件信箱—newstudy@ readingtimes.com.tw
第二編輯部臉書 時報⑮之二—http://www.facebook.com/readingtimes.2
法 律 顧 問—理律法律事務所 陳長文律師、李念祖律師
印　　　刷—鴻嘉彩藝印刷股份有限公司
初 版 一 刷—二○一一年十二月三十日
初 版 五 刷—二○一三年八月十九日
定　　　價—新台幣三八○元

國家圖書館出版品預行編目資料

大災變：你必須面對的全球失序真相 / 林中斌著. -- 初版. --
臺北市：時報文化，2011.12
面；公分
ISBN 978-957-13-5491-0（平裝）
1.自然災害 2.全球氣候變遷 3.地球暖化
367.28　　100026249

ISBN 978-957-13-5491-0
Printed in Taiwan